EIV 模型参数估计理论与其在测绘数据处理中的应用

陶叶青 著

科学出版社
北 京

内 容 简 介

本书阐述能够顾及模型随机性质的 EIV 模型参数估计理论，重点对有粗差的 EIV 模型参数估计、不适定 EIV 模型的正则化、附有约束条件的 EIV 模型参数估计等理论进行论述，并结合测绘数据处理中的典型算例讨论经典模型参数估计理论与 EIV 模型参数估计理论在解决不同测绘数据处理问题上的差异，力图将 EIV 模型参数估计理论的创新研究成果与其在测绘数据处理中的应用呈现给读者。

本书适用于从事测量平差与测绘数据处理研究工作的研究人员和测绘科学与技术类专业学生使用，同时也可供相关从业人员作为参考资料使用。

图书在版编目（CIP）数据

EIV 模型参数估计理论与其在测绘数据处理中的应用 / 陶叶青著. —北京：科学出版社，2019.9

ISBN 978-7-03-062319-5

Ⅰ. ①E… Ⅱ. ①陶… Ⅲ. ①线性模型–参数估计–应用–测绘–数据处理–研究 Ⅳ. ①O212 ②P208

中国版本图书馆 CIP 数据核字（2019）第 198551 号

责任编辑：王 倩 / 责任校对：樊雅琼

责任印制：吴兆东 / 封面设计：无极书装

科学出版社出版

北京东黄城根北街 16 号

邮政编码：100717

http://www.sciencep.com

北京虎彩文化传播有限公司 印刷

科学出版社发行 各地新华书店经销

*

2019 年 9 月第 一 版 开本：787×1092 1/16

2019 年 9 月第一次印刷 印张：8 3/4

字数：260 000

定价：148.00 元

（如有印装质量问题，我社负责调换）

前　　言

测绘数据处理理论与观测技术的发展使得空间信息获取的方法发生改变，随着信息科学理论与技术的变革，传统作业手段与数据处理方法已经不能满足人们对高精度空间信息获取的需求。为获得精确、可靠的地理空间数据，空间信息技术被广泛应用在测绘数据获取中，测绘数据的采集与处理方法随着信息技术的应用而发生改变。但是，测绘数据处理的理论与方法仍然以传统数据处理方法为基础，这并不符合测绘数据处理模型的实际特征，也不能满足数据处理的实际要求。

以最小二乘准则（least squares criterion，LS）与高斯-马尔可夫模型（Gauss-Markov model，G-M）为例，传统测绘数据处理方法是在最小二乘准则下建立高斯-马尔可夫模型，获得参数的估值，并对其精度进行评定。传统应用最小二乘准则建立测绘数据处理模型的方法是对模型的观测向量中含有的误差附加约束，但是，在大地测量反演、沉降区变形监测、滑坡体监测、外方位元素解算、坐标系统转换等测绘数据处理中，模型系数矩阵中的元素也是由观测数据或者观测数据的函数组成的，此时，不仅模型的观测向量中含有误差，其系数矩阵中也不可避免地含有误差。此类模型参数估计问题称为变量中含有误差（errors-in-variables，EIV）的模型参数估计，测绘数据处理中广泛存在EIV模型参数估计问题。由于传统的最小二乘算法无法顾及观测向量与系数矩阵中同时含有误差的EIV模型参数估计问题，参数的最小二乘解不再具有最优、无偏的统计特性。为同时实现对模型的观测向量与系数矩阵中含有的误差进行最小化约束，最小二乘准则被拓展为总体最小二乘准则（total least squares criterion，TLS）。总体最小二乘准则能够解决测绘数据处理中存在的EIV模型参数估计问题，在测绘数据处理中引起广泛关注。

目前，应用较为广泛的EIV模型参数估计算法有奇异值分解算法与基于极值函数的迭代算法。基于奇异值分解的参数估计算法无法顾及EIV模型的随机性质，算法获得的参数估值是基于数值逼近理论的总体最小二乘解，并不是具有统计意义的总体最小二乘解。在测绘数据处理中，普遍存在观测数据精度不等的情况，基于数值逼近理论的EIV模型参数估计算法无法获得具有统计意义的模型参数的最佳估值。鉴于此，本书重点阐述能够顾及模型随机性质的EIV模型参数估计理论，并对含有粗差的EIV模型参数估计、不适定EIV模型的正则化、附有约束条件的EIV模型参数估计等理论进行论述，并结合测绘数据处理中的典型算例讨论经典模型参数估计理论与EIV模型参数估计理论在解决不同测绘数据处理问题上的差异，力图将EIV模型参数估计理论与其在测绘数据处理中的应用呈现给读者。

本书是作者专业学习与研究工作的积累，在此基础上，结合作者在应用EIV模型参数估计理论探讨测绘数据处理等方面的工作，对EIV模型参数估计理论进行了梳理与总结。本书将经典模型参数估计理论中存在的参数估计与精度评定、含有粗差的模型参数估计、不适定模型的正则化、附有约束条件的模型参数估计等问题系统地引入 EIV 模型参数估计理论中探讨，对经典模型参数估计理论与 EIV 模型参数估计理论之间的联系、差异，以及现有应用解决经典模型参数估计问题的相关思路解决 EIV 模型参数估计问题的方法进行讨论，并就其存在的不足，阐述作者的拙见。

感谢作者的博士生导师高井祥教授的培养，让作者具备较为完整的测绘数据处理理论基础，从而能跟得上 EIV 模型参数估计理论日新月异的发展。同时，作者关于 EIV 模型参数估计理论的拙见得到行业专家的肯定，相关研究工作相继得到国家自然科学基金项目“矿区测绘数据三类 EIV 模型的总体最小二乘理论研究”（41601501）、江苏省高校自然科学基金项目“含有粗差的测绘数据 EIV 模型参数估计理论研究”（16KJD420001）的资助，在此谨表谢意。本书的出版得到作者的工作单位淮阴师范学院的支持，感谢之情也记于此。EIV 模型参数估计理论丰富的研究成果为作者开展相关理论研究奠定了基础，虽然与国内外相关专家、学者素未谋面，但是他们纯粹的学术思想深深影响着作者，希望在本书出版后能够得到他们的指正，更希望广大读者提出宝贵意见。

陶叶青

2019 年 7 月

目　　录

第1章 绪　论

1.1 研究现状

变量中含有误差（errors-in-variables，EIV）的模型参数估计理论是指观测方程的观测向量与系数矩阵中的元素同时含有观测误差的情况下，获得模型参数的最优无偏估值，并对参数的估值进行精度评定。在大地测量反演、沉降区变形监测、滑坡体监测、外方位元素解算、坐标系统转换等测绘数据处理中，广泛存在EIV模型参数估计问题。由于传统的最小二乘算法无法顾及观测向量与系数矩阵中同时含有误差的EIV模型参数估计问题，参数的最小二乘解不再具有最优、无偏的统计特性。为同时实现对模型的观测向量与系数矩阵中含有的误差进行最小化约束，研究人员提出将EIV模型的观测向量与系数矩阵中含有的残差的平方和最小作为数据处理准则（Golub and Van Loan，1980），称为总体最小二乘准则（total least squares criterion，TLS）。总体最小二乘准则能够解决测绘数据处理中存在的EIV模型参数估计问题，在测绘数据处理中引起了广泛关注与应用。

Pearson（1901）基于正交回归的估计思想推导出EIV模型的总体最小二乘解，并证明总体最小二乘解等价于最小特征向量（Pearson算法）；Golub和Van Loan（1980）基于奇异值分解（singular value decomposition，SVD）算法推导出EIV模型的总体最小二乘解，随后，基于EIV模型的参数估计在较多的专业领域得到广泛应用。同时，基于SVD算法的EIV模型算法被进一步讨论，Van Huffel和Vandewalle（1988）首先对模型的系数矩阵进行正交三角分解，然后进行SVD算法，以解决广义总体最小二乘准则下的参数估计问题；并采用对解空间附加约束的方法得到更适用的SVD算法；此外，Van Huffel和Vandewalle（1989）还从代数学角度研究了总体最小二乘准则（total least squares criterion，TLS）和最小二乘准则（least squares criterion，LS）的参数解、残差、改正数之间的关系，并研究TLS问题的统计特性，得到当观测值独立等精度时，LS有偏、TLS无偏的结论。

随着EIV模型参数估计算法的成熟，近20年来，其被应用在信号处理、化学工程、运动分析、图像处理等专业领域。但是，基于Pearson算法与SVD算法等的模型参数估计无法顾及EIV模型的随机性质，所获得的参数估值是基于数值逼近理论的总体最小二乘解，并不是具有统计意义的总体最小二乘解（刘经南等，2013）。在测绘数据处理中普遍存在观测数据精度不等的情况，基于数值逼近理论的EIV模型参数估计算法无法获得具有统计意义的模型参数最佳估值。这是基于数值逼近理论的EIV模型参数估计算法在测绘数据处理中的应用受到限制的主要原因。

为顾及 EIV 模型的随机性质，建立适用于测绘数据处理的参数估计算法，Schaffrin 和 Wieser（2008）应用拉格朗日函数建立了加权总体最小二乘准则下的参数估计迭代算法，但是根据其建立的迭代算法获得的单位权方差是有偏的。Shen 等（2011）改进了总体最小二乘的拉格朗日算法，并建立了单位权方差无偏估计的迭代算法。鲁铁定和周世健（2010）根据极值函数建立了 EIV 模型的迭代算法，并在等精度条件下给出了模型参数的协方差矩阵。Schaffrin 和 Felus（2008）讨论了多维参数的总体最小二乘算法。Amiri-Simkooei（2013）应用最小二乘的方差分量估计建立了 EIV 模型的迭代算法，并给出了参数向量与系数矩阵的协因数矩阵求解方法。针对系数矩阵由观测元素的非线性函数组成的非线性总体最小二乘问题，胡川和陈义（2014）应用一阶泰勒级数将模型进行了线性化，并基于拉格朗日极值给出了模型参数的解。Xu 等（2014）从系数矩阵误差对参数估计影响的角度分析了 EIV 模型的性质，其关于系数矩阵误差纠正与模型参数估计两者之间关系的研究结论在宋迎春等（2015）的研究成果中得到了进一步验证。王乐洋等（2016）应用牛顿法建立了多元 EIV 模型参数估计算法。Fang（2015）应用非线性规划的 KKT（Karush-Kuhn-Tucher）条件建立了 EIV 模型参数估计算法，为研究 EIV 模型拓展了新的思路。在测绘数据处理中，应用自变量与因变量构建回归模型，其主要目的是进行未知因变量的推估。王苗苗和李博峰（2016）等通过定义观测点与公共点自变量间的协因数阵，以顾及观测点的自变量中含有的观测误差对其未知因变量推估的影响，并建立了模型回归与推估的封闭解析式。

应用能够顾及模型随机性质的加权总体最小二乘准则建立参数估计算法是解决测绘数据处理中存在 EIV 模型参数估计问题的有效方法，也是目前针对 EIV 模型的主要研究方向。在讨论加权总体最小二乘算法的同时，研究人员将经典测量平差模型中存在的不适定模型的正则化、抗差估计、附有约束条件的参数估计等问题系统性地引入 EIV 模型中进行讨论。

在测绘数据处理中，不适定模型主要分为病态模型与秩亏模型。目前，解决病态模型问题的普遍思路是应用 Tikhonov 正则化函数实现模型的正则化。从数理统计理论的角度看，EIV 模型的总体最小二乘算法是一个降正则化的过程，这一过程对应用正则化函数实现病态模型的正则化有什么影响尚缺乏研究。同时，研究人员对观测数据中含有粗差的 EIV 模型抗差估计理论进行了讨论。Schaffrin 和 Uzun（2011）将 EIV 模型中的粗差纳入平差模型的函数模型中，应用统计函数对含有粗差的观测值进行识别；EIV 模型抗差估计更普遍的算法是将粗差纳入平差模型的随机模型中，应用等价权函数对含有粗差的观测值进行调节。此外，原有测绘数据与资料的积累、观测对象本身具有的形变信息特征等方面因素的存在，使得在对测绘数据进行处理时，具有有效的先验信息可以应用。应用已有的先验信息，建立具有一定约束条件的数据处理模型是提高数据处理精度的有效途径。研究人员对附有约束条件的 EIV 模型参数估计算法进行了讨论。为增加 EIV 模型参数估计的稳定性，Schaffrin（2006）应用拉格朗日函数建立了附有等式约束的 EIV 模型参数估计迭代算法，并对附有线性约束与二次约束的 EIV 模型进行了讨论

（Schaffrin and Felus，2009；Mahboub et al.，2013）。Mahboub 等（2013）指出附有约束条件的参数估计算法具有正则化的性质，这样的结论在王乐洋和于冬冬（2014）的研究实验中得到了进一步验证，但是关于性质的理论依据缺乏进一步的研究。当约束条件为不等式时，Zhang 等（2013）应用有效约束与无效约束的思想，将不等式约束转化为等式约束，并应用穷举法建立了附有不等式约束的总体最小二乘算法。同时，Xu 等（2014）、Xu（2016）分析了系数矩阵误差对最小二乘估计的影响，讨论了 EIV 模型对参数估计、协方差矩阵、单位权中误差的影响，给出了应用最小二乘准则求解 EIV 模型单位权中误差的无偏估计算法；宋迎春等（2015）分析了测绘数据的不确定性对参数估计的影响，认为应用总体最小二乘准则会使得观测向量中的不确定性向系数矩阵转移。

EIV 模型的不适定性、抗差估计、附有约束条件的参数估计等取得了一定的研究成果，其算法的普遍思路是将经典最小二乘算法下的相关理论直接应用至 EIV 模型参数估计。应用经典理论解决 EIV 模型的不适定性、抗差估计、附有约束条件的参数估计的优点是理论基础成熟、算法容易实现，但现有研究成果也存在一定的不足，如在总体最小二乘算法具有的降正则化性质对 Tikhonov 正则化函数的影响缺乏研究的情况下，直接应用经典模型算法实现不适定 EIV 模型的正则化的算法的有效性与通用性值得商榷；相关研究表明，基于等价权函数的抗差总体最小二乘算法至少存在两个方面的缺陷（陶叶青等，2016）：①EIV 模型的系数矩阵中的元素与观测向量中的元素精度不等，统一根据单位权中误差确定它们的等价权函数的阈值不合理；②应用总体最小二乘理论进行参数估计时，随机模型存在误差，通过调节观测值的权值实现抗差性，会放大随机模型误差对算法的影响。此外，现有研究成果还缺乏对秩亏总体最小二乘等 EIV 模型相关理论进行的针对性阐述。本书对加权总体最小二乘准则下建立 EIV 模型中存在的不适定性、抗差估计、附有约束条件的 EIV 模型参数估计进行论述。

加权总体最小二乘准则建立的 EIV 模型参数估计算法能够顾及模型的随机性质，在测绘数据处理中被广泛应用。王乐洋等（2010）应用 EIV 模型建立了大地测绘数据反演地壳应变参数的方法，实验结果表明，总体最小二乘获得的单位权中误差小于最小二乘。陈义和陆珏（2012）、Lu 等（2014）、Tao 等（2014）应用总体最小二乘抗差算法讨论了空间三维坐标转换与高程异常拟合问题，值得注意的是，上述研究成果是以观测向量与系数矩阵中的观测元素为相同精度量级为前提，讨论模型的抗差估计问题。Fang（2015）应用附有等式约束的 EIV 模型讨论了二维坐标与三维坐标的转换。Schaffrin 和 Wieser（2008）的研究结果表明，应用总体最小二乘算法获得的模型参数的精度比应用最小二乘算法获得的精度高 30%左右。王乐洋和于冬冬（2014）讨论了测边控制网的病态总体最小二乘问题，并应用先验信息建立约束方程的算法获得了测边控制网模型的解，算例的结果同时验证了 Mahboub 等（2013）提出的观点，即附有约束条件的 EIV 模型参数估计算法具有正则化的性质。同时，EIV 模型被应用在空间后方交会、基于角度和时差信息的无源定位、GPS 快速定位、水准测量、直线拟合等测绘数据处理中。Neitzel（2010）应用 EIV 模型比较研究加权与等权条件下的平面坐标转换问题。

EIV 模型在测绘数据处理中的应用多以一般性的模型参数估计为应用对象，而针对加权条件下的正则化、抗差估计、附有约束条件的参数估计等方面的应用成果并不多见。本书以测绘数据为研究对象，应用 EIV 模型理论讨论测绘数据处理中存在的不适定模型的正则化、抗差估计、附有约束条件的 EIV 模型参数估计等问题。

1.2 内容安排

本书围绕 EIV 模型的参数估计理论展开，重点讨论能够顾及模型随机性质的加权总体最小二乘算法，在此基础上，阐述含有粗差的模型参数估计、不适定模型的正则化、附有约束条件模型的参数估计理论，与相关理论在测绘数据处理中的应用。本书首先对测绘数据处理中经典模型与典型问题进行论述，作为讨论 EIV 模型参数估计理论的铺垫。结构安排如下。

1）第 2 章讨论测量平差模型与理论。阐述高斯-马尔可夫模型（Gauss-Markov model，G-M）与高斯-赫尔默特模型（Gauss-Helmert Model，G-H），并给出测绘数据处理中经常涉及的几个数据处理模型，在此基础上，讨论模型的线性化、拟合模型的显著性检验、随机模型误差的影响、随机模型的验后估计等问题。同时讨论系数矩阵误差对模型参数估计的扰动性影响，并对 EIV 模型在测绘数据处理中的适用性进行分析。

2）第 3 章讨论 EIV 模型与其参数估计算法。介绍 EIV 模型的数学表达与模型的几何意义，并比较它与传统高斯-马尔可夫模型的区别，介绍 EIV 模型参数估计的常用算法：基于奇异值分解算法、基于极值函数改进算法、基于拉格朗日函数迭代算法以及基于非线性函数的参数估计算法，讨论 EIV 模型单位权方差的无偏估计与其迭代算法。列举不同 EIV 模型参数估计算法在高程异常拟合、坐标相似变换、三维激光扫描标靶拟合中的应用，并归纳相关结论。

3）第 4 章讨论含有粗差的 EIV 模型参数估计理论。以经典平差模型为例，分别从粗差的识别与调节两个角度讨论粗差的处理问题，比较 EIV 模型与经典平差模型在粗差处理方面的差异，并分别以基于数理统计函数的 EIV 模型粗差识别理论与基于等价权函数的 EIV 模型抗差估计理论讨论含有粗差的 EIV 模型参数估计。针对 EIV 模型的特征，分类确定模型系数矩阵与观测向量的权函数，应用中位数建立 EIV 模型的抗差估计算法。采用直线拟合、平面坐标相似变换、外方位元素解算验证 EIV 模型抗差估计算法在测绘数据处理中的应用，并归纳相关结论。

4）第 5 章讨论不适定 EIV 模型与其正则化理论。从测绘数据处理的角度将不适定模型分为秩亏模型与病态模型，并讨论经典平差模型中秩亏模型与病态模型的正则化方法，分析病态 EIV 模型的正则化与 Tikhonov 函数之间的关系。应用经典平差模型的岭估计算法和秩亏模型参数估计算法讨论病态 EIV 模型与秩亏 EIV 模型的正则化及其改进算法。根据 EIV 模型奇异值分解的参数估计算法，讨论 EIV 模型参数估计算法具有的降正则化性质。采用测边网平差、三维坐标转换等讨论不适定 EIV 模型的正则化算法在测绘数据处理中的应用，并归纳相关结论。

5）第 6 章讨论附有约束条件 EIV 模型的参数估计理论。以附有约束条件的经典平差模型为例，讨论附有约束条件模型具有的几何意义，约束条件对参数估值的影响，给出包括附有约束条件模型的统一平差模型。讨论当约束条件分别为等式约束与不等式约束时，EIV 模型的参数估计算法。根据约束条件具有的正则化性质，建立附有不等式约束的病态 EIV 模型分步正则化算法。采用地表沉降监测、导线网平差、光束法区域网平差讨论附有约束条件的 EIV 模型参数估计算法在测绘数据处理中的应用，并归纳相关结论。

6）第 7 章对 EIV 模型参数估计理论的研究方向做进一步归纳与总结。

第 2 章　测量平差模型与理论

2.1　数据处理模型

2.1.1　高斯-马尔可夫模型

测绘数据处理的主要任务是应用一定的数学模型求解模型参数估值，并对其精度进行评定。为获得最优、无偏、唯一的参数估值，需要附加估计准则。以线性模型的参数估计为例，其高斯-马尔可夫模型的函数模型与随机模型为

$$\begin{cases} \boldsymbol{v} = \boldsymbol{B}\boldsymbol{x} - \boldsymbol{l} \\ \boldsymbol{v} \sim N(0, \sigma_0^2 \boldsymbol{P}^{-1}) \end{cases} \tag{2.1}$$

式中，$\boldsymbol{v}$ 为观测向量 $\boldsymbol{l}$ 中含有的观测误差；$\boldsymbol{B}$ 为模型的系数矩阵；$\boldsymbol{x}$ 为模型的参数向量；σ_0^2 为单位权方差；$\boldsymbol{P}$ 为观测误差的权矩阵。

为求解待定的模型参数，需要对空间目标进行观测，受诸多观测因素的影响，观测值不可避免地会含有误差。为减小观测值中含有的误差对参数估值的影响，获得稳定可靠的数据处理结果，并对参数估值的精度进行评定，在对空间目标进行观测时，观测数会大于求解模型参数的必要观测数，即存在多余观测量。当存在多余观测量时，建立的函数模型中观测方程的个数大于待定的模型参数的个数，方程超定，无法获得参数的唯一解，此时必须对平差模型附加约束准则。在测绘数据处理中，常用的约束准则有极大似然准则、极大验后准则、最小方差准则和最小二乘准则。以最小二乘准则为例：

$$\boldsymbol{v}^{\mathrm{T}} \boldsymbol{P} \boldsymbol{v} = \min \tag{2.2}$$

可见，最小二乘准则是以模型中的误差向量加权平方和最小为约束条件。最小二乘估计准则要求观测向量的误差向量加权平方和达到最小，为满足这样的极值条件，对函数模型中关于变量 $\boldsymbol{x}$ 求偏导数，并令其等于 0，得

$$\frac{\partial \boldsymbol{v}^{\mathrm{T}} \boldsymbol{P} \boldsymbol{v}}{\partial \boldsymbol{x}} = 2\boldsymbol{v}^{\mathrm{T}} \boldsymbol{P} \frac{\partial \boldsymbol{v}}{\partial \boldsymbol{x}} = \boldsymbol{v}^{\mathrm{T}} \boldsymbol{P} \boldsymbol{B} = 0 \tag{2.3}$$

对式（2.3）求转置，并将函数模型 $\boldsymbol{v} = \boldsymbol{B}\boldsymbol{x} - \boldsymbol{l}$ 代入，得

$$\boldsymbol{B}^{\mathrm{T}} \boldsymbol{P} \boldsymbol{B} \boldsymbol{x} - \boldsymbol{B}^{\mathrm{T}} \boldsymbol{P} \boldsymbol{l} = 0 \tag{2.4}$$

对式（2.4）继续求导数，得到函数 $\boldsymbol{v}^{\mathrm{T}} \boldsymbol{P} \boldsymbol{v}$ 的二阶偏导数恒大于 0，因此，根据式（2.3）得到的参数估值为极小值。由式（2.3）得到参数向量 $\boldsymbol{x}$ 的估值为

$$\hat{\boldsymbol{x}} = (\boldsymbol{B}^{\mathrm{T}} \boldsymbol{P} \boldsymbol{B})^{-1} \boldsymbol{B}^{\mathrm{T}} \boldsymbol{P} \boldsymbol{l} \tag{2.5}$$

单位权方差 σ_0^2 的估值为

$$\hat{\sigma}_0^2 = \frac{\boldsymbol{v}^{\mathrm{T}}\boldsymbol{P}\boldsymbol{v}}{r} \tag{2.6}$$

式中，r 为多余观测量。由协方差传播定律得到参数估值的协方差矩阵为

$$\boldsymbol{D}(\hat{x}) \approx \hat{\sigma}_0^2(\boldsymbol{B}^{\mathrm{T}}\boldsymbol{P}\boldsymbol{B})^{-1} \tag{2.7}$$

最小二乘准则是对高斯-马尔可夫模型的观测向量中含有的观测误差附加约束，以获得参数的最优、无偏估值。

2.1.2 高斯-赫尔默特模型

线性模型的参数估计可以建立高斯-马尔可夫模型进行求解，当模型为非线性时，需要对非线性模型进行线性化。通过高斯-赫尔默特模型可以建立非线性模型的参数估计算法。定义关于误差向量 $\boldsymbol{v}$ 与参数向量 $\boldsymbol{x}$ 的非线性函数为 $\boldsymbol{f}(\boldsymbol{v},\boldsymbol{x})=0$，其线性化形式为

$$\boldsymbol{f}(\boldsymbol{v},\boldsymbol{x}) \approx \boldsymbol{C}^0(\boldsymbol{x}-\boldsymbol{x}^0)+\boldsymbol{F}^0(\boldsymbol{v}-\boldsymbol{v}^0)+\psi(\boldsymbol{v}^0,\boldsymbol{x}^0) \tag{2.8}$$

式中，$\boldsymbol{v}^0$ 为误差向量的初值；$\boldsymbol{x}^0$ 为转换参数的初值；$\boldsymbol{C}^0=\left.\dfrac{\partial \boldsymbol{f}(\boldsymbol{v},\boldsymbol{x})}{\partial \boldsymbol{x}^{\mathrm{T}}}\right|_{\boldsymbol{x}^0,\boldsymbol{v}^0}$；$\boldsymbol{F}^0=-\left.\dfrac{\partial \boldsymbol{f}(\boldsymbol{v},\boldsymbol{x})}{\partial \boldsymbol{v}^{\mathrm{T}}}\right|_{\boldsymbol{x}^0,\boldsymbol{v}^0}$；$\psi(\boldsymbol{v}^0,\boldsymbol{x}^0)=-\boldsymbol{F}^0(\boldsymbol{v}^0)+\boldsymbol{f}(\boldsymbol{v}^0,\boldsymbol{x}^0)$。

根据观测方程 $\boldsymbol{C}^0(\boldsymbol{x}-\boldsymbol{x}^0)+\boldsymbol{F}^0(\boldsymbol{v}-\boldsymbol{v}^0)+\psi(\boldsymbol{v}^0,\boldsymbol{x}^0)=0$，应用拉格朗日乘数 $\boldsymbol{\lambda}$ 建立新的目标函数，为

$$\varphi=\boldsymbol{v}^{\mathrm{T}}\boldsymbol{P}\boldsymbol{v}-2\boldsymbol{\lambda}^{\mathrm{T}}[\boldsymbol{C}^0(\boldsymbol{x}-\boldsymbol{x}^0)+\boldsymbol{F}^0(\boldsymbol{v}-\boldsymbol{v}^0)+\psi(\boldsymbol{v}^0,\boldsymbol{x}^0)]=\min \tag{2.9}$$

对式（2.9）的误差向量 $\boldsymbol{v}$ 和参数向量 $\boldsymbol{x}$ 求偏导数，并令其等于 0，得

$$\begin{cases}\dfrac{\partial\varphi}{\partial\boldsymbol{v}}=2\boldsymbol{v}^{\mathrm{T}}\boldsymbol{P}-2\boldsymbol{\lambda}^{\mathrm{T}}\boldsymbol{F}^0=0\\[2ex]\dfrac{\partial\varphi}{\partial\boldsymbol{x}}=-2\boldsymbol{\lambda}^{\mathrm{T}}\boldsymbol{C}^0=0\end{cases} \tag{2.10}$$

根据观测方程与式（2.10），得

$$\begin{bmatrix}\boldsymbol{F}^0\boldsymbol{Q}\boldsymbol{F}^{0\mathrm{T}} & \boldsymbol{C}^0\\ \boldsymbol{C}^{0\mathrm{T}} & 0\end{bmatrix}\begin{bmatrix}\boldsymbol{\lambda}\\ \boldsymbol{x}-\boldsymbol{x}^0\end{bmatrix}+\begin{bmatrix}\psi(\boldsymbol{v}^0,\boldsymbol{x}^0)\\ 0\end{bmatrix}=0 \tag{2.11}$$

式中，$\boldsymbol{Q}$ 为误差向量的协因数矩阵。根据式（2.11）可以得到拉格朗日乘数的估值 $\hat{\boldsymbol{\lambda}}$、参数向量的估值 $\hat{\boldsymbol{x}}$ 和误差向量的估值 $\hat{\boldsymbol{v}}$，为

$$\hat{\boldsymbol{v}}=\boldsymbol{Q}\boldsymbol{F}^{0\mathrm{T}}\hat{\boldsymbol{\lambda}} \tag{2.12}$$

根据式（2.11）和式（2.12）可以迭代求解参数变量 $\boldsymbol{x}$、$\boldsymbol{v}$ 的估值，其迭代过程将结合 EIV 模型的参数估计详细阐述。

2.2 几种典型测绘数据处理模型

2.2.1 坐标转换模型

坐标系统是测绘数据处理中常见的问题，广泛存在于大地测量、工程测量、摄影测量、计算机视觉、地图制图等专业领域，一直受到研究人员的关注。信息技术的发展与坐标系统的更新换代使得原有参考基准下的成果资料失去使用价值。为维持测绘基准的统一、精确；实现原有测绘成果的有效利用；为生产建设提供前提保障，应用信息化技术改造、维持测绘基准是当前测量工作的主要内容之一。由于受到诸多因素的干扰，空间定位技术的成熟与广泛应用并没有使测绘基准得到有效统一。当前，测绘基准仍然独立分为平面基准与高程基准，且两者的更新、改造也是独立进行。平面坐标系统的更新换代主要是通过数学模型拟合新、旧坐标系统的转换关系，以 Bursa 空间转换模型为例。

$$\begin{bmatrix} X_2 \\ Y_2 \\ Z_2 \end{bmatrix} = \begin{bmatrix} X_0 \\ Y_0 \\ Z_0 \end{bmatrix} + \mu \begin{bmatrix} X_1 \\ Y_1 \\ Z_1 \end{bmatrix} + \begin{bmatrix} 1 & \varepsilon_Z & -\varepsilon_Y \\ -\varepsilon_Z & 1 & \varepsilon_X \\ \varepsilon_Y & -\varepsilon_X & 1 \end{bmatrix} \begin{bmatrix} X_1 \\ Y_1 \\ Z_1 \end{bmatrix} \tag{2.13}$$

式中，（X_1, Y_1, Z_1）为控制点在原坐标系中的空间三维直角坐标；（X_2, Y_2, Z_2）为控制点在目标坐标系中的空间三维直角坐标；（X_0, Y_0, Z_0）为平移参数；（ε_X, ε_Y, ε_Z）为旋转参数；μ 为尺度参数。

具有四个参数的平面坐标转换模型为

$$\begin{bmatrix} x_2 \\ y_2 \end{bmatrix} = \begin{bmatrix} \Delta x \\ \Delta y \end{bmatrix} + \mu \begin{bmatrix} \cos\alpha & -\sin\alpha \\ \sin\alpha & \cos\alpha \end{bmatrix} \begin{bmatrix} x_1 \\ y_1 \end{bmatrix} \tag{2.14}$$

式中，(x_1, y_1) 为控制点在原坐标系中的平面坐标；(x_2, y_2) 为控制点在目标坐标系中的平面坐标；$(\Delta x, \Delta y)$ 为平移参数；α 为旋转角。

坐标系统的转换精度受两个因素的影响：①转换模型的符合程度；②模型参数的求解精度。就坐标系统的定义而言，上述两个数学模型能够表达坐标系统之间的转换关系，因此，测绘工作者更加关注的是如何提高模型参数的求解精度。模型参数的求解需要控制点在原坐标系与目标坐标系中的坐标，因此控制点坐标的精度影响模型参数的求解精度。

从坐标系统的发展现状来看，我国坐标系统的转换主要是参心坐标系下的测绘成果向地心坐标系的转换，如果应用空间转换模型［以式（2.13）为例］实现坐标系统的转换，参数求解的前提是获得三个以上的控制点在参心坐标系与地心坐标系中的空间三维直角坐标（X, Y, Z）。但是在我国参心坐标系中，控制点的坐标为平面坐标或大地经纬度，缺乏高精度的控制点大地高信息，无法根据式（2.15）精确获得控制点的空间三维直角坐标。

$$
\begin{cases}
X=(N+H)\times\cos B\times\cos L \\
Y=(N+H)\times\cos B\times\sin L \\
Z=[N\times(1-e^2)+H]\times\sin B
\end{cases}
\tag{2.15}
$$

式中，N 为卯酉圈曲率半径；H 为控制点的大地高；e 为参考椭球的偏心率；B、L 分别为控制点的大地经纬度。

因此，根据已有观测数据的现状，应用空间转换模型实现我国参心坐标系向地心坐标系的转换缺乏一定的数据基础。为分析缺乏精确的大地高信息对坐标转换的影响，沈云中等（2006）针对不同大小的转换区域，研究不准确的大地高信息对求解控制点在目标坐标系中平面坐标的影响；谢鸣宇和姚宜斌（2008）应用“高程趋近法”迭代求解控制点在参心坐标系中的大地高，通过空间转换模型求解转换参数，并在不同大小的范围分析参数求解的精度受大地高精度的影响程度。

与空间转换模型相比，平面坐标转换模型的适用性更好，参数的求解直接通过平面坐标解算，无论在参心坐标系中还是在地心坐标系中，都能获得相对精确的控制点平面坐标。但是有两个因素限制平面坐标转换模型的适用范围与转换精度：①平面坐标转换模型无法顾及坐标投影变形对参数求解的影响；②转换模型与坐标系统的定义不吻合，平面坐标转换模型是坐标系统之间转换关系的数学拟合。国内外众多学者分别从不同的角度分析了平面坐标转换模型在不同范围内的转换精度，并用实测数据进行了验证，其研究结论请查阅相关研究文献（高井祥等，1999；Neitzel，2010）。

2.2.2 高程异常拟合模型

应用数学模型实现大地高向高程的转换，已经在我国似大地水准面的建设与高程测量中广泛应用。大地高是点到某一参考椭球的法线距离，相对于以大地水准面或似大地水准面（以下简称为大地水准面）定义的高程系统，大地高仅具有几何意义，而不具有物理意义。因此，大地高并不能够作为表示地貌的依据，由点的大地高数值大小并不能判断出实际生产生活中需要的点与点之间水平高低。全球卫星导航定位系统（global navigation satellite system，GNSS）在测绘学科的广泛应用，使得点的大地高（点间的相对大地高）能够较为容易地获得。相比较而言，为获得点的高程而进行的水准测量工作具有劳动强度大、数据处理烦琐的缺点，测绘工作者一直致力于大地高与高程之间转换的研究工作。

在数值上实现大地高与高程的拟合问题，就是实现参考椭球面与大地水准面这两个基准面间差距的拟合。参考椭球面作为大地水准面数学模型的近似表达，同大地高一样仅具有几何意义。忽略某点的法线与铅垂线间的垂线偏差，参考椭球面与大地水准面之间的差距称为高程异常（图 2.1）；在小测区范围内，点的高程异常近似等于它的大地高减去其高程。因此，为实现大地高向高程的转换，可以应用数学模型对高程异常进行拟合。

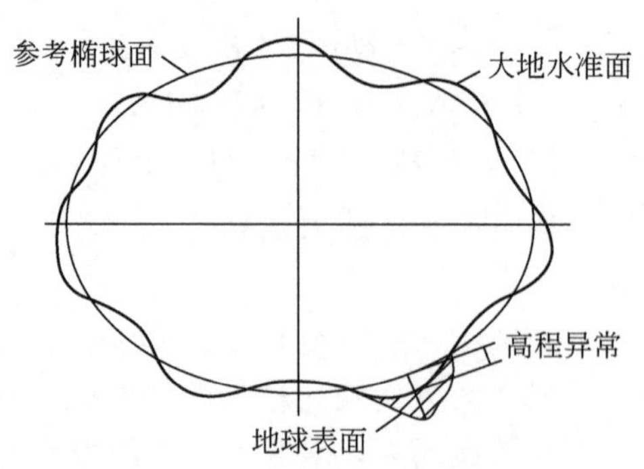

图 2.1　高程异常的近似表达

以高程异常拟合的二次多项式模型为例：

$$\delta_i = a_0 + a_1 x_i + a_2 y_i + a_3 x_i y_i + a_4 x_i^2 + a_5 y_i^2 \tag{2.16}$$

式中，δ_i 为点的高程异常值；(x_i, y_i) 为点的平面坐标；$(a_0, a_1, a_2, a_3, a_4, a_5)$ 为模型参数。

当已知观测数大于必要观测数时，应用最小二乘准则求解模型参数。设观测数为 n，则式（2.16）表示为

$$\begin{pmatrix} \delta_1 \\ \vdots \\ \delta_n \end{pmatrix} = \begin{pmatrix} 1 & x_1 & y_1 & x_1 y_1 & x_1^2 & y_1^2 \\ \vdots & \vdots & \vdots & \vdots & \vdots & \vdots \\ 1 & x_n & y_n & x_n y_n & x_n^2 & y_n^2 \end{pmatrix} \begin{pmatrix} a_0 \\ a_1 \\ a_2 \\ a_3 \\ a_4 \\ a_5 \end{pmatrix} \tag{2.17}$$

根据式（2.17），建立高斯-马尔可夫平差模型，应用最小二乘算法，可以获得模型参数的解。不再重复其推导过程。

大地水准面的数学模型表达复杂，它与参考椭球面并无严格意义上的数学关系，因此，人们应用数学模型实现大地高向高程的转换是对高程异常的“强制”拟合。在一定的区域范围内，数学模型是否能够描述模型的自变量与因变量之间的变化规律，需要应用统计方法对拟合模型进行显著性检验。对于复杂多变的测区地貌，更有必要对拟合模型的显著性进行检验。此类问题将在 2.3.2 节进一步讨论。

2.2.3　外方位元素解算模型

在摄影测量工作中，为确定摄影光速在摄影瞬间的空间位置和姿态，通常采用空间后方交会反算外方位元素。确定影像的外方位元素，得到像点坐标与物点坐标之间的转换关系是区域网平差的基本内容，同时也是解析空中三角测量的关键技术之一。共线方程是应用空间后方交会求解外方位元素的基本方程，外方位元素解算的传统方法是根据共线方程，建立高斯-马尔可夫模型，应用最小二乘估计算法获得。当影像的内方位元素已知，以外方位元素为变量的共线方程为

$$\begin{cases} x - x_0 = -f\dfrac{a_1(X - X_s) + b_1(Y - Y_s) + c_1(Z - Z_s)}{a_3(X - X_s) + b_3(Y - Y_s) + c_3(Z - Z_s)} \\ y - y_0 = -f\dfrac{a_2(X - X_s) + b_2(Y - Y_s) + c_2(Z - Z_s)}{a_3(X - X_s) + b_3(Y - Y_s) + c_3(Z - Z_s)} \end{cases} \tag{2.18}$$

式中，(x, y) 为地面控制点的像平面坐标；(X, Y, Z) 为地面控制点的空间三维直角坐标；（x_0, y_0, f）为已知的内方位元素；（a_i, b_i, c_i）（$i = 1,2,3$）为以外方位元素（$X_s, Y_s, Z_s, \varphi, \omega, \kappa$）中角元素（$\varphi, \omega, \kappa$）为变量的系数。以外方位元素为变量的共线方程为非线性方程，应用高斯-马尔可夫模型求解外方位元素，需要将其线性化。由于竖直摄影时航摄像片的外方位角元素的角元素为微小值，其正弦按级数展开取一次项为 0，余弦按级数展开取一次项为 1；应用泰勒级数展开的线性化共线方程为

$$\begin{cases} x = (x) + \dfrac{f}{\overline{Z}}\mathrm{d}X_s + \dfrac{x}{\overline{Z}}\mathrm{d}Z_s - f(1 + \dfrac{x^2}{f^2})\mathrm{d}\varphi - \dfrac{xy}{f}\mathrm{d}\omega + y\mathrm{d}\kappa \\ y = (y) + \dfrac{f}{\overline{Z}}\mathrm{d}Y_s + \dfrac{y}{\overline{Z}}\mathrm{d}Z_s - \dfrac{x^2}{f}\mathrm{d}\varphi - f(1 + \dfrac{y^2}{f^2})\mathrm{d}\omega - x\mathrm{d}\kappa \end{cases} \tag{2.19}$$

式中，(x)、(y) 为（x，y）的近似值；$\overline{Z} = a_3(X - X_s) + b_3(Y - Y_s) + c_3(Z - Z_s)$。设有 n 个观测值，外方位元素的高斯-马尔可夫模型的函数模型 $\boldsymbol{v} = \boldsymbol{Bx} - \boldsymbol{l}$ 中

$$\boldsymbol{B} = \begin{bmatrix} \dfrac{f}{\overline{Z}_1} & 0 & \dfrac{x_1}{\overline{Z}_1} & -f(1+\dfrac{x_1^2}{f^2}) & -\dfrac{x_1 y_1}{f} & y_1 \\ 0 & \dfrac{f}{\overline{Z}_1} & \dfrac{y_1}{\overline{Z}_1} & -\dfrac{x_1^2}{f} & -f(1+\dfrac{y_1^2}{f^2}) & -x_1 \\ \vdots & \vdots & \vdots & \vdots & \vdots & \vdots \\ \dfrac{f}{\overline{Z}_n} & 0 & \dfrac{x_n}{\overline{Z}_n} & -f(1+\dfrac{x_n^2}{f^2}) & -\dfrac{x_n y_n}{f} & y_n \\ 0 & \dfrac{f}{\overline{Z}_n} & \dfrac{y_n}{\overline{Z}_n} & -\dfrac{x_n^2}{f} & -f(1+\dfrac{y_n^2}{f^2}) & -x_n \end{bmatrix}, \quad \boldsymbol{l} = \begin{bmatrix} x_1 - (x)_1 \\ y_1 - (y)_1 \\ \vdots \\ x_n - (x)_n \\ y_n - (y)_n \end{bmatrix},$$

$\boldsymbol{x} = \begin{bmatrix} \mathrm{d}X_s & \mathrm{d}Y_s & \mathrm{d}Z_s & \mathrm{d}\varphi & \mathrm{d}\omega & \mathrm{d}\kappa \end{bmatrix}^{\mathrm{T}}$。给定参数初值，在最小二乘准则下可以迭代求解参数估值。

2.2.4 导线网平差模型

在测绘工作中广泛应用的 GNSS 技术并没有改变地下工程测量作业模式，导线测量仍然是地下平面测绘基准建立与维持的主要方式。受地下作业环境的限制，导线测量是地下平面控制测量的主要作业手段。

以间接平差模型为例，设两相邻控制点的水平距离与方位角分别为 S_i、a_i，两相邻控制点的平面坐标为（x_i y_i）、（x_{i+1} y_{i+1}），则

$$S_i = \sqrt{(x_{i+1} - x_i)^2 + (y_{i+1} - y_i)^2} \tag{2.20}$$

$$a_i = \arctan\left(\frac{y_{i+1} - y_i}{x_{i+1} - x_i}\right) \tag{2.21}$$

为应用线性估计模型求解参数，需要对式（2.20）和式（2.21）进行线性化，其一阶线性展开式为

$$\hat{S}_i = S_i + v_{S_i} = S_i^0 - \frac{\Delta x_i^0}{S_i^0}\hat{x}_i - \frac{\Delta y_i^0}{S_i^0}\hat{y}_i + \frac{\Delta x_i^0}{S_i^0}\hat{x}_{i+1} + \frac{\Delta y_i^0}{S_i^0}\hat{y}_{i+1} \tag{2.22}$$

$$\hat{a}_i = a_i + v_{a_i} = a_i^0 + \frac{\Delta y_i^0}{(S_i^0)^2}\hat{x}_i - \frac{\Delta x_i^0}{(S_i^0)^2}\hat{y}_i - \frac{\Delta y_i^0}{(S_i^0)^2}\hat{x}_{i+1} + \frac{\Delta x_i^0}{(S_i^0)^2}\hat{y}_{i+1} \tag{2.23}$$

式（2.22）中，$\hat{S}_i$ 为距离观测值的估值；v_{S_i} 为距离观测值 S_i 中含有的观测误差；S_i^0 为距离观测值的初值。式（2.23）中，$\hat{a}_i$ 为方位角观测值的估值；v_{a_i} 为方位角观测值 a_i 中含有的观测误差；a_i^0 为方位角观测值的初值；（$\Delta x_i^0, \Delta y_i^0$）为控制点间坐标增量的初值；（$\hat{x}_i, \hat{y}_i, \hat{x}_{i+1}, \hat{y}_{i+1}$）为待估参数的改正值。

在地下工程测量的导线网布设中，还需要对导线边加测陀螺，进行方位改正。设控制点 i 的前一个控制点为 $i-1$，根据式（2.22）和式（2.23）得边长观测值、角度观测值的误差方程分别为

$$v_{S_i} = -\frac{\Delta x_i^0}{S_i^0}\hat{x}_i - \frac{\Delta y_i^0}{S_i^0}\hat{y}_i + \frac{\Delta x_i^0}{S_i^0}\hat{x}_{i+1} + \frac{\Delta y_i^0}{S_i^0}\hat{y}_{i+1} + l_{S_i} \tag{2.24}$$

$$\begin{aligned} v_{\beta_i} = {} & \frac{\Delta y_{i-1}^0}{(S_{i-1}^0)^2}\hat{x}_{i-1} - \frac{\Delta x_{i-1}^0}{(S_{i-1}^0)^2}\hat{y}_{i-1} + \left[\frac{\Delta y_i^0}{(S_i^0)^2} - \frac{\Delta y_{i-1}^0}{(S_{i-1}^0)^2}\right]\hat{x}_i - \left[\frac{\Delta x_i^0}{(S_i^0)^2} - \frac{\Delta x_{i-1}^0}{(S_{i-1}^0)^2}\right]\hat{y}_i \\ & - \frac{\Delta y_i^0}{(S_i^0)^2}\hat{x}_{i+1} + \frac{\Delta x_i^0}{(S_i^0)^2}\hat{y}_{i+1} + l_{\beta_i} \end{aligned} \tag{2.25}$$

$$v_{a_i} = \frac{\Delta y_i^0}{(S_i^0)^2}\hat{x}_i - \frac{\Delta x_i^0}{(S_i^0)^2}\hat{y}_i - \frac{\Delta y_i^0}{(S_i^0)^2}\hat{x}_{i+1} + \frac{\Delta x_i^0}{(S_i^0)^2}\hat{y}_{i+1} + l_{a_i} \tag{2.26}$$

式（2.24）～式（2.26）中，l_{S_i}、l_{β_i}、l_{a_i} 分别为边长观测值、角度观测值、陀螺边的方位角初值减去其观测值。令 $\underset{(n+1)\times 2n}{\boldsymbol{B}_S}$、$\underset{(n+2)\times 2n}{\boldsymbol{B}_\beta}$、$\underset{t\times 2n}{\boldsymbol{B}_a}$ 分别为边长、角度、陀螺边方位角观测值构成的误差方程的系数矩阵。现有一井下导线控制网，如图 2.2 所示，该导线网中有 A、B 两个已知平面控制点，n 个待求控制点，共观测 n+1 条边的距离、n+2 个水平角、加测 t 个陀螺边。

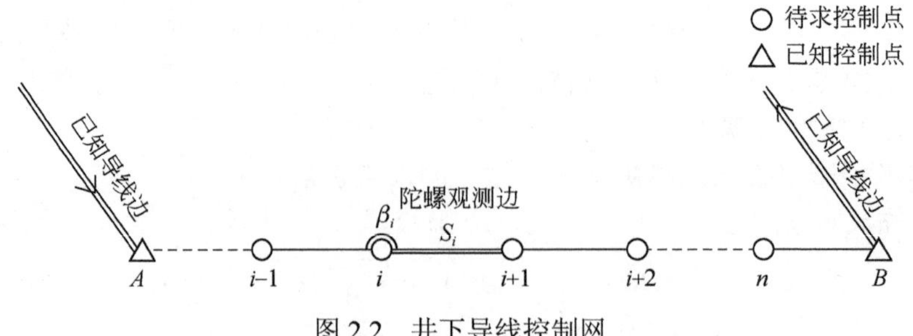

图 2.2　井下导线控制网

以待求控制点平面坐标改正数为变量，建立高斯-马尔可夫模型：

$$\boldsymbol{v}=\boldsymbol{B}\hat{\boldsymbol{x}}-\boldsymbol{l} \tag{2.27}$$

式中，$\boldsymbol{v}=[\underset{(n+1)\times 2n}{\boldsymbol{v}_s} \quad \underset{(n+2)\times 2n}{\boldsymbol{v}_\beta} \quad \underset{t\times 2n}{\boldsymbol{v}_a}]^{\mathrm{T}}$；$\boldsymbol{B}=[\underset{(n+1)\times 2n}{\boldsymbol{B}_s} \quad \underset{(n+2)\times 2n}{\boldsymbol{B}_\beta} \quad \underset{t\times 2n}{\boldsymbol{B}_a}]^{\mathrm{T}}$；$\hat{\boldsymbol{x}}=\begin{bmatrix}\hat{x}_1 & \hat{y}_1 & \cdots & \hat{x}_n & \hat{y}_n\end{bmatrix}^{\mathrm{T}}$；$\boldsymbol{l}=\begin{bmatrix}l_{s1} & \cdots & l_{s(n+1)} & l_{\beta 1} & \cdots & l_{\beta(n+2)} & l_{a1} & \cdots & l_{a(t)}\end{bmatrix}^{\mathrm{T}}$。

应用最小二乘准则求得参数 $\hat{\boldsymbol{x}}$ 的估值为

$$\hat{\boldsymbol{x}}=(\boldsymbol{B}^{\mathrm{T}}\boldsymbol{P}\boldsymbol{B})^{-1}\boldsymbol{B}^{\mathrm{T}}\boldsymbol{P}\boldsymbol{l} \tag{2.28}$$

单位权方差与参数的协方差矩阵分别为

$$\hat{\boldsymbol{\sigma}}_0^2=\frac{\boldsymbol{v}^{\mathrm{T}}\boldsymbol{P}\boldsymbol{v}}{r} \tag{2.29}$$

$$\boldsymbol{D}(\hat{\boldsymbol{x}})\approx\hat{\sigma}_0^2(\boldsymbol{B}^{\mathrm{T}}\boldsymbol{P}\boldsymbol{B})^{-1} \tag{2.30}$$

2.3 数据处理模型的讨论

2.3.1 模型的线性化

应用高斯-马尔可夫模型，在最小二乘准则下求解参数，数学函数模型应为线性模型。本节以坐标转换为例，讨论测绘数据处理中模型的线性化。当观测数为 n 时，可以将空间转换模型［式（2.13）］表示为线性模型：

$$\begin{bmatrix}X_2^1\\Y_2^1\\Z_2^1\\\vdots\\X_2^n\\Y_2^n\\Z_2^n\end{bmatrix}=\begin{bmatrix}1&0&0&0&-Z_1^1&Y_1^1&X_1^1\\0&1&0&Z_1^1&0&-X_1^1&Y_1^1\\0&0&1&-Y_1^1&X_1^1&0&Z_1^1\\\vdots&\vdots&\vdots&\vdots&\vdots&\vdots&\vdots\\1&0&0&0&-Z_1^n&Y_1^n&X_1^n\\0&1&0&Z_1^n&0&-X_1^n&Y_1^n\\0&0&1&-Y_1^n&X_1^n&0&Z_1^n\end{bmatrix}\begin{bmatrix}X_0\\Y_0\\Z_0\\\varepsilon_X\\\varepsilon_Y\\\varepsilon_Z\\\delta\mu\end{bmatrix} \tag{2.31}$$

平面坐标转换模型［式（2.14）］为非线性模型，为将其表示为线性模型，通常设

$$\begin{cases}c=\mu\times\cos\alpha\\d=\mu\times\sin\alpha\end{cases} \tag{2.32}$$

当观测数为 n 时，平面坐标转换模型可以表示为

$$\begin{bmatrix}x_2^1\\y_2^1\\\vdots\\x_2^n\\y_2^n\end{bmatrix}=\begin{bmatrix}1&0&x_1^1&-y_1^1\\0&1&y_1^1&x_1^1\\\vdots&\vdots&\vdots&\vdots\\1&0&x_1^n&-y_1^n\\0&1&y_1^n&x_1^n\end{bmatrix}\begin{bmatrix}\Delta x\\\Delta y\\c\\d\end{bmatrix} \tag{2.33}$$

应用传统方法建立平面坐标转换的线性模型，其参数不能直接求解，传统方法具有

一定的局限性。为直接求解平面坐标转换模型［式（2.14)］的参数，应用泰勒级数对转换模型进行线性化。将式（2.14）以参数$(\Delta x,\Delta y,\mu,\alpha)$为变量在其初值$(\Delta x_0,\Delta y_0,\mu_0,\alpha_0)$处按泰勒级数展开，保留至一阶项：

$$\begin{bmatrix} x_2 \\ y_2 \end{bmatrix} = \begin{bmatrix} \Delta x_0 \\ \Delta y_0 \end{bmatrix} + \mu_0 \boldsymbol{M}_\alpha \begin{bmatrix} x_1 \\ y_1 \end{bmatrix} + \begin{bmatrix} \mathrm{d}\Delta x \\ \mathrm{d}\Delta y \end{bmatrix} + \boldsymbol{M}_\alpha \begin{bmatrix} x_1 \\ y_1 \end{bmatrix} \mathrm{d}\mu + \mu_0 \mathrm{d}(\boldsymbol{M}_\alpha) \begin{bmatrix} x_1 \\ y_1 \end{bmatrix} \tag{2.34}$$

式中，$\boldsymbol{M}_\alpha = \begin{bmatrix} \cos\alpha_0 & -\sin\alpha_0 \\ \sin\alpha_0 & \cos\alpha_0 \end{bmatrix}$；$\mathrm{d}(\boldsymbol{M}_\alpha) = \begin{bmatrix} -\sin\alpha_0 & -\cos\alpha_0 \\ \cos\alpha_0 & -\sin\alpha_0 \end{bmatrix} \mathrm{d}\alpha$。

将式（2.34）进行变换，表示为误差方程：

$$\boldsymbol{v} = \boldsymbol{Bx} - \boldsymbol{l} \tag{2.35}$$

式中，$\boldsymbol{B} = \begin{bmatrix} \underset{2\times2}{\boldsymbol{E}} & \underset{2\times1}{\boldsymbol{M}_\alpha \boldsymbol{X}_1} & \underset{2\times2}{\mu_0 \boldsymbol{M}_\alpha^1 \boldsymbol{X}_1} \end{bmatrix}$（$\boldsymbol{X}_1 = \begin{bmatrix} x_1 & y_1 \end{bmatrix}^\mathrm{T}$；$\boldsymbol{M}_\alpha^1 = \begin{bmatrix} -\sin\alpha_0 & -\cos\alpha_0 \\ \cos\alpha_0 & -\sin\alpha_0 \end{bmatrix}$）；

$\boldsymbol{x} = \begin{bmatrix} \mathrm{d}\Delta x & \mathrm{d}\Delta y & \mathrm{d}\mu & \mathrm{d}\alpha \end{bmatrix}^\mathrm{T}$；$\boldsymbol{l} = \begin{bmatrix} x_2 \\ y_2 \end{bmatrix} - \begin{bmatrix} \Delta x_0 \\ \Delta y_0 \end{bmatrix} - \mu_0 \boldsymbol{M}_\alpha \boldsymbol{X}_1$。

应用式（2.35）可以直接求得模型参数的最小二乘解。

2.3.2 拟合模型的显著性检验

应用数学模型建立已知信息与未知信息之间的变换关系称为拟合，本节以常用的高程异常拟合二次多项式模型［式（2.16)］为例，讨论测绘数据处理中存在的拟合模型显著性检验。在测绘数据处理中，广泛存在应用数学模型构建观测量之间的函数关系，2.2.2节中讨论的高程异常拟合问题就是应用数学模型实现大地高向高程转换的“强制”拟合。在一定的区域内，数学模型是否能够描述模型的自变量与因变量之间的变化规律，需要应用统计方法对拟合模型进行显著性检验。以二次多项式拟合模型为例，其显著性检验就是针对模型的自变量（x，y，xy，x^2，y^2）对高程异常δ是否存在显著的影响进行检验。对模型参数提出原假设：

$$H_0: a_1 = a_2 = a_3 = a_4 = a_5 = 0 \tag{2.36}$$

应用F检验统计量对原假设进行检验：在正态分布条件下，如果原假设［式（2.36)］成立，即统计量服从自由度为（5，n−5−1）的F分布时，由变量（x，y，xy，x^2，y^2）构建的模型进行高程异常δ的拟合是不合理的；如果原假设不成立，则应用此模型进行高程异常的拟合是合理的。

构造F统计量：

$$F = \frac{\mathrm{SSR}/5}{\mathrm{SSE}/(n-5-1)} \tag{2.37}$$

式中，SSR为回归平方和，在二次多项式模型中，其具体形式为

$$\mathrm{SSR} = \sum_{i=1}^{n} (\hat{\delta}_i - \bar{\delta})^2 \tag{2.38}$$

SSE 为残差平方和，其具体形式为

$$\mathrm{SSE}=\sum_{i=1}^{n}(\delta_i-\hat{\delta}_i)^2 \tag{2.39}$$

式（2.38）和式（2.39）中，$\hat{\delta}_i$ 为观测点高程异常的估值；$\overline{\delta_i}$ 为测区高程异常观测值的算术平均值；δ_i 为某点高程异常的观测值。给定显著性水平α，当 $F<F_\alpha(5,n-5-1)$ 时，接受原假设，拟合模型不显著；当 $F>F_\alpha(5,n-5-1)$ 时，拒绝原假设，拟合模型显著。

当拟合模型显著时，并不代表模型的每个变量对高程异常的影响都显著。如果模型中那些对高程异常影响不显著、可有可无的变量能够有效地被剔除，对保证模型的拟合精度以及模型参数解的稳定性有积极的意义。如果模型中某个变量对高程异常值的作用不显著，则它的系数就取值为 0。因此，对模型变量的显著性检验，等价转换为检验假设：

$$H_{0i}:a_i=0,\qquad i=1,2,3,4,5 \tag{2.40}$$

构造 F 统计检验量：

$$F_i=\frac{\Delta\mathrm{SSR}_i/1}{\mathrm{SSE}/(n-5-1)} \tag{2.41}$$

式中，$\Delta\mathrm{SSR}_i$ 为回归平方和 SSR 减去踢除某个变量后得到的回归平方和 SSR_i。当 F_i 服从自由度为（1，$n-5-1$）的 F 分布时，即接受原假设［式（2.40）］，则该变量对高程异常值影响不显著，应该剔除。当模型中多个变量对高程异常均无显著性影响时，由于变量间的相互作用，不能将其一次全部剔除。原则上先剔除统计量最小的变量，再对新获得的拟合模型进行检验。

2.3.3 随机模型误差的影响

随机模型与函数模型统称为测量平差的数学模型，在测量工作中，函数模型描述观测值与未知信息之间的关系，随机模型描述观测值中含有的误差的统计特征。建立正确的数学模型是得到准确数据处理结果的前提。在 2.3.2 节对函数模型误差的显著性检验进行讨论的基础上，本节仍然以高程异常拟合的二次多项式模型为例，讨论测绘数据处理中随机模型误差对显著性检验的影响；当随机模型存在误差时，对函数模型选择有影响的显著性检验方法进行讨论，并构建 F 统计检验量。顾及随机模型存在误差，即观测向量的权矩阵中含有定权误差：

$$\hat{\boldsymbol{P}}=\boldsymbol{P}+\Delta\boldsymbol{P} \tag{2.42}$$

加权条件下的回归平方和（$\overline{\mathrm{SSR}}$）与残差平方和（$\overline{\mathrm{SSE}}$）分别为

$$\overline{\mathrm{SSR}}=(\hat{\boldsymbol{\delta}}-\overline{\boldsymbol{\delta}})^{\mathrm{T}}\hat{\boldsymbol{P}}(\hat{\boldsymbol{\delta}}-\overline{\boldsymbol{\delta}}) \tag{2.43}$$

$$\overline{\mathrm{SSE}}=\boldsymbol{v}^{\mathrm{T}}\hat{\boldsymbol{P}}\boldsymbol{v} \tag{2.44}$$

式中，$\hat{\boldsymbol{\delta}}$ 为观测向量的估值；$\overline{\boldsymbol{\delta}}$ 为观测均值向量；$\boldsymbol{v}$ 为残差向量。将式(2.42)代入式(2.43)和式（2.44），得到

$$\begin{aligned}\overline{\mathrm{SSR}} &= (\hat{\boldsymbol{\delta}}-\overline{\boldsymbol{\delta}})^{\mathrm{T}}(\boldsymbol{P}+\Delta\boldsymbol{P})(\hat{\boldsymbol{\delta}}-\overline{\boldsymbol{\delta}}) = (\hat{\boldsymbol{\delta}}-\overline{\boldsymbol{\delta}})^{\mathrm{T}}\boldsymbol{P}(\hat{\boldsymbol{\delta}}-\overline{\boldsymbol{\delta}}) + (\hat{\boldsymbol{\delta}}-\overline{\boldsymbol{\delta}})^{\mathrm{T}}\Delta\boldsymbol{P}(\hat{\boldsymbol{\delta}}-\overline{\boldsymbol{\delta}}) \\ &= \mathrm{SSR}+\Delta\mathrm{SSR}\end{aligned} \tag{2.45}$$

$$\overline{\mathrm{SSE}} = \boldsymbol{v}^{\mathrm{T}}(\boldsymbol{P}+\Delta\boldsymbol{P})\boldsymbol{v} = \boldsymbol{v}^{\mathrm{T}}\boldsymbol{P}\boldsymbol{v} + \boldsymbol{v}^{\mathrm{T}}\Delta\boldsymbol{P}\boldsymbol{v} = \mathrm{SSE}+\Delta\mathrm{SSE} \tag{2.46}$$

二次多项式拟合模型的随机模型误差的 F 统计检验量为

$$\begin{aligned}\overline{F} &= \frac{\overline{\mathrm{SSR}}/5}{\overline{\mathrm{SSE}}/(n-5-1)} = \frac{\mathrm{SSR}+\Delta\mathrm{SSR}}{\mathrm{SSE}}\cdot\frac{\mathrm{SSE}}{\mathrm{SSE}+\Delta\mathrm{SSE}}\cdot\frac{n-5-1}{5} \\ &= F\cdot\frac{\mathrm{SSE}}{\mathrm{SSE}+\Delta\mathrm{SSE}} + F_1\frac{\mathrm{SSE}}{\mathrm{SSE}+\Delta\mathrm{SSE}}\end{aligned} \tag{2.47}$$

式中，$F_1 = \dfrac{\Delta\mathrm{SSE}/5}{\mathrm{SSE}/(n-5-1)}$。进一步可以得

$$\overline{F} = F\cdot\left(1+\frac{\Delta\mathrm{SSE}}{\mathrm{SSE}}\right)^{-1} + F_1\left(1+\frac{\Delta\mathrm{SSE}}{\mathrm{SSE}}\right)^{-1} \tag{2.48}$$

将式（2.48）展开至二次项，可以得到

$$\overline{F} = F + \Delta F \tag{2.49}$$

式中，$\Delta F = \left(\dfrac{\Delta\mathrm{SSE}^2}{\mathrm{SSE}^2} - \dfrac{\Delta\mathrm{SSE}}{\mathrm{SSE}}\right)F + \left(1-\dfrac{\Delta\mathrm{SSE}}{\mathrm{SSE}}+\dfrac{\Delta\mathrm{SSE}^2}{\mathrm{SSE}^2}\right)F_1$，$\Delta F$ 为随机模型误差对统计检验量 F 的影响。在显著性水平α，当 $F+\Delta F < F_\alpha(5,n-5-1) < F$ 时，随机模型误差的存在使得应该拒绝原假设时，而接受原假设；当 $F < F_\alpha(5,n-5-1) < F+\Delta F$ 时，随机模型误差使得应该接受原假设时，而拒绝原假设。因此，随机模型误差对函数模型的显著性检验有影响。

随机模型误差对函数参数的显著性检验的影响也可以通过构建 F 统计检验量进行分析，需要指出的是，当在分析函数模型误差或者随机模型误差时，总是假设其中的一类模型不存在误差，但事实情况往往是两类误差同时存在。因此，当随机模型存在误差时，无论应用什么样的平差准则对测绘数据进行处理，如果不顾及随机模型误差而采用假设检验理论，选择的“最优模型”均不是最优的。随机模型误差可以应用方差分量估计等验后估计的方法来对单位权中误差进行修正，并通过单位中误差迭代改正随机模型。

2.3.4 随机模型的验后估计

在以光学仪器为主要作业工具的测绘数据处理中，测绘数据处理的对象主要为单一数据类型，如测角网平差、测边网平差、水准网平差等，确定它们的随机模型一般采用经验定权的方法，如测角网取测回数，水准网取水准路线长度的倒数等。随着信息技术的发展，测绘数据处理的对象已经由单一数据类型发展为多种数据类型，平差模型的随机模型的确定难度增大。

当随机模型存在误差时，可以通过验后估计对其进行修正。验后估计的基本思想是，先对平差模型中各类观测值进行初步定权，并进行平差；再利用平差后得到的残差估值，根据一定的准则对平差模型中的各类观测值的验前方差和协方差进行改正，并进行定

权。方差分量估计是进行随机模型验后估计的有效方法，一直受到研究人员的关注，主要算法有最小二乘方差分量估计（least squares variance component estimation，LS-VCE）、最小范数二次无偏估计（minimum norm quadratic unbiased estimate，MINQUE）、最优不变二次无偏估计（best invariant quadratic unbiased estimation，BIQUE）、赫尔默特方差估计（VCE-HM）。其中，最小二乘方差分量估计被证明一致优于其他方差估计算法。在高斯-马尔可夫模型中

$$\boldsymbol{v} = \boldsymbol{Bx} - \boldsymbol{l} \tag{2.50}$$

假设观测向量 $\boldsymbol{l}$ 对应的协方差矩阵为 $\boldsymbol{D}(\boldsymbol{l})$，并将其表示为观测元素中误差 σ_k^l 的函数：

$$\boldsymbol{D}(\boldsymbol{l}) = \boldsymbol{Q}_l = Q_0^l + \sum_{k=1}^{P_1} \sigma_k^l Q_k^l \tag{2.51}$$

式中，Q_0^l 为固定常数；σ_k^l 为观测元素的方差；Q_k^l 为观测元素的协因数。其中，σ_k^l 为待估参数；Q_k^l 为已知值。待估参数 σ_k^l 组成的列向量为 $\boldsymbol{\sigma}^l = [\sigma_1^l \ \sigma_2^l \cdots \sigma_{p1}^l]^{\mathrm{T}}$，其最小二乘方差分量估值为

$$\hat{\boldsymbol{\sigma}}^l = \boldsymbol{N}_1^{-1}\boldsymbol{l}_1 \tag{2.52}$$

式中，$\boldsymbol{N}_1^{-1}$ 为 $p_1 \times p_1$ 维矩阵；$\boldsymbol{l}_1$ 为 p_1 维列向量，它们中的元素 n_{ij}、l_i 分别为

$$n_{ij} = \mathrm{tr}(Q_i \boldsymbol{Q}_l^{-1} \boldsymbol{R} Q_j \boldsymbol{Q}_l^{-1} \boldsymbol{R}) \tag{2.53}$$

$$l_i = \hat{\boldsymbol{v}}^{\mathrm{T}} \boldsymbol{Q}_l^{-1} Q_i \boldsymbol{Q}_l^{-1} \hat{\boldsymbol{v}} - \mathrm{tr}(Q_0 \boldsymbol{Q}_l^{-1} \boldsymbol{R} Q_i \boldsymbol{Q}_l^{-1} \boldsymbol{R}) \tag{2.54}$$

式中，$i, j = 1, 2, \cdots, p_1$；正交投影矩阵 $\boldsymbol{R} = \boldsymbol{I} - \boldsymbol{B}(\boldsymbol{B}^{\mathrm{T}}\boldsymbol{Q}_l^{-1}\boldsymbol{B})^{-1}\boldsymbol{B}^{\mathrm{T}}\boldsymbol{Q}_l^{-1}$；$\boldsymbol{Q}_l$ 与 $\boldsymbol{R}$ 均为关于待估参数 $\boldsymbol{\sigma}^l$ 的函数，因此，待估参数可以通过式（2.52）进行迭代计算获得。

2.3.5 拟合残差的推估算法

应用数学模型建立已知信息与未知信息之间的变换关系称为拟合，根据 2.2.2 节中对高程异常拟合的分析，高程异常与坐标变量并无相似性变换关系，数学模型只能算是对高程异常变化的“强制”拟合。若将观测点的高程异常值看作由趋势性部分与受随机因素影响的随机性部分组成，应用拟合模型对未知点高程异常信息的拟合是其趋势性部分的数学表述，此时，其随机性部分被忽略。本节仍然以高程异常拟合二次多项式模型为例，讨论一种适用于小测区范围内的高程异常拟合模型拟合残差的推估方法。

在应用数学模型对未知信息的拟合中，已知点的残差是拟合精度评价标准的依据，拟合残差本身包含随机因素对拟合结果的影响。对由随机因素引起的局部区域内观测点高程异常的随机性变化，以二次多项式模型为例，讨论应用已知点高程异常拟合的残余误差建立协方差函数，推估未知点高程异常的随机性部分。

应用 Reilly 函数作为协方差函数：

$$\sigma_{ij} = \sigma_0^2(1 - A^2 D^2)\mathrm{e}^{-A^2 D^2} \tag{2.55}$$

式中，σ_{ij} 为点间的协方差；观测值的单位权方差 σ_0^2 取值为拟合残差值的平方和均值；A 为待定系数；D 为控制点间的距离。

Reilly 函数为非线性函数，当存在多余观测时，为获得待定系数 A 的最小二乘解，需要对其进行线性化。将方程两端取对数，其函数形式为

$$f(A)=\ln\sigma_0^2+\ln(1-A^2D^2)-A^2D^2-\ln\sigma_{ij} \tag{2.56}$$

对式（2.56）在待定系数 A 的初值 A_0 处按一阶泰勒级数展开，则式（2.56）的线性化方程为

$$f(A)=f(A_0)-2\frac{A_0D^2}{1-A_0^2D^2}\mathrm{d}A-2A_0D^2\mathrm{d}A+V \tag{2.57}$$

式中，V 为式（2.57）在 A_0 处按一阶泰勒级数展开的线性化误差，根据式（2.57）建立高斯-马尔可夫模型，可以获得待定系数 A 的最小二乘解，不再赘述其求解过程。

设未知点周围有 n 个已知点，假设控制点拟合的高程异常与其已知高程异常的差值为 v_i（已知点的拟合残差），建立未知点残差 v_g 的推估方程为

$$v_g=[\sigma_{g1}\cdots\sigma_{gn}]\begin{bmatrix}\sigma_0^2 & \cdots & \sigma_{1n}\\ \vdots & & \vdots\\ \sigma_{n1} & \cdots & \sigma_0^2\end{bmatrix}\begin{bmatrix}v_1\\ \vdots\\ v_n\end{bmatrix} \tag{2.58}$$

式中，未知点与转换区域内任意已知点的协方差通过式（2.55）确定。应用协方差函数实现对高程异常拟合的残差进行推估的步骤为：①将高程异常值区分为趋势性部分和随机性部分，应用数学模型对高程异常的趋势性部分进行拟合；②根据已知点拟合的残差求解协方差函数的参数，应用协方差函数对未知点高程异常的随机性部分进行推估。

上述拟合残差的推估算法的应用不仅仅局限于高程异常拟合，受到随机因素影响的模型拟合也可以应用，其他方面的应用成果请查阅杨元喜和刘念（2002）、吕志平等（2013）的研究。

2.3.6 系数矩阵误差对参数估计的影响

根据 2.3.5 节的讨论，应用数学模型拟合观测值与未知参数的关系时，模型参数的求解精度决定拟合的精度。一般情况下，模型参数求解精度受观测向量中观测值的影响。长期以来，测绘数据处理讨论的主要内容是观测向量中含有误差对模型参数求解的影响，以及如何克服这样的影响。在诸多的测绘数据处理中，不仅仅平差模型的观测向量中含有误差，模型系数矩阵中的元素是由观测值组成的，同样含有误差，其对参数求解的影响不能忽略。本节以我国的坐标系统转换为例，结合坐标转换模型，讨论模型的系数矩阵中含有误差对参数求解的扰动性影响。

在我国，现阶段坐标系统转换问题主要面临由参心坐标系向地心坐标系的转换，数据特征区别于以往地心坐标系［如 WGS-84（world geodetic system 1984）参考框架］下的观测量向参心坐标系的转换。由地心坐标系向参心坐标系的转换，通常是应用 GNSS 技术改造或者加密参心坐标系的控制网。以式（2.59）为例：

$$\begin{bmatrix} x_2^1 \\ y_2^1 \\ \vdots \\ x_2^n \\ y_2^n \end{bmatrix} = \begin{bmatrix} 1 & 0 & x_1^1 & -y_1^1 \\ 0 & 1 & y_1^1 & x_1^1 \\ \vdots & \vdots & \vdots & \vdots \\ 1 & 0 & x_1^n & -y_1^n \\ 0 & 1 & y_1^n & x_1^n \end{bmatrix} \begin{bmatrix} \Delta x \\ \Delta y \\ c \\ d \end{bmatrix} \tag{2.59}$$

式中，模型的系数矩阵由应用 GNSS 技术获得的观测数据组成，观测向量由参心坐标系下的控制点坐标组成。应用 GNSS 技术获得的观测量（控制点间的基线向量）精度远高于由光学观测方法获得的参心坐标系下的观测量，求解模型参数顾及的主要对象为观测向量中含有的误差。因此，应用最小二乘准则对观测向量中含有的观测误差进行约束，获得模型参数解的算法，符合模型的数据特征。但是，随着我国地心参考框架（China geodetic coordinate system 2000，CGCS2000）的推广使用，以及以 CGCS2000 为参考框架的北斗卫星导航定位系统的使用，坐标系统转换主要是实现参心坐标系下的观测成果向地心坐标系的转换。参考式（2.59），此时转换模型的系数矩阵由参心坐标系下的控制点坐标组成，观测向量由应用 GNSS 技术获得的观测数据组成。如果仍然应用最小二乘准则对观测向量含有的误差进行约束、求解模型参数，显然忽略了系数矩阵中含有的更大量级的误差。为解决诸如此类模型参数估计问题，需要分析系数矩阵误差对参数估计精度的扰动性影响。在最小二乘准则下建立高斯-马尔可夫模型，获得模型参数的估值为

$$\hat{\boldsymbol{x}} = \boldsymbol{N}^{-1}\boldsymbol{B}^{\mathrm{T}}\boldsymbol{Pl} \tag{2.60}$$

式中，$\boldsymbol{N}$ 为法方程矩阵（简称法矩阵），$\boldsymbol{N}=\boldsymbol{B}^{\mathrm{T}}\boldsymbol{PB}$。当系数矩阵中含有误差时，设系数矩阵 $\boldsymbol{B}$ 中含有的误差矩阵为 $\boldsymbol{E}_B$，则模型参数的最小二乘估值为

$$\hat{\boldsymbol{x}} = (\boldsymbol{N}+\Delta\boldsymbol{N})^{-1}(\boldsymbol{B}+\boldsymbol{E}_B)^{\mathrm{T}}\boldsymbol{Pl} \tag{2.61}$$

式中，$\Delta\boldsymbol{N}$ 为系数矩阵误差引起的法矩阵误差，其具体形式为

$$\Delta\boldsymbol{N} = \boldsymbol{B}^{\mathrm{T}}\boldsymbol{PE}_B + \boldsymbol{E}_B^{\mathrm{T}}\boldsymbol{PB} + \boldsymbol{E}_B^{\mathrm{T}}\boldsymbol{PE}_B \tag{2.62}$$

设法矩阵为可逆矩阵，则根据分块矩阵的求逆公式，得

$$(\boldsymbol{N}+\Delta\boldsymbol{N})^{-1} = \boldsymbol{N}^{-1} - \boldsymbol{N}^{-1}\Delta\boldsymbol{N}(\boldsymbol{I}+\boldsymbol{N}^{-1}\Delta\boldsymbol{N})\boldsymbol{N}^{-1} \tag{2.63}$$

式中，$\boldsymbol{I}$ 为单位矩阵。将式（2.63）代入式（2.61），得

$$\hat{\boldsymbol{x}} = (\boldsymbol{N}^{-1}+\Delta\boldsymbol{Q})(\boldsymbol{B}+\boldsymbol{E}_B)^{\mathrm{T}}\boldsymbol{Pl} \tag{2.64}$$

式中，$\Delta\boldsymbol{Q} = -\boldsymbol{N}^{-1}\Delta\boldsymbol{N}(\boldsymbol{I}+\boldsymbol{N}^{-1}\Delta\boldsymbol{N})\boldsymbol{N}^{-1}$。因为 $\boldsymbol{l}=\boldsymbol{Bx}-\boldsymbol{v}$，将式（2.64）展开，得

$$\begin{aligned}\hat{\boldsymbol{x}} = \boldsymbol{x} &+ \boldsymbol{N}^{-1}\boldsymbol{E}_B^{\mathrm{T}}\boldsymbol{PBx} - \boldsymbol{N}^{-1}\boldsymbol{B}^{\mathrm{T}}\boldsymbol{Pv} - \boldsymbol{N}^{-1}\boldsymbol{E}_B^{\mathrm{T}}\boldsymbol{Pv} \\ &+ \Delta\boldsymbol{QNx} - \Delta\boldsymbol{QB}^{\mathrm{T}}\boldsymbol{Pv} + \Delta\boldsymbol{QE}_B^{\mathrm{T}}\boldsymbol{PBx} - \Delta\boldsymbol{QE}_B^{\mathrm{T}}\boldsymbol{Pv}\end{aligned} \tag{2.65}$$

设 $\Delta\boldsymbol{N}_{B1} = \boldsymbol{B}^{\mathrm{T}}\boldsymbol{PE}_B + \boldsymbol{E}_B^{\mathrm{T}}\boldsymbol{PB}$，$\Delta\boldsymbol{N}_{B2} = \boldsymbol{E}_B^{\mathrm{T}}\boldsymbol{PE}_B$，则 $\Delta\boldsymbol{N} = \Delta\boldsymbol{N}_{B1} + \Delta\boldsymbol{N}_{B2}$。忽略系数矩阵误差的三阶项，得到系数矩阵误差对最小二乘参数估值的影响 $\Delta\boldsymbol{x}$：

$$\begin{aligned}\Delta\boldsymbol{x} = \hat{\boldsymbol{x}} - \boldsymbol{x} = &\boldsymbol{N}^{-1}\boldsymbol{E}_B^{\mathrm{T}}\boldsymbol{PBx} - \boldsymbol{N}^{-1}\boldsymbol{B}^{\mathrm{T}}\boldsymbol{Pv} - \boldsymbol{N}^{-1}\Delta\boldsymbol{N}_{B1}\boldsymbol{x} - \boldsymbol{N}^{-1}\boldsymbol{E}_B^{\mathrm{T}}\boldsymbol{Pv} - \boldsymbol{N}^{-1}\Delta\boldsymbol{N}_{B2}\boldsymbol{x} \\ &+ \boldsymbol{N}^{-1}\Delta\boldsymbol{N}_{B1}\boldsymbol{N}^{-1}\Delta\boldsymbol{N}_{B1}\boldsymbol{x} + \boldsymbol{N}^{-1}\Delta\boldsymbol{N}_{B1}\boldsymbol{N}^{-1}\boldsymbol{B}^{\mathrm{T}}\boldsymbol{Pv} - \boldsymbol{N}^{-1}\Delta\boldsymbol{N}_{B1}\boldsymbol{N}^{-1}\boldsymbol{E}_B^{\mathrm{T}}\boldsymbol{PBx}\end{aligned} \tag{2.66}$$

设系数矩阵与观测向量中仅含有偶然误差，则 $E(\boldsymbol{E_B})=0$，$E(\boldsymbol{v})=0$，且 $\mathrm{cov}(\boldsymbol{E_B}, \boldsymbol{v})=0$，

根据式（2.66），得

$$\begin{aligned} E(\Delta \boldsymbol{x}) &= -E(\boldsymbol{N}^{-1}\Delta \boldsymbol{N}_{B2}\boldsymbol{x}) + E(\boldsymbol{N}^{-1}\Delta \boldsymbol{N}_{B1}\boldsymbol{N}^{-1}\Delta \boldsymbol{N}_{B1}\boldsymbol{x}) - E(\boldsymbol{N}^{-1}\Delta \boldsymbol{N}_{B1}\boldsymbol{N}^{-1}\boldsymbol{E}_B^{\mathrm{T}}\boldsymbol{PBx}) \\ &= \boldsymbol{N}^{-1}\left\{-E(\Delta \boldsymbol{N}_{B2}\boldsymbol{x}) + E(\Delta \boldsymbol{N}_{B1}\boldsymbol{N}^{-1}\Delta \boldsymbol{N}_{B1}) - E(\Delta \boldsymbol{N}_{B1}\boldsymbol{N}^{-1}\boldsymbol{E}_B^{\mathrm{T}}\boldsymbol{PB})\right\}\boldsymbol{x} \end{aligned} \tag{2.67}$$

进一步可以得到

$$E(\Delta \boldsymbol{x}) = \boldsymbol{N}^{-1}(-\boldsymbol{K}_1 + \boldsymbol{K}_2 + \boldsymbol{B}^{\mathrm{T}}\boldsymbol{P}\boldsymbol{K}_3)x\sigma_B^2 \tag{2.68}$$

式中，σ_B^2 为系数矩阵的中误差；$\boldsymbol{K}_1 = [\mathrm{tr}(\boldsymbol{BC}_{ij})]$，$\boldsymbol{K}_2 = [\mathrm{tr}(\boldsymbol{PBN}^{-1}\boldsymbol{B}^{\mathrm{T}}\boldsymbol{PC}_{ij})]$，$\boldsymbol{K}_3 = [\mathrm{tr}(\boldsymbol{N}^{-1}\boldsymbol{B}^{\mathrm{T}}\boldsymbol{PS}_{ij})]$；$\boldsymbol{C}_{ij}$ 为误差矩阵第 i 列与第 j 列元素的协方差矩阵；$\boldsymbol{S}_{ij}$ 为误差矩阵第 i 列与第 j 行元素的协方差矩阵。式（2.68）表明系数矩阵误差对参数最小二乘估值的影响取决于系数矩阵误差的大小，以高斯-马尔可夫模型为例，当系数矩阵中不含有误差时，式（2.68）中的 $K_1=K_2=K_3=0$，则参数估值的偏差 $E(\Delta \boldsymbol{x}) = 0$，参数的最小二乘估值为无偏估计。式（2.68）同时表明，系数矩阵误差引起的参数估值偏差与系数矩阵的中误差的数量级成比例，中误差的数量级越大，引起的参数估值偏差越大；中误差的数量级越小，引起的参数估值偏差越小。

系数矩阵与观测向量中的元素同时含有误差的模型定义为 EIV 模型，本书第 3～第 6 章将围绕 EIV 模型参数估计理论进行阐述，并应用测绘数据处理中存在的典型问题，讨论其在测绘数据处理中的应用。结合作者的研究工作，重点对 EIV 模型参数存在的抗差估计、病态模型正则化、附有不等式约束模型这三类参数估计问题进行论述。

第 3 章　EIV 模型与其参数估计算法

3.1　EIV　模　型

3.1.1　模型的数学表达

数学模型是自变量与因变量之间关系的数学表达，数学模型分为函数模型与随机模型。在测绘工作中，人们用函数模型表示或者拟合观测量与待估量之间的关系，用随机模型描述它们的统计性质。数学模型能够客观地表达自变量与因变量之间的关系，数学模型是从观测值中提取有效信息的前提。应用观测值求解未知参数时，人们总是希望得到的参数估值是最优的。参数估计的最优体现在以下三个方面。

1）一致性：当观测量的个数 n 趋近于无穷时，估计量 $\hat{x}$ 向被估计量 x 趋近的概率等于 1，即对于任意 $\varepsilon > 0$，有

$$\lim_{n\to\infty} P(x-\varepsilon < \hat{x} < x+\varepsilon) = 1 \tag{3.1}$$

2）无偏性：估计量 $\hat{x}$ 的数学期望等于估计量 x 的数学期望，即

$$E(\hat{x}) = E(x) \tag{3.2}$$

3）有效性：由观测量得到的无偏估计量 $\hat{x}$ 的方差小于其他任何无偏估计量 x^* 的方差，即

$$E[(x-\hat{x})(x-\hat{x})^{\mathrm{T}}] < E[(x-x^*)(x-x^*)^{\mathrm{T}}] \tag{3.3}$$

传统参数估计模型与其参数估算方法是假设模型的观测向量中仅含有随机误差，并且服从正态分布时，模型参数的最优、无偏估计。在测绘数据处理中，广泛应用的参数估计方法是在最小二乘准则下，建立高斯-马尔可夫模型，获得参数的估值，并对其精度进行评定。在测绘数据处理模型中，不仅观测向量中含有误差，数据处理模型的系数矩阵中的元素也可能由观测数据或者观测数据的函数组成，此时系数矩阵中也不可避免地含有误差。此类模型参数估计问题称为 EIV 模型的参数估计，其函数模型为

$$\boldsymbol{v} = (\boldsymbol{B} + \boldsymbol{E}_B)\boldsymbol{x} - \boldsymbol{l} \tag{3.4}$$

在测绘数据处理模型中，描述函数模型的系数矩阵由观测量或其函数构成，如 2.2 节中讨论的坐标转换模型、高程异常拟合模型等，此类模型的系数矩阵中往往不可避免的含有误差。例如，应用坐标转换模型实现参心坐标系下的测绘成果向地心坐标系转换，系数矩阵中的观测值由光学观测方法获得，其观测精度低于卫星定位系统获得的观测值的精度，并且参心坐标系下的控制点受地表沉陷、变形的影响，尽管控制点的空间位置

发生变化，但是其坐标值却一直保持不变，控制点的坐标值已不能准确反映控制点点间的相对位置关系；导线观测数据受到地下作业条件的限制，其观测值中往往含有较大的扰动性误差，其平差模型的系数矩阵中也会含有误差。此时，最小二乘估计不再是最优、无偏估计。令

$$\boldsymbol{b} = \mathrm{vec}(\boldsymbol{E}_B) \tag{3.5}$$

式中，vec(•)为矩阵的拉直运算符号，表示将矩阵按列拉直所得到的列向量。EIV 模型的随机模型为

$$\begin{bmatrix} \boldsymbol{v} \\ \boldsymbol{b} \end{bmatrix} \sim \left(\begin{bmatrix} 0 \\ 0 \end{bmatrix}, \sigma_0^2 \begin{bmatrix} \boldsymbol{Q} & 0 \\ 0 & \boldsymbol{Q}_B \end{bmatrix} \right) \tag{3.6}$$

式中，σ_0^2为单位权方差。为求解 EIV 模型的参数时能够同时顾及模型的系数矩阵与观测向量中的元素含有的误差，建立总体最小二乘准则（TLS）。总体最小二乘准则的表达式为

$$\boldsymbol{v}^{\mathrm{T}}\boldsymbol{Q}^{-1}\boldsymbol{v} + \boldsymbol{b}^{\mathrm{T}}\boldsymbol{Q}_B^{-1}\boldsymbol{b} = \min \tag{3.7}$$

式中，$\boldsymbol{Q}$、$\boldsymbol{Q}_B$为观测向量与系数矩阵对应的协因数矩阵，当其为单位阵时，式（3.7）退化为等权估计的总体最小二乘准则。令

$$\boldsymbol{Q}_B = \boldsymbol{Q}_0 \otimes \boldsymbol{Q}_b \tag{3.8}$$

式中，$\otimes$为矩阵的克罗内克积；$\boldsymbol{Q}_0$为 $n\times n$ 阶矩阵；$\boldsymbol{Q}_b$为 $m\times m$ 阶矩阵。定义权矩阵$\boldsymbol{P} = \boldsymbol{Q}^{-1}$、$\boldsymbol{P}_0 = \boldsymbol{Q}_0^{-1}$、$\boldsymbol{P}_b = \boldsymbol{Q}_b^{-1}$。总体最小二乘准则可以表示为

$$\boldsymbol{v}^{\mathrm{T}}\boldsymbol{P}\boldsymbol{v} + \boldsymbol{b}^{\mathrm{T}}(\boldsymbol{P}_0 \otimes \boldsymbol{P}_b)\boldsymbol{b} = \min \tag{3.9}$$

令$\boldsymbol{P}_B = \boldsymbol{P}_0 \otimes \boldsymbol{P}_b$，式（3.9）表示为

$$\boldsymbol{v}^{\mathrm{T}}\boldsymbol{P}\boldsymbol{v} + \boldsymbol{b}^{\mathrm{T}}\boldsymbol{P}_B\boldsymbol{b} = \min \tag{3.10}$$

3.1.2 模型的几何意义

如果函数的因变量和自变量都由含有随机误差的观测值组成，则参数的最优估值不能仅仅满足于最小二乘准则：拟合点在因变量方向上到函数的距离的平方和最小；而应该使得拟合点在各分量到函数的平方和为最小，即

$$\sum_{i=1}^{n} S_i^2 = \min \tag{3.11}$$

式（3.11）即为总体最小二乘准则具有的几何意义。以直线拟合为例，在式（3.11）中，S_i为点到直线的垂直距离；n 为观测点的个数。设拟合的直线方程为

$$y_i = ax_i + b \tag{3.12}$$

由最小二乘准则得到的直线拟合模型参数估计表达式为

$$\sum_{i=1}^{n} \|ax_i + b - y_i\| = \min \tag{3.13}$$

根据式（3.13），最小二乘准则表达的几何意义为拟合点在因变量方向上到函数的距离的平方和最小，其几何特性的描述如图 3.1 所示。

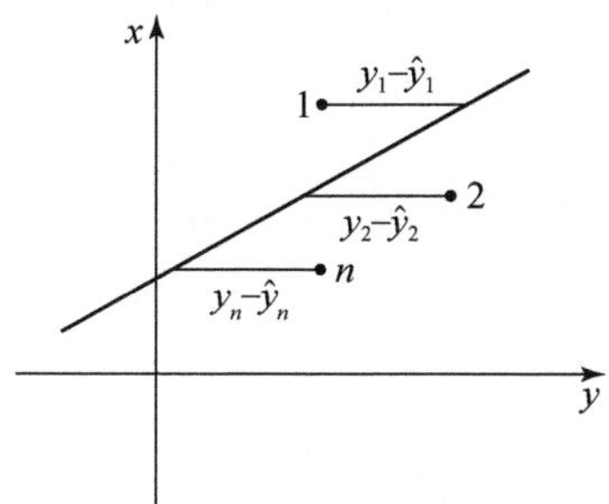

图 3.1 最小二乘的几何特性

根据总体最小二乘准则的定义与几何意义，其直线拟合模型的几何特性可以表示为图 3.2。

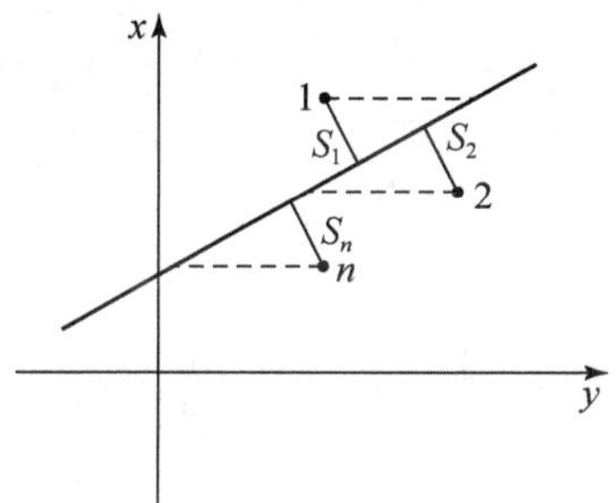

图 3.2 总体最小二乘的几何特性

由总体最小二乘准则与最小二乘准则的几何特性，直线拟合模型的总体最小二乘准则可以表示为

$$\sum_{i=1}^{n}\left\|\frac{ax_i+b-y_i}{\sqrt{1+a^2}}\right\|=\min \tag{3.14}$$

式（3.14）表明，总体最小二乘准则拟合的残差平方和恒小于最小二乘准则拟合的残差平方和。

3.2 模型参数的估计算法

3.2.1 奇异值分解算法

目前，EIV 模型参数估计算法主要有：基于正交回归的参数估计算法、基于非线性模型参数估计算法、基于奇异值分解算法以及基于拉格朗日函数迭代算法等。本小节讨论基于奇异值分解的参数估计算法。设矩阵 $\boldsymbol{B}\in \boldsymbol{C}_r^{m\times n}(r>0)$， $\boldsymbol{B}^{\mathrm{T}}\boldsymbol{B}$ 的特征值为

$$\lambda_1 \geqslant \lambda_2 \geqslant \cdots \geqslant \lambda_r = \cdots = \lambda_n = 0 \tag{3.15}$$

定义$\sigma_i = \sqrt{\lambda_i}$（$i$=1，2，…，$n$）为矩阵$\boldsymbol{B}$的奇异值。

式中，r为矩阵$\boldsymbol{B}$的秩，矩阵$\boldsymbol{B}$的奇异值分解是指存在m阶正交矩阵$\boldsymbol{U}$和n阶正交矩阵$\boldsymbol{V}$，使得

$$\boldsymbol{B} = \boldsymbol{U}^{\mathrm{T}} \begin{bmatrix} \Sigma & 0 \\ 0 & 0 \end{bmatrix} \boldsymbol{V} \tag{3.16}$$

式中，$\Sigma = \mathrm{diag}(\sigma_1, \sigma_2, \cdots, \sigma_r)$。

将观测方程$\boldsymbol{Bx} = \boldsymbol{l}$改写为

$$[\boldsymbol{B} \quad \boldsymbol{l}] \begin{bmatrix} \boldsymbol{x} \\ -1 \end{bmatrix} = 0 \tag{3.17}$$

式中，$\boldsymbol{x}$为n×1阶参数向量；$\boldsymbol{B}$为m×n阶矩阵，且其秩$\mathrm{rank}(\boldsymbol{B}) = n$；$\boldsymbol{l}$为$m$×1阶观测向量。设增广矩阵$\boldsymbol{Z} = [\boldsymbol{B} \quad \boldsymbol{l}]$，则$\mathrm{rank}(\boldsymbol{Z}) = n+1$，对增广矩阵$Z$进行奇异值分解：

$$\boldsymbol{Z} = \boldsymbol{U} \Sigma \boldsymbol{V}^{\mathrm{T}} \tag{3.18}$$

其中，$\Sigma = \mathrm{diag}(\sigma_1, \sigma_2, \cdots, \sigma_{n+1})$；$\sigma_1 \geqslant \sigma_2 \geqslant \cdots \geqslant \sigma_{n+1} \geqslant 0$。因为$\mathrm{rank}(\boldsymbol{Z}) \neq \mathrm{rank}(\boldsymbol{B})$，式（3.17）为矛盾方程组，方程无解。为求解方程组的总体最小二乘解，矩阵$\boldsymbol{Z}$的最佳逼近矩阵$\hat{\boldsymbol{Z}}$的秩应该为n。根据Eckart-Young-Mirsky矩阵逼近理论，矩阵$\hat{\boldsymbol{Z}}$必须满足

$$\hat{\boldsymbol{Z}} = \hat{\boldsymbol{U}} \hat{\Sigma} \hat{\boldsymbol{V}}^{\mathrm{T}} \tag{3.19}$$

式中，$\hat{\Sigma} = \mathrm{diag}(\sigma_1, \sigma_2, \cdots, \sigma_n, 0)$，此时

$$\min \left\| [\boldsymbol{B} \ \boldsymbol{l}] - [\hat{\boldsymbol{B}} \ \hat{\boldsymbol{l}}] \right\|_2 = \sigma_{n+1} \tag{3.20}$$

并且

$$[\boldsymbol{B} \quad \boldsymbol{l}] - [\hat{\boldsymbol{B}} \quad \hat{\boldsymbol{l}}] = [\boldsymbol{e} \quad \boldsymbol{v}] = \sigma_{n+1} \boldsymbol{u}_{n+1} \boldsymbol{v}_{n+1}^{\mathrm{T}} \tag{3.21}$$

式中，$\boldsymbol{e}$、$\boldsymbol{v}$分别为矩阵$\boldsymbol{B}$与$\boldsymbol{l}$含有的误差矩阵与误差向量；$\boldsymbol{u}_{n+1}$、$\boldsymbol{v}_{n+1}$分别为矩阵$\boldsymbol{U}$与$\boldsymbol{V}$的第n+1列。参数向量的总体最小二乘估值满足下列关系：

$$[\hat{\boldsymbol{x}}^{\mathrm{T}} \quad -1]^{\mathrm{T}} = \frac{-1}{v_{n+1,n+1}} \boldsymbol{v}_{n+1} \tag{3.22}$$

基于奇异值分解的参数向量总体最小二乘解为

$$\hat{\boldsymbol{x}} = \frac{-1}{v_{n+1,n+1}} [v_{1,n+1}, \quad \cdots, \quad v_{n,n+1}]^{\mathrm{T}} \tag{3.23}$$

当参数的总体最小二乘解满足$[\hat{\boldsymbol{B}} \quad \hat{\boldsymbol{l}}][\hat{\boldsymbol{x}}^{\mathrm{T}} \ -1]^{\mathrm{T}} = 0$时，参数向量$[\hat{\boldsymbol{x}}^{\mathrm{T}} \ -1]^{\mathrm{T}}$为矩阵$[\boldsymbol{B} \ \boldsymbol{l}]^{\mathrm{T}}[\boldsymbol{B} \ \boldsymbol{l}]$最小特征值对应的特征向量。因此

$$[\boldsymbol{B} \ \boldsymbol{l}]^{\mathrm{T}}[\boldsymbol{B} \ \boldsymbol{l}] \begin{bmatrix} \hat{\boldsymbol{x}} \\ -1 \end{bmatrix} = \begin{bmatrix} \boldsymbol{B}^{\mathrm{T}} \boldsymbol{B} \hat{\boldsymbol{x}} - \boldsymbol{B}^{\mathrm{T}} \boldsymbol{l} \\ \boldsymbol{l}^{\mathrm{T}} \boldsymbol{B} \hat{\boldsymbol{x}} - \boldsymbol{l}^{\mathrm{T}} \boldsymbol{l} \end{bmatrix} = \sigma_{n+1}^2 \begin{bmatrix} \hat{\boldsymbol{x}} \\ -1 \end{bmatrix} \tag{3.24}$$

取式（3.24）第一行，得到参数的总体最小二乘解为

$$\hat{\boldsymbol{x}} = (\boldsymbol{B}^{\mathrm{T}} \boldsymbol{B} - \sigma_{n+1}^2 \boldsymbol{I}_n)^{-1} \boldsymbol{B}^{\mathrm{T}} \boldsymbol{l} \tag{3.25}$$

比较等权条件下，参数的最小二乘估值$\hat{\boldsymbol{x}} = (\boldsymbol{B}^{\mathrm{T}} \boldsymbol{B})^{-1} \boldsymbol{B}^{\mathrm{T}} \boldsymbol{l}$，基于奇异值分解的EIV模

型总体最小二乘算法由系数矩阵减去一个近似系数矩阵误差的协方差矩阵得到，以达到消除系数矩阵偏差，减小系数矩阵误差对参数估值的扰动，得到相对稳定的解。显然，当系数矩阵中含有的误差被忽略时，参数的总体最小二乘解退化为最小二乘解。式(3.25)同时表明，EIV 模型的总体最小二乘算法是一个降正则化的过程，算法的降正则化性质在第 5 章进行详细分析。

3.2.2 极值函数改进算法

在总体最小二乘的奇异值分解算法的基础上，根据极值函数，鲁铁定和宁津生（2010）建立了适用于计算机编程实现的迭代算法。将 EIV 模型［式（3.4）］进一步表示为

$$\boldsymbol{l} = (\boldsymbol{B} + \boldsymbol{E}_B)\boldsymbol{x} - \boldsymbol{v} = \boldsymbol{B}\boldsymbol{x} + \begin{bmatrix} -\boldsymbol{I}_m & \boldsymbol{x}^{\mathrm{T}} \otimes \boldsymbol{I}_m \end{bmatrix} \begin{bmatrix} \boldsymbol{v} \\ \boldsymbol{b} \end{bmatrix} \tag{3.26}$$

观测向量与系数矩阵中误差的随机模型为

$$\begin{bmatrix} \boldsymbol{v} \\ \boldsymbol{b} \end{bmatrix} \sim \left(\begin{bmatrix} 0 \\ 0 \end{bmatrix}, \sigma_0^2 \begin{bmatrix} \boldsymbol{I}_m & 0 \\ 0 & \boldsymbol{I}_n \otimes \boldsymbol{I}_m \end{bmatrix} \right) \tag{3.27}$$

根据式（3.26）可以得

$$\boldsymbol{B}\boldsymbol{x} - \boldsymbol{l} = \boldsymbol{v} - \boldsymbol{E}_B\boldsymbol{x} = \begin{bmatrix} \boldsymbol{I}_m & -\boldsymbol{x}^{\mathrm{T}} \otimes \boldsymbol{I}_m \end{bmatrix} \begin{bmatrix} \boldsymbol{v} \\ \boldsymbol{b} \end{bmatrix} \tag{3.28}$$

定义总体最小二乘模型为

$$\boldsymbol{v} = \boldsymbol{B}\boldsymbol{x} - \boldsymbol{l} \tag{3.29}$$

将总体最小二乘准则表示为

$$\boldsymbol{v}^{\mathrm{T}}\boldsymbol{Q}_v^{-1}\boldsymbol{v} = \min \tag{3.30}$$

式中，$\boldsymbol{Q}_v$ 为向量 $\boldsymbol{v}$ 的协因数矩阵，根据协因数传播定律得到协因数矩阵 $\boldsymbol{Q}_v$，为

$$\begin{aligned} \boldsymbol{Q}_v &= \begin{bmatrix} \boldsymbol{I}_m & -\boldsymbol{x}^{\mathrm{T}} \otimes \boldsymbol{I}_m \end{bmatrix} \begin{bmatrix} \boldsymbol{I}_m & 0 \\ 0 & \boldsymbol{I}_n \otimes \boldsymbol{I}_m \end{bmatrix} \begin{bmatrix} \boldsymbol{I}_m \\ -\boldsymbol{x}^{\mathrm{T}} \otimes \boldsymbol{I}_m \end{bmatrix} \\ &= \boldsymbol{I}_m + \boldsymbol{x}^{\mathrm{T}}\boldsymbol{x} \otimes \boldsymbol{I}_m = (1 + \boldsymbol{x}^{\mathrm{T}}\boldsymbol{x})\boldsymbol{I}_m \end{aligned} \tag{3.31}$$

式（3.31）表明协因数 $\boldsymbol{Q}_v$ 为模型参数 $\boldsymbol{x}$ 的函数。式（3.30）对 $\boldsymbol{x}$ 求偏导数，得

$$\frac{\partial(\boldsymbol{v}^{\mathrm{T}}\boldsymbol{Q}_v^{-1}\boldsymbol{v})}{\partial \boldsymbol{x}} = 2\boldsymbol{v}^{\mathrm{T}}\boldsymbol{Q}_v^{-1}\boldsymbol{B} - 2\frac{\boldsymbol{v}^{\mathrm{T}}\boldsymbol{v}\boldsymbol{x}^{\mathrm{T}}}{(1 + \boldsymbol{x}^{\mathrm{T}}\boldsymbol{x})^2} = 0 \tag{3.32}$$

对式（3.32）求转置，并将式（3.28）和式（3.29）代入转置后的方程，得

$$\boldsymbol{B}^{\mathrm{T}}\boldsymbol{B}\boldsymbol{x} - \boldsymbol{B}^{\mathrm{T}}\boldsymbol{l} = \frac{\boldsymbol{x}\boldsymbol{v}^{\mathrm{T}}\boldsymbol{v}}{(1 + \boldsymbol{x}^{\mathrm{T}}\boldsymbol{x})} = \frac{\boldsymbol{x}(\boldsymbol{B}\boldsymbol{x} - \boldsymbol{l})^{\mathrm{T}}(\boldsymbol{B}\boldsymbol{x} - \boldsymbol{l})}{(1 + \boldsymbol{x}^{\mathrm{T}}\boldsymbol{x})} = \boldsymbol{x}v_1 \tag{3.33}$$

式中，$v_1 = \dfrac{(\boldsymbol{B}\boldsymbol{x} - \boldsymbol{l})^{\mathrm{T}}(\boldsymbol{B}\boldsymbol{x} - \boldsymbol{l})}{(1 + \boldsymbol{x}^{\mathrm{T}}\boldsymbol{x})}$。根据式（3.33），得

$$\boldsymbol{x} = (\boldsymbol{B}^{\mathrm{T}}\boldsymbol{B})^{-1}(\boldsymbol{B}^{\mathrm{T}}\boldsymbol{l} + \boldsymbol{x}v_1) \tag{3.34}$$

根据式（3.34），建立 EIV 模型参数估计的迭代算法。

1）在最小二乘准则下，求解模型参数的初值 $\boldsymbol{x}_0$：

$$\boldsymbol{x}_0 = (\boldsymbol{B}^{\mathrm{T}}\boldsymbol{B})^{-1}(\boldsymbol{B}^{\mathrm{T}}\boldsymbol{l}) \tag{3.35}$$

2）根据模型参数的解，求解 $\boldsymbol{v}_i$：

$$\boldsymbol{v}_i = \frac{(\boldsymbol{B}\boldsymbol{x}_i - \boldsymbol{l})^{\mathrm{T}}(\boldsymbol{B}\boldsymbol{x}_i - \boldsymbol{l})}{(1+\boldsymbol{x}_i^{\mathrm{T}}\boldsymbol{x}_i)} \tag{3.36}$$

式中，i 的初值为 0。

3）根据 $\boldsymbol{v}_i$ 的估值，求解参数的总体最小二乘估值：

$$\boldsymbol{x}_{i+1} = (\boldsymbol{B}^{\mathrm{T}}\boldsymbol{B})^{-1}(\boldsymbol{B}^{\mathrm{T}}\boldsymbol{l} + \boldsymbol{x}_i\boldsymbol{v}_i) \tag{3.37}$$

4）重复步骤 2）和 3），并且 $i=i+1$，直到 $\|\boldsymbol{x}_{i+1} - \boldsymbol{x}_i\| < \varepsilon$（$\varepsilon$ 为给定的阈值），迭代结束。

3.2.3 拉格朗日函数迭代算法

基于奇异值分解的 EIV 模型参数估计算法能够解决某些专业领域中存在的 EIV 模型参数估计问题，其算法的实用性使得根据总体最小二乘准则建立参数估计模型的方法在相关专业得到深入的研究与应用。但是基于奇异值分解算法与其改进算法的总体最小二乘估计无法顾及 EIV 模型的随机性质，算法获得的参数估值是基于数值逼近理论的总体最小二乘解，并不具有统计意义。在测绘数据处理中普遍存在观测数据精度不等的情况，基于数值逼近理论的总体最小二乘算法无法顾及平差模型的随机性质，获得的参数估值并不具有统计意义。因此，基于数值逼近理论的总体最小二乘算法并没有在测绘专业的数据处理中被广泛应用。

为顾及模型的随机性质，建立适用于测绘数据处理的 EIV 模型参数估计算法，Schaffrin 和 Wieser（2008）应用拉格朗日函数建立加权总体最小二乘准则参数估计的迭代算法。根据模型的误差方程［式（3.4）］以及随机模型［式（3.6）］、总体最小二乘准则［式（3.7）］，应用拉格朗日函数建立如下模型：

$$f(\boldsymbol{v},\boldsymbol{b},\boldsymbol{\lambda},\boldsymbol{x}) = \boldsymbol{v}^{\mathrm{T}}\boldsymbol{Q}^{-1}\boldsymbol{v} + \boldsymbol{b}^{\mathrm{T}}\boldsymbol{Q}_B^{-1}\boldsymbol{b} + 2\boldsymbol{\lambda}^{\mathrm{T}}(\boldsymbol{l} + \boldsymbol{v} - \boldsymbol{B}\boldsymbol{x} - \boldsymbol{E}_B\boldsymbol{x}) = \min \tag{3.38}$$

式中，$\boldsymbol{Q}$ 为权矩阵 $\boldsymbol{P}$ 的协因数矩阵；$\boldsymbol{\lambda}$ 为拉格朗日乘数。令 $\boldsymbol{Q}_B$ 为误差矩阵的协因数矩阵，同时

$$\boldsymbol{Q}_B = \boldsymbol{Q}_0 \otimes \boldsymbol{Q}_b \tag{3.39}$$

式中，$\boldsymbol{Q}_0$ 为 $n \times n$ 阶协因数矩阵，其权矩阵为 $\boldsymbol{P}_0$；$\boldsymbol{Q}_b$ 为 $m \times m$ 阶协因数矩阵，其权矩阵为 $\boldsymbol{P}_b$；$\otimes$ 为矩阵的克罗内克积。将式（3.38）改写成

$$f(\boldsymbol{v},\boldsymbol{b},\boldsymbol{\lambda},\boldsymbol{x}) = \boldsymbol{v}^{\mathrm{T}}\boldsymbol{P}\boldsymbol{v} + \boldsymbol{b}^{\mathrm{T}}(\boldsymbol{P}_0 \otimes \boldsymbol{P}_b)\boldsymbol{b} + 2\boldsymbol{\lambda}^{\mathrm{T}}[\boldsymbol{l} + \boldsymbol{v} - \boldsymbol{B}\boldsymbol{x} - (\boldsymbol{x}^{\mathrm{T}} \otimes \boldsymbol{I}_m)\boldsymbol{b}] = \min \tag{3.40}$$

式中，$\boldsymbol{I}_m$ 为 $m \times m$ 阶单位矩阵。

顾及 $(\hat{\boldsymbol{x}}^{\mathrm{T}} \otimes \boldsymbol{I}_m)\hat{\boldsymbol{b}} = \hat{\boldsymbol{E}}_B\hat{\boldsymbol{x}}$，在各个变量的初值处对待估变量（$\boldsymbol{v},\boldsymbol{b},\boldsymbol{\lambda},\boldsymbol{x}$）求偏导数，当各变量的偏导数等于 0 时，则满足式（3.38）给出的最小约束条件。

$$\frac{1}{2}\frac{\partial f}{\partial \boldsymbol{v}} = \hat{\boldsymbol{v}}^{\mathrm{T}}\boldsymbol{P} + \hat{\boldsymbol{\lambda}}^{\mathrm{T}} = 0 \tag{3.41}$$

$$\frac{1}{2}\frac{\partial f}{\partial \boldsymbol{b}}=\hat{\boldsymbol{b}}^{\mathrm{T}}(\boldsymbol{P}_0\otimes\boldsymbol{P}_b)-\hat{\boldsymbol{\lambda}}^{\mathrm{T}}(\hat{\boldsymbol{x}}\otimes\boldsymbol{I}_m)=0 \tag{3.42}$$

$$\frac{1}{2}\frac{\partial f}{\partial \boldsymbol{\lambda}}=\boldsymbol{l}+\hat{\boldsymbol{v}}-\boldsymbol{B}\hat{\boldsymbol{x}}-(\hat{\boldsymbol{x}}^{\mathrm{T}}\otimes\boldsymbol{I}_m)\hat{\boldsymbol{b}}=0 \tag{3.43}$$

$$\frac{1}{2}\frac{\partial f}{\partial \hat{\boldsymbol{x}}}=-\boldsymbol{\lambda}^{\mathrm{T}}\boldsymbol{B}-\boldsymbol{\lambda}^{\mathrm{T}}\hat{\boldsymbol{E}}_B=0 \tag{3.44}$$

由式（3.41）得

$$\hat{\boldsymbol{v}}=-\boldsymbol{Q}\hat{\boldsymbol{\lambda}} \tag{3.45}$$

由式（3.42）得

$$\hat{\boldsymbol{b}}=(\boldsymbol{Q}_0\otimes\boldsymbol{Q}_b)(\hat{\boldsymbol{x}}\otimes\boldsymbol{I}_m)\hat{\boldsymbol{\lambda}} \tag{3.46}$$

根据式（3.46）可以得到系数矩阵的误差矩阵 $\boldsymbol{E}_B$ 为

$$\hat{\boldsymbol{E}}_B=\boldsymbol{Q}_b\hat{\boldsymbol{\lambda}}\hat{\boldsymbol{x}}^{\mathrm{T}}\boldsymbol{Q}_0 \tag{3.47}$$

将式（3.45）和式（3.46）代入式（3.43），得

$$\begin{aligned}\boldsymbol{l}-\boldsymbol{B}\hat{\boldsymbol{x}}&=-\hat{\boldsymbol{v}}+(\hat{\boldsymbol{x}}^{\mathrm{T}}\otimes\boldsymbol{I}_m)\hat{\boldsymbol{b}}=\boldsymbol{Q}\hat{\boldsymbol{\lambda}}+(\hat{\boldsymbol{x}}^{\mathrm{T}}\otimes\boldsymbol{I}_m)(\boldsymbol{Q}_0\otimes\boldsymbol{Q}_b)(\hat{\boldsymbol{x}}\otimes\boldsymbol{I}_m)\hat{\boldsymbol{\lambda}}\\&=\boldsymbol{Q}\hat{\boldsymbol{\lambda}}+(\hat{\boldsymbol{x}}^{\mathrm{T}}\boldsymbol{Q}_0\hat{\boldsymbol{x}})\boldsymbol{Q}_b\hat{\boldsymbol{\lambda}}\end{aligned} \tag{3.48}$$

因此

$$\hat{\boldsymbol{\lambda}}=[\boldsymbol{Q}+(\hat{\boldsymbol{x}}^{\mathrm{T}}\boldsymbol{Q}_0\hat{\boldsymbol{x}})\boldsymbol{Q}_b]^{-1}(\boldsymbol{l}-\boldsymbol{B}\hat{\boldsymbol{x}}) \tag{3.49}$$

将式（3.49）代入式（3.44），得

$$-\boldsymbol{B}^{\mathrm{T}}\hat{\boldsymbol{\lambda}}=-\boldsymbol{B}^{\mathrm{T}}[\boldsymbol{Q}+(\hat{\boldsymbol{x}}^{\mathrm{T}}\boldsymbol{Q}_0\hat{\boldsymbol{x}})\boldsymbol{Q}_b]^{-1}(\boldsymbol{l}-\boldsymbol{B}\hat{\boldsymbol{x}})=\hat{\boldsymbol{E}}_B^{\mathrm{T}}\hat{\boldsymbol{\lambda}} \tag{3.50}$$

将式（3.47）代入式（3.50），得

$$-\boldsymbol{B}^{\mathrm{T}}[\boldsymbol{Q}+(\hat{\boldsymbol{x}}^{\mathrm{T}}\boldsymbol{Q}_0\hat{\boldsymbol{x}})\boldsymbol{Q}_b]^{-1}(\boldsymbol{l}-\boldsymbol{B}\hat{\boldsymbol{x}})=\boldsymbol{Q}_0\hat{\boldsymbol{x}}\hat{\boldsymbol{\lambda}}^{\mathrm{T}}\boldsymbol{Q}_b\hat{\boldsymbol{\lambda}} \tag{3.51}$$

假设

$$\hat{\boldsymbol{\delta}}=\hat{\boldsymbol{\lambda}}^{\mathrm{T}}\boldsymbol{Q}_b\hat{\boldsymbol{\lambda}} \tag{3.52}$$

根据式（3.51）和式（3.52），得

$$\hat{\boldsymbol{x}}=\{\boldsymbol{B}^{\mathrm{T}}[\boldsymbol{Q}+(\hat{\boldsymbol{x}}^{\mathrm{T}}\boldsymbol{Q}_0\hat{\boldsymbol{x}})\boldsymbol{Q}_b]^{-1}\boldsymbol{B}-\hat{\boldsymbol{\delta}}\boldsymbol{Q}_0\}^{-1}\boldsymbol{B}^{\mathrm{T}}[\boldsymbol{Q}+(\hat{\boldsymbol{x}}^{\mathrm{T}}\boldsymbol{Q}_0\hat{\boldsymbol{x}})\boldsymbol{Q}_b]^{-1}\boldsymbol{l} \tag{3.53}$$

整理式（3.45）、式（3.47）和式（3.49），得到目标函数式（3.38）中其余各个待估变量的估值为

$$\begin{cases}\hat{\boldsymbol{\lambda}}=[\boldsymbol{Q}+(\hat{\boldsymbol{x}}^{\mathrm{T}}\boldsymbol{Q}_0\hat{\boldsymbol{x}})\boldsymbol{Q}_b]^{-1}(\boldsymbol{l}-\boldsymbol{B}\hat{\boldsymbol{x}})\\\hat{\boldsymbol{v}}=-\boldsymbol{Q}\hat{\boldsymbol{\lambda}}\\\hat{\boldsymbol{E}}_B=\boldsymbol{Q}_b\hat{\boldsymbol{\lambda}}\hat{\boldsymbol{x}}^{\mathrm{T}}\boldsymbol{Q}_0\end{cases} \tag{3.54}$$

式中，$\hat{\boldsymbol{\delta}}$ 为系数矩阵误差对模型参数估值的影响。

根据式（3.54），为获得模型参数的估值，建立参数估计的迭代算法。

1）计算参数的最小二乘解，作为参数估值的初值。

$$\hat{\boldsymbol{x}}=(\boldsymbol{B}^{\mathrm{T}}\boldsymbol{P}\boldsymbol{B})^{-1}(\boldsymbol{B}^{\mathrm{T}}\boldsymbol{P}\boldsymbol{l}) \tag{3.55}$$

2）令 $\hat{\delta}=0$，根据参数的最小二乘解［式（3.55）］，计算参数总体最小二乘解的估值：

$$\hat{\boldsymbol{x}} = (\boldsymbol{B}^{\mathrm{T}}(\boldsymbol{Q} + (\hat{\boldsymbol{x}}^{\mathrm{T}}\boldsymbol{Q}_0\hat{\boldsymbol{x}})\boldsymbol{Q}_b)^{-1}\boldsymbol{B})^{-1}\boldsymbol{B}^{\mathrm{T}}(\boldsymbol{Q} + (\hat{\boldsymbol{x}}^{\mathrm{T}}\boldsymbol{Q}_0\hat{\boldsymbol{x}})\boldsymbol{Q}_b)^{-1}\boldsymbol{l} \tag{3.56}$$

3）应用参数的总体最小二乘估值，计算拉格朗日乘数的估值［式（3.57）］与改正数的估值［式（3.58）］；并建立以下迭代算法计算参数的估值，直到 $\|\hat{\boldsymbol{x}}_{i+1} - \hat{\boldsymbol{x}}_i\| \leqslant \varepsilon$（$\varepsilon$ 为给定的阈值）：

$$\boldsymbol{\lambda}_i = [\boldsymbol{Q} + (\hat{\boldsymbol{x}}_i^{\mathrm{T}}\boldsymbol{Q}_0\hat{\boldsymbol{x}}_i)\boldsymbol{Q}_b]^{-1}(\boldsymbol{l} - \boldsymbol{B}\hat{\boldsymbol{x}}_i) \tag{3.57}$$

$$\delta_i = \boldsymbol{\lambda}_i^{\mathrm{T}}\boldsymbol{Q}_b\boldsymbol{\lambda}_i \tag{3.58}$$

$$\hat{\boldsymbol{x}} = \boldsymbol{B}^{\mathrm{T}}\{\boldsymbol{Q} + [(\hat{\boldsymbol{x}}^{\mathrm{T}}\boldsymbol{Q}_0\hat{\boldsymbol{x}})\boldsymbol{Q}_b]^{-1}\boldsymbol{B} - \hat{\delta}\boldsymbol{Q}_0\}^{-1}\boldsymbol{B}^{\mathrm{T}}[\boldsymbol{Q} + (\hat{\boldsymbol{x}}^{\mathrm{T}}\boldsymbol{Q}_0\hat{\boldsymbol{x}})\boldsymbol{Q}_b]^{-1}\boldsymbol{l} \tag{3.59}$$

根据式（3.60）计算单位权方差的估值：

$$\hat{\sigma}_0^2 = \frac{\hat{\boldsymbol{v}}^{\mathrm{T}}\boldsymbol{P}\hat{\boldsymbol{v}} + \hat{\boldsymbol{b}}^{\mathrm{T}}\boldsymbol{P}_B\hat{\boldsymbol{b}}}{r} \tag{3.60}$$

式中，$\boldsymbol{P}$ 与 $\boldsymbol{P}_B$ 的意义同式（3.10），$r = \mathrm{rank}[\boldsymbol{Q}\ \boldsymbol{Q}_B] - \mathrm{rank}\boldsymbol{B} = m - n$。Shen 等（2011）在上述迭代算法的基础上，进一步讨论应用观测向量与系数矩阵中含有的误差估值对观测向量与系数矩阵进行改正，并根据改正后的观测向量与系数矩阵迭代求解模型参数。

3.2.4 非线性高斯–赫尔默特算法

除基于奇异值分解与拉格朗日函数的 EIV 模型参数估计算法及其改进算法外，Neitzel（2010）将 EIV 模型作为非线性高斯-赫尔默特模型进行处理，以模型参数与模型中的随机误差作为函数变量，对非线性模型进行线性化，并在此基础上应用最小二乘准则迭代求解模型参数，通过最小二乘准则获得非线性模型的总体最小二乘解。

设随机误差向量 $\boldsymbol{V}$ 为

$$\boldsymbol{V}_{2m\times 1} = \begin{bmatrix}\boldsymbol{v}\\ \boldsymbol{b}\end{bmatrix} = [\cdots v_m \cdots b_m]^{\mathrm{T}} \tag{3.61}$$

式（3.61）表示随机误差向量 $\boldsymbol{V}$ 既包含观测向量中含有的随机误差 $\boldsymbol{v}$，也包含系数矩阵中含有的随机误差 $\boldsymbol{b}$，且 $\boldsymbol{v}$、$\boldsymbol{b}$ 的随机模型为式（3.6）。以误差向量 $\boldsymbol{V}$ 与模型参数 $\boldsymbol{x}$ 为变量的观测方程为

$$\boldsymbol{\varphi}(\boldsymbol{V}, \boldsymbol{x}) = 0 \tag{3.62}$$

对式（3.62）在变量的初值 $\boldsymbol{V}_0$、$\boldsymbol{x}_0$ 处进行线性化：

$$\boldsymbol{\varphi}(\boldsymbol{V}, \boldsymbol{x}) \approx \boldsymbol{C}^0 \cdot (\boldsymbol{x} - \boldsymbol{x}^0) + \boldsymbol{F}^0 \cdot (\boldsymbol{V} - \boldsymbol{V}^0) + \boldsymbol{\psi}(\boldsymbol{V}^0, \boldsymbol{x}^0) \tag{3.63}$$

式中，$\boldsymbol{C}^0$、$\boldsymbol{F}^0$ 分别为式（3.62）关于变量 $\boldsymbol{x}$、$\boldsymbol{V}$ 的偏导数在初值 $\boldsymbol{V}_0$、$\boldsymbol{x}_0$ 的函数值，其中

$$\boldsymbol{C}^0(\boldsymbol{V}, \boldsymbol{x}) = \frac{\partial \boldsymbol{\varphi}(\boldsymbol{V}, \boldsymbol{x})}{\partial \boldsymbol{x}^{\mathrm{T}}}\bigg|\boldsymbol{V}^0, \boldsymbol{x}^0 \tag{3.64}$$

$$\boldsymbol{F}^0(\boldsymbol{V}, \boldsymbol{x}) = -\frac{\partial \boldsymbol{\varphi}(\boldsymbol{V}, \boldsymbol{x})}{\partial \boldsymbol{V}^{\mathrm{T}}}\bigg|\boldsymbol{V}^0, \boldsymbol{x}^0 \tag{3.65}$$

$$\boldsymbol{\psi}(\boldsymbol{V}^0, \boldsymbol{x}^0) = -\boldsymbol{F}^0(\boldsymbol{V}^0) + \boldsymbol{\varphi}(\boldsymbol{V}^0, \boldsymbol{x}^0) \tag{3.66}$$

以高程异常拟合的二次多项式模型为例［式（2.16）］，其函数 $\boldsymbol{\varphi}(\boldsymbol{V}, \boldsymbol{x})$、$\boldsymbol{C}^0(\boldsymbol{V}, \boldsymbol{x})$、

$\boldsymbol{F}^0(\boldsymbol{V},\boldsymbol{x})$ 的具体形式为

$\boldsymbol{\varphi}(\boldsymbol{V},\boldsymbol{x})=$

$$\begin{bmatrix} \vdots \\ \delta^n - v_\delta^n - b_0 - (x^n - v_x^n)b_1 - (y^n - v_y^n)b_2 - (x^n - v_x^n)(y^n - v_y^n)b_3 - (x^n - v_x^n)^2 b_4 - (y^n - v_y^n)^2 b_5 \end{bmatrix},$$

$\boldsymbol{C}^0(\boldsymbol{V},\boldsymbol{x})=$

$$\begin{bmatrix} & & & \vdots & & \\ -1 & -(x^n - v_x^n) & -(y^n - v_y^n) & -(x^n - v_x^n)(y^n - v_y^n) & -(x^n - v_x^n)^2 & -(y^n - v_y^n)^2 \end{bmatrix},$$

$\boldsymbol{F}^0(\boldsymbol{V},\boldsymbol{x})=$

$$\begin{bmatrix} 0 & -b_1 & -b_2 & -b_3y_1 - b_3x_1 & -2b_4x_1 & -2b_5y_1 & \cdots & 0 & \\ & & & \vdots & & & & & \boldsymbol{I}_{n\times n} \\ 0 & \cdots & 0 & -b_1 & -b_2 & -b_3y_1 - b_3x_1 & -2b_4x_1 & -2b_5y_1 & \end{bmatrix}。$$

平面坐标转换模型［式（2.14）］，其函数 $\boldsymbol{\varphi}(\boldsymbol{V},\boldsymbol{x})$、$\boldsymbol{C}^0(\boldsymbol{V},\boldsymbol{x})$、$\boldsymbol{F}^0(\boldsymbol{V},\boldsymbol{x})$ 的具体形式为

$$\boldsymbol{\varphi}(\boldsymbol{V},\boldsymbol{x})=\begin{bmatrix} \vdots \\ x_2^n - v_{x2}^n - a - (x_1^n - v_{x1}^n)c + (y_1^n - v_{y1}^n)d \\ y_2^n - v_{y2}^n - b - (y_1^n - v_{y1}^n)c - (x_1^n - v_{x1}^n)d \end{bmatrix},$$

$$\boldsymbol{C}^0(\boldsymbol{V},\boldsymbol{x})=\begin{bmatrix} & & \vdots & \\ -1 & 0 & -(x_1^n - v_{x1}^n) & (y_1^n - v_{y1}^n) \\ 0 & -1 & -(y_1^n - v_{y1}^n) & -(x_1^n - v_{x1}^n) \end{bmatrix},$$

$$\boldsymbol{F}^0(\boldsymbol{V},\boldsymbol{x})=\begin{bmatrix} -c & d & \cdots & 0 & 0 & \\ -d & -c & \cdots & 0 & 0 & \\ & & \vdots & & & \boldsymbol{I}_{2n\times 2n} \\ 0 & 0 & \cdots & -c & d & \\ 0 & 0 & \cdots & -d & -c & \end{bmatrix}。$$

应用拉格朗日乘数，在总体最小二乘准则的基础上，构成新的目标函数

$$\boldsymbol{f}=\boldsymbol{V}^{\mathrm{T}}\boldsymbol{Q}_V^{-1}\boldsymbol{V}-2\boldsymbol{\lambda}^{\mathrm{T}}[\boldsymbol{F}^0\cdot(\boldsymbol{V})+\boldsymbol{C}^0\cdot(\boldsymbol{x}-\boldsymbol{x}^0)+\psi(\boldsymbol{V}^0,\boldsymbol{x}^0)]=\min \tag{3.67}$$

式中，协因数矩阵 $\boldsymbol{Q}_V$ 由 $\boldsymbol{Q}$ 与 $\boldsymbol{Q}_B$ 组成，且 $\boldsymbol{Q}_V=\begin{bmatrix} \boldsymbol{Q} & 0 \\ 0 & \boldsymbol{Q}_B \end{bmatrix}$。若要使目标函数［式（3.67）］成立，则函数对误差向量 $\boldsymbol{V}$ 和模型参数 $\boldsymbol{x}$ 的偏导数等于 0。

$$\begin{cases} \dfrac{\partial f}{\partial \boldsymbol{V}} = 2\boldsymbol{V}^{\mathrm{T}}\boldsymbol{Q}_V^{-1} - 2\boldsymbol{\lambda}^{\mathrm{T}}\boldsymbol{F}^0 = 0 \\ \dfrac{\partial f}{\partial \boldsymbol{x}} = -2\boldsymbol{\lambda}^{\mathrm{T}}\boldsymbol{C}^0 = 0 \end{cases} \tag{3.68}$$

根据式（3.63）和式（3.68），得

$$\begin{bmatrix} \boldsymbol{F}^0\boldsymbol{Q}_V\boldsymbol{F}^{0\mathrm{T}} & \boldsymbol{C}^0 \\ \boldsymbol{C}^{0\mathrm{T}} & 0 \end{bmatrix}\begin{bmatrix} \boldsymbol{\lambda} \\ \boldsymbol{x}-\boldsymbol{x}^0 \end{bmatrix} + \begin{bmatrix} \psi(\boldsymbol{V}^0, \boldsymbol{x}^0) \\ 0 \end{bmatrix} = 0 \tag{3.69}$$

由式（3.69）解算模型参数 $\boldsymbol{x}$ 与拉格朗日乘数 $\boldsymbol{\lambda}$，此时，根据式（3.68）可以得到误差向量的估值：

$$\boldsymbol{V} = \boldsymbol{Q}_V\boldsymbol{F}^{0\mathrm{T}}\boldsymbol{\lambda} \tag{3.70}$$

根据式（3.69）和式（3.70），建立模型参数估计的迭代算法。

1）应用最小二乘算法求解模型参数的估值，并计算误差向量的初值（此时，系数矩阵中含有的误差取为 0）；

2）根据式（3.69）计算拉格朗日乘数 $\boldsymbol{\lambda}$ 与模型参数 $\boldsymbol{x}$ 的估值；

3）应用拉格朗日乘数与模型参数的估值，根据式（3.70）计算误差向量 $\boldsymbol{V}$ 的估值；

4）应用改进后的误差向量重新计算拉格朗日乘数与模型参数，并重复步骤 2）和 3），迭代求解参数的总体最小二乘解，直至参数的估值收敛。

3.2.5 单位权方差的无偏估计

模型的统计性质是对参数估计精度进行评价的依据，当观测样本趋近于无穷大时，Van Huffel 和 Vandewalle（1991）证明 EIV 模型的总体最小二乘参数估计算法具有渐进无偏的性质。但是在有限样本的条件下，非线性模型的线性化会导致参数的总体最小二乘解发生偏差。当模型的线性化导致参数估值有偏时，参数解的精度估计公式也是有偏的。由式（3.46）得

$$\hat{\boldsymbol{b}} = (\boldsymbol{Q}_0 \otimes \boldsymbol{Q}_b)(\hat{\boldsymbol{x}} \otimes \boldsymbol{I}_m)\hat{\boldsymbol{\lambda}} = (\boldsymbol{Q}_0\hat{\boldsymbol{x}} \otimes \boldsymbol{Q}_b)\hat{\boldsymbol{\lambda}} \tag{3.71}$$

根据式（3.45）和式（3.71），得

$$\hat{\boldsymbol{v}}^{\mathrm{T}}\boldsymbol{P}\hat{\boldsymbol{v}} + \hat{\boldsymbol{b}}^{\mathrm{T}}\boldsymbol{P}_B\hat{\boldsymbol{b}} = \hat{\boldsymbol{\lambda}}^{\mathrm{T}}\boldsymbol{Q}\hat{\boldsymbol{\lambda}} + \hat{\boldsymbol{\lambda}}^{\mathrm{T}}(\hat{\boldsymbol{x}}^{\mathrm{T}}\boldsymbol{Q}_0\hat{\boldsymbol{x}} \otimes \boldsymbol{Q}_b)\hat{\boldsymbol{\lambda}} \tag{3.72}$$

顾及式（3.43），由式（3.72）得

$$\hat{\boldsymbol{v}}^{\mathrm{T}}\boldsymbol{P}\hat{\boldsymbol{v}} + \hat{\boldsymbol{b}}^{\mathrm{T}}\boldsymbol{P}_B\hat{\boldsymbol{b}} = \hat{\boldsymbol{\lambda}}^{\mathrm{T}}(\boldsymbol{l} - \boldsymbol{B}\hat{\boldsymbol{x}}) \tag{3.73}$$

则单位权方差的估值为

$$\hat{\sigma}_0^2 = \frac{\hat{\boldsymbol{\lambda}}^{\mathrm{T}}(\boldsymbol{l} - \boldsymbol{B}\hat{\boldsymbol{x}})}{r} \tag{3.74}$$

式（3.74）表明，当参数估值有偏时，其单位权方差也是有偏的。Shen 等（2011）改进 EIV 模型参数估计的拉格朗日算法，并建立单位权方差无偏估计的迭代算法。为求解 EIV 模型参数参数解的单位权方差无偏估值，在基于拉格朗日函数迭代算法的基础上，建立单位权方差无偏估计算法。将式（3.70）改写为

$$\hat{\sigma}_0^2 = \frac{(\boldsymbol{l} - \boldsymbol{B}\hat{\boldsymbol{x}})^{\mathrm{T}} \boldsymbol{Q}_1^{-1} (\boldsymbol{l} - \boldsymbol{B}\hat{\boldsymbol{x}})}{r} \tag{3.75}$$

式中，$\boldsymbol{Q}_1 = \boldsymbol{Q} + (\hat{\boldsymbol{x}}^{\mathrm{T}} \otimes \boldsymbol{I}_m)\boldsymbol{Q}_B(\hat{\boldsymbol{x}} \otimes \boldsymbol{I}_m)$。设单位权方差的有偏估值中含有的偏差量为$\delta\hat{\sigma}_0^2$，并假设$\boldsymbol{P}_1 = \boldsymbol{Q}_1^{-1}$。则单位权方差的无偏估值为

$$\hat{\sigma}_0^2 = \frac{(\boldsymbol{l} - \boldsymbol{B}\hat{\boldsymbol{x}})^{\mathrm{T}} \boldsymbol{P}_1 (\boldsymbol{l} - \boldsymbol{B}\hat{\boldsymbol{x}})}{r} - \delta\hat{\sigma}_0^2 \tag{3.76}$$

为求得估值中含有的偏差量$\delta\hat{\sigma}_0^2$，建立以下迭代算法。

1）应用参数的总体最小二乘解、观测向量中含有的误差向量、系数矩阵中含有的误差矩阵估计式［式（3.54）和式（3.56）］，计算误差向量与系数矩阵的估值$\hat{\boldsymbol{v}}$、$\hat{\boldsymbol{E}}_B$；

2）根据$\hat{\boldsymbol{v}}$、$\hat{\boldsymbol{E}}_B$改正原观测向量与系数矩阵，改正后的观测向量为$\hat{\boldsymbol{l}} = \boldsymbol{l} - \hat{\boldsymbol{v}}$、系数矩阵为$\hat{\boldsymbol{B}} = \boldsymbol{B} - \hat{\boldsymbol{E}}_B$；

3）应用改正后的观测向量与系数矩阵$\hat{\boldsymbol{l}}$、$\hat{\boldsymbol{B}}$，根据式（3.70）计算改正后的单位权方差$\hat{\sigma}_0^2$；应用改正后的$\hat{\sigma}_0^2$重新确定观测向量与系数矩阵的权矩阵$\hat{\boldsymbol{P}}$、$\hat{\boldsymbol{P}}_B$；

4）应用$\hat{\boldsymbol{l}}$、$\hat{\boldsymbol{B}}$、$\hat{\boldsymbol{P}}$、$\hat{\boldsymbol{P}}_B$，根据式（3.69）计算模型参数向量$\hat{\boldsymbol{x}}$，并计算二次型s。

$$\boldsymbol{s} = (\boldsymbol{l} - \boldsymbol{B}\hat{\boldsymbol{x}})^{\mathrm{T}} \boldsymbol{Q}_1 (\boldsymbol{l} - \boldsymbol{B}\hat{\boldsymbol{x}}) \tag{3.77}$$

根据上述步骤进行迭代计算，当参数向量的值趋于稳定时，根据式（3.78）计算偏差量$\delta\hat{\sigma}_0^2$：

$$\delta\hat{\sigma}_0^2 = \frac{\boldsymbol{s}}{r} - \hat{\sigma}_0^2 \tag{3.78}$$

式中，$\boldsymbol{s}$、$\hat{\sigma}_0^2$均为迭代计算的最终取值。单位权方差的无偏估值为其迭代值减去其偏差值：

$$\sigma_0^2 = \hat{\sigma}_0^2 - \delta\hat{\sigma}_0^2 \tag{3.79}$$

单位权方差是进行参数估计精度评定的基本指标，准确无偏的单位权方差估值是进行验后估计，修正随机模型偏差的前提，因此，在抗差估计等模型参数估计中应用广泛。本书第 4 章将继续讨论 EIV 模型的单位权方差估计与其应用。

3.3 EIV 模型在测绘数据处理中的应用

3.3.1 高程异常拟合中的应用

在某测区进行高程异常拟合实验，实验区域内共布设控制点 27 个，控制点的高程（h）通过布设附合水准路线，进行三等高程控制测量获得；控制点的平面坐标（x，y）与大地高（H）通过布设 GPS C 级控制网，进行三维无约束平差获得，选择的投影面为 WGS-84 坐标系统的参考椭球面。控制点的空间位置信息见表 3.1，控制点的点位分布如图 3.3 所示。

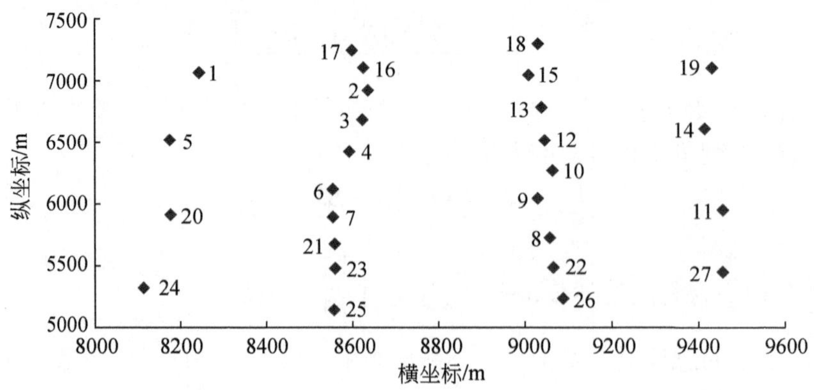

图 3.3 控制点点位分布

图中 1～27 代表控制点

表 3.1 控制点坐标信息 单位：m

点号	横坐标 y	纵坐标 x	高程 h	大地高 H	高程异常 δ
1	8240.891	7063.584	1218.084	1073.383	-144.701
2	8636.185	6924.577	1210.865	1066.166	-144.699
3	8622.459	6685.552	1153.315	1008.603	-144.712
4	8591.174	6419.837	1129.854	985.143	-144.711
5	8174.893	6514.292	1129.431	984.724	-144.707
6	8554.675	6122.861	1160.549	1015.85	-144.699
7	8554.675	5893.616	1181.939	1037.242	-144.697
8	9056.177	5727.623	1189.669	1044.991	-144.678
9	9029.507	6045.128	1170.579	1025.897	-144.682
10	9062.052	6273.595	1154.21	1009.517	-144.693
11	9455.693	5950.708	1189.202	1044.542	-144.66
12	9045.588	6520.762	1190.983	1046.299	-144.684
13	9038.551	6778.472	1185.02	1040.327	-144.693
14	9414.566	6614.093	1153.934	1009.243	-144.691
15	9007.187	7048.716	1192.049	1047.359	-144.69
16	8624.444	7105.879	1248.524	1103.832	-144.692
17	8598.000	7242.000	1253.016	1108.321	-144.695
18	9029.507	7301.472	1201.148	1056.459	-144.689
19	9431.254	7100.754	1203.835	1059.153	-144.682
20	8174.893	5915.484	1186.202	1041.5	-144.702
21	8559.889	5674.792	1202.177	1057.5	-144.677
22	9066.705	5495.013	1233.633	1088.963	-144.67

续表

点号	横坐标 y	纵坐标 x	高程 h	大地高 H	高程异常 δ
23	8559.889	5482.018	1238.359	1093.682	−144.677
24	8113.515	5319.615	1232.894	1088.21	−144.684
25	8555.847	5142.927	1225.299	1080.635	−144.664
26	9089.025	5234.824	1174.662	1030.012	−144.65
27	9453.573	5450.409	1176.093	1031.462	−144.631

高程异常δ的取值近似等于如下：

$$\delta \approx H - h \tag{3.80}$$

应用二次多项式模型［式（2.17）］作为高程异常拟合模型，根据 2.3.2 节中讨论的拟合模型的显著性检验，构建 F 统计量对高程异常拟合的二次多项式模型进行显著性检验，检测结果表明，二次多项式模型能够描述模型变量与高程异常的统计性规律。

将上述观测值均看作等精度，分别采用最小二乘算法、总体最小二乘算法（基于奇异值分解算法），应用控制点 2、4、5、7、9、11、12、15、16、18、19、20、22、23、25 求解拟合模型参数$(a_0, a_1, a_2, a_3, a_4, a_5)$，其余控制点作为检核点。最小二乘算法与总体最小二乘算法求解的 EIV 模型参数估值见表 3.2。

表 3.2　最小二乘算法与总体最小二乘算法求解的 EIV 模型参数估值

算法	a_0	a_1	a_2	a_3	a_4	a_5
最小二乘	−143.75	$-0.140\,52\times10^{-3}$	$-0.128\,07\times10^{-3}$	$-0.135\,23\times10^{-7}$	$0.143\,14\times10^{-7}$	$0.185\,94\times10^{-7}$
总体最小二乘	−143.79	$-0.132\,26\times10^{-3}$	$-0.126\,54\times10^{-3}$	$-0.135\,91\times10^{-7}$	$0.138\,71\times10^{-7}$	$0.185\,19\times10^{-7}$

分别应用模型参数的最小二乘估值与总体最小二乘估值求解已知控制点的拟合残差、检核点的拟合残差，结果见表 3.3。

表 3.3　模型拟合的残差　　单位：mm

已知点	最小二乘	总体最小二乘	检核点	最小二乘	总体最小二乘
5	−0.278	0.306	1	−1.650	−2.101
20	9.209	9.810	3	−10.540	−11.139
16	0.118	0.556	6	0.320	−0.268
2	2.341	2.916	8	−5.040	−5.636
4	−1.983	−1.371	10	−5.283	−5.890
7	−2.836	−2.369	13	−0.645	−1.228
23	−7.364	−6.764	14	−11.707	−12.166
25	−1.223	−0.664	17	−1.295	−1.839
18	−4.497	−3.933	21	11.243	10.686
15	2.482	2.998	24	1.9461	1.664

续表

已知点	最小二乘	总体最小二乘	检核点	最小二乘	总体最小二乘
12	3.078	3.464	26	−1.649	−2.190
9	−0.386	0.021	27	9.965	9.517
22	7.249	7.824			
19	−4.229	−3.695			
11	−1.68	−1.201			

两种算法拟合的已知点残差分布与检核点残差分布如图 3.4 和图 3.5 所示。

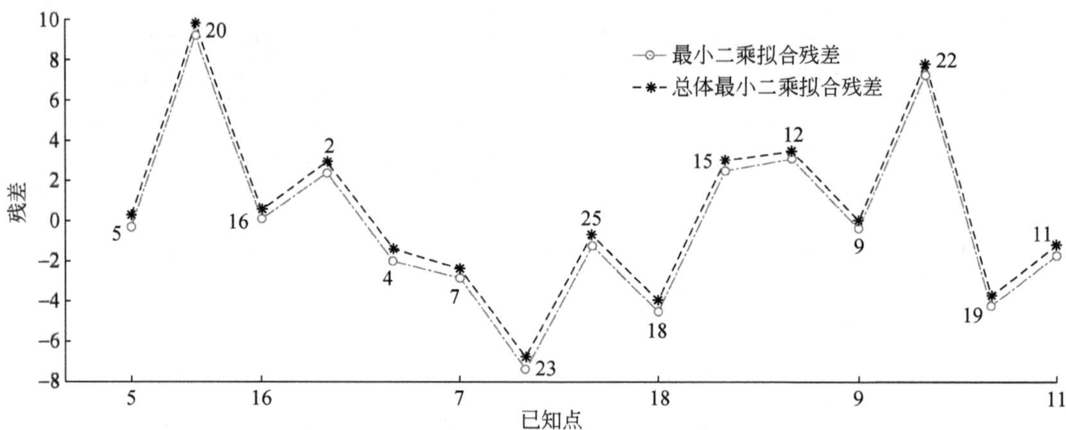

图 3.4　已知点拟合的残差

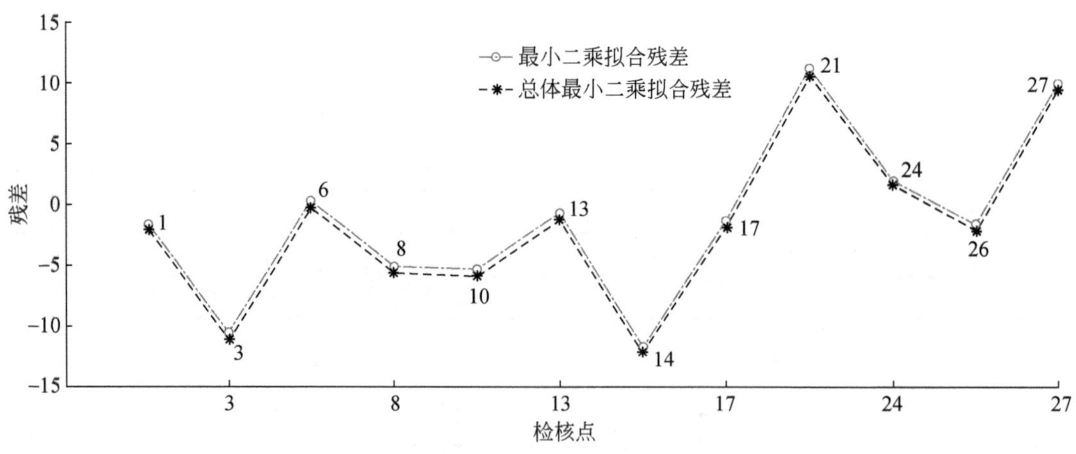

图 3.5　检核点拟合的残差

根据拟合的残差，分别计算模型的内符合精度与外符合精度。以单位权中误差 σ_0 作为模型内符合精度的依据。应用检核点拟合的残差计算中误差 m，并作为模型外符合精度的标准：

$$m = \sqrt{\sum_{i=1}^{n} (\Delta\delta)^2 / (n-1)} \tag{3.81}$$

式中，

$$\Delta\delta = \delta - \hat{\delta} \tag{3.82}$$

其中，δ 为已知值（表 3.1），$\hat{\delta}$ 为控制点高程异常的拟合值。模型拟合的精度见表 3.4。

表 3.4 模型拟合的精度 单位：m

算法	内符合精度	外符合精度
最小二乘	0.005 45	0.006 7
总体最小二乘	0.005 49	0.006 8

表 3.4 表明，应用总体最小二乘算法进行模型参数估计，拟合的精度并不显著高于最小二乘算法。在此算例中，总体最小二乘算法拟合的精度低于最小二乘算法拟合的精度。实验结果表明，理论上被证明具有优越性的算法，在实际的测绘数据处理实践中，其优越性不一定能够显著的体现。应该结合数据自身的特点，合理的选择合适的算法。这可能也是测绘学者主张的不能单一追求解的最优理论算法，而应根据测绘数据的实情选择具有合理、明确的几何与物理意义算法的原因。当然，也不能仅仅通过这一个算例武断的否定在所有的高程异常拟合中，总体最小二乘算法处理的精度均低于最小二乘算法，毕竟算法的理论意义与几何意义都表明，总体最小二乘处理数据的精度高于最小二乘。测绘数据处理的精度除受算法的影响外，还受模型的适用性与数据自身特征的影响。下面对高程异常拟合做进一步讨论。

对模型的观测向量进行定权，取值为

$$P_i = \left[\frac{1000}{d_i} + 0.5 \right] \tag{3.83}$$

式中，P_i 为元素的权值；d_i 为控制点间的平面距离（m）；[•]表示取不大于元素的整数。其中，1 号控制点距离已知水准点约 1.2km，水准测量的路线为：已知点→1→5→20→24→25→23→21→7→6→4→3→2→16→17→18→15→13→12→10→9→8→22→26→27→11→14→19→已知点。进行 GPS 控制测量时，未联测已知点，控制点的坐标通过固定 1 号控制点坐标，进行三维无约束平差获得。系数矩阵的权矩阵根据 GPS 平差所获得的协因数矩阵进行定权。根据式（3.83）获得的观测向量中元素的权分别为（P_5，P_{20}，P_{16}，P_2，P_4，P_7，P_{23}，P_{25}，P_{18}，P_{15}，P_{12}，P_9，P_{22}，P_{19}，P_{11}）=（3，5，4，2，2，6，4，3，4，3，5，5，5，5，4）；（P_1，P_3，P_6，P_8，P_{10}，P_{13}，P_{14}，P_{17}，P_{21}，P_{24}，P_{26}，P_{27}）=（1，2，3，5，4，6，8，4，4，3，2，3）。根据元素的权值分别确定观测向量对角权矩阵 P。加权最小二乘求解模型参数的估值；基于拉格朗日函数的总体最小二乘算法，经 4 次迭代后获得的模型参数见表 3.5。

表 3.5 加权条件下最小二乘算法与总体最小二乘算法求解的模型参数

算法	a_0	a_1	a_2	a_3	a_4	a_5
最小二乘	−143.59	$-0.172\,24\times10^{-3}$	$-0.134\,64\times10^{-3}$	$-0.135\,86\times10^{-7}$	$0.161\,25\times10^{-7}$	$0.191\,55\times10^{-7}$
总体最小二乘	−143.63	$-0.163\,32\times10^{-3}$	$-0.132\,92\times10^{-3}$	$-0.136\,27\times10^{-7}$	$0.156\,35\times10^{-7}$	$0.190\,47\times10^{-7}$

根据加权条件下模型参数的估值，求解拟合点的残差，见表 3.6。

表 3.6 加权条件下模型拟合的残差 单位：mm

已知点	最小二乘	总体最小二乘	检核点	最小二乘	总体最小二乘
16	0.337	−0.395	6	0.795	0.310
2	1.947	1.378	8	−4.645	−4.332
4	−2.563	−1.809	10	−4.674	−4.384
7	−2.794	−2.202	13	−0.116	0.202
23	−7.974	−7.230	14	−11.594	−11.149
25	−1.599	−0.912	17	−1.214	−0.820
18	−4.732	−4.056	21	11.508	11.461
15	2.350	1.900	24	1.045	1.303
12	3.259	2.689	26	−1.765	−1.367
9	−0.105	0.222	27	9.546	9.240
22	7.057	6.571			
19	−4.332	−3.775			
11	−1.391	−0.809			

拟合的残差分布如图 3.6 和图 3.7 所示。

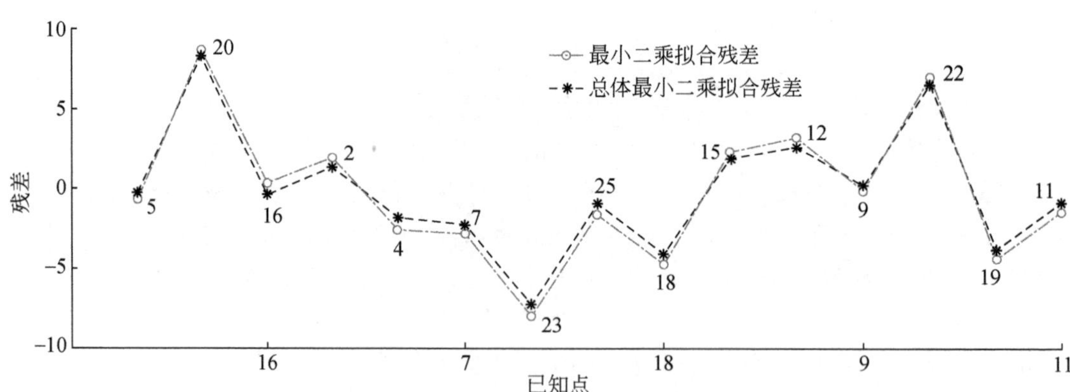

图 3.6 加权条件下已知点拟合的残差

根据已知点拟合的残差计算最小二乘估值的单位权中误差，根据式（3.79）计算总体最小二乘估值的单位权中误差无偏估值；根据检核点拟合的残差计算最小二乘与总体最小二乘的方差；结果见表 3.7。

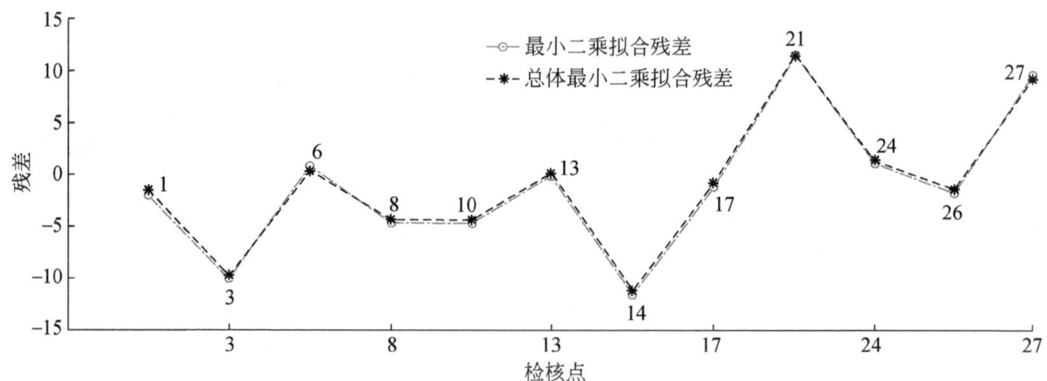

图 3.7 加权条件下检核点拟合的残差

表 3.7 模型拟合的精度 单位：m

算法	内符合精度	外符合精度
最小二乘	0.0116	0.0065
总体最小二乘	0.0098	0.0063

比较统计的内符合精度与外符合精度，应用总体最小二乘算法求解模型参数的精度高于最小二乘算法。与等精度条件下参数求解的结果（表 3.4）比较，加权条件下模型参数解的精度较低，这说明在此算例中定义的随机模型是含有误差的，含有误差的随机模型会降低模型参数估值的精度。

在高程异常拟合中，就目前测量技术获得的观测值精度而言，在小测区范围内，应用最小二乘算法求解拟合模型参数能够满足精度的要求。从精度比较总体最小二乘算法与最小二乘算法的差异，算例的结果表明：等精度条件下，基于奇异值分解的总体最小二乘算法求解参数的精度小于等于最小二乘算法；不等精度条件下，基于拉格朗日函数的总体最小二乘算法求解参数的精度高于最小二乘算法，但精度没有显著提高。与现有研究成果得到的结论相比，EIV 模型的总体最小二乘算法具有的优越性在此算例中没有得到显著的体现。

3.3.2 坐标相似变换中的应用

坐标系统转换广泛存在于大地测量、工程测量、摄影测量、计算机视觉、地图制图等专业领域中，对坐标转换模型的性质与其参数求解方法的讨论，一直受到测绘工作者的关注。应用 Akyilmaz（2007）研究成果中坐标转换模型的算例，采用最小二乘算法与总体最小二乘算法求解模型参数，控制点在原坐标系与目标坐标系中的坐标见表 3.8，点位分布如图 3.8 所示。

表 3.8 控制点在原坐标系与目标坐标系中的坐标 单位：m

点号	原坐标系		目标坐标系	
	x_1	y_1	x_2	y_2
1	4 540 124.094 0	382 385.998 0	4 540 134.278 0	382 379.896 4

续表

点号	原坐标系		目标坐标系	
	x_1	y_1	x_2	y_2
2	4 539 927.225 0	382 635.869 1	4 539 937.389 0	382 629.787 2
3	4 539 969.567 0	381 957.570 5	4 539 979.739 0	381 951.478 5
4	4 540 316.294 0	381 901.093 2	4 540 326.461 0	381 895.008 9
5	4 539 206.211 0	382 190.527 8	4 539 216.387 0	382 184.435 2

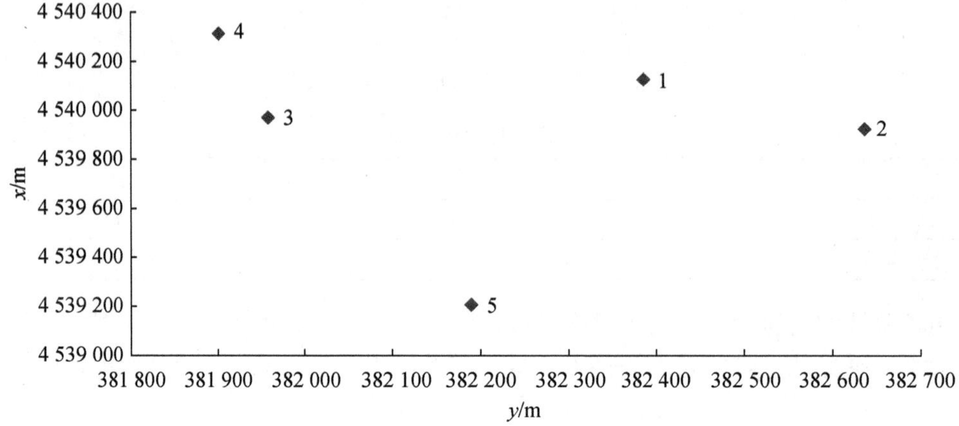

图 3.8　控制点在原坐标系中的点位分布

假设控制点在原坐标系与目标坐标系中的坐标是独立不相关的，控制点的原坐标与目标坐标的对角权矩阵 $\boldsymbol{P}_1$、$\boldsymbol{P}_2$ 分别为 $\boldsymbol{P}_1$= [5.8824 12.5 0.9009 1.7241 7.6923 16.6667 4.1667 6.6667 8.3333 16.6667]；$\boldsymbol{P}_2$= [10 14.2857 0.8929 1.4286 7.1429 10 2.2222 3.2259 7.6923 11.1111]。数学模型平面坐标相似变换模型为

$$\begin{bmatrix} x_2^1 \\ y_2^1 \\ \vdots \\ x_2^n \\ y_2^n \end{bmatrix} = \begin{bmatrix} 1 & 0 & x_1^1 & -y_1^1 \\ 0 & 1 & y_1^1 & x_1^1 \\ \vdots & \vdots & \vdots & \vdots \\ 1 & 0 & x_1^n & -y_1^n \\ 0 & 1 & y_1^n & x_1^n \end{bmatrix} \begin{bmatrix} \Delta x \\ \Delta y \\ c \\ d \end{bmatrix} \tag{3.84}$$

在最小二乘准则下求得模型参数的估值为 $\hat{\boldsymbol{x}} = (\boldsymbol{B}^{\mathrm{T}}\boldsymbol{P}\boldsymbol{B})^{-1}\boldsymbol{B}^{\mathrm{T}}\boldsymbol{P}\boldsymbol{l}$，单位权方差为 $\hat{\sigma}_0^2 = \dfrac{\boldsymbol{v}^{\mathrm{T}}\boldsymbol{P}\boldsymbol{v}}{r}$。转换模型参数的总体最小二乘解（基于高斯-赫尔默特算法）与最小二乘解见表 3.9。

表 3.9 转换模型参数的估值

参数	最小二乘	总体最小二乘
Δx	21.367 4	29.643 2
Δy	21.656 2	14.769 6
c	0.999 997 035 1	0.999 995 357 9
d	−0.000 005 862 7	−0.000 004 204 9
$\hat{\sigma}_0^2$	0.004 212	0.000 179

根据参数的估值计算观测向量与系数矩阵中元素含有的残差，见表 3.10。

表 3.10 观测元素中含有的残差 单位：m

点号	目标坐标系（LS）		目标坐标系（TLS）		原坐标系（TLS）	
	v_{x2}	v_{y2}	v_{x2}	v_{y2}	v_{x1}	v_{y1}
1	−0.0356	0.0068	0.0032	−0.0025	−0.0055	0.0029
2	−0.0139	−0.0124	−0.0066	0.0080	0.0066	−0.0066
3	−0.0257	−0.0006	−0.0011	0.0010	0.0010	−0.0006
4	−0.022	−0.0101	−0.0035	0.0070	0.0018	−0.0034
5	−0.0261	0.0038	−0.0014	−0.0007	0.0013	0.0005

表 3.9 和表 3.10 表明，模型参数的最小二乘解单位权中误差显著大于总体最小二乘解，并且由最小二乘估值获得的观测向量中含有的残差值大于总体最小二乘估值。该算例结果表明，坐标相似变换模型参数的总体最小二乘解的精度高于最小二乘解。

3.3.3 三维激光扫描标靶拟合中的应用

应用三维激光扫描仪采集点云数据，需要通过球形标靶实现点云数据的配准与坐标转换，根据对标靶球扫描的点云数据确定标靶球心是解决上述问题的关键。假设球体的点云坐标为(X_i, Y_i, Z_i)（i=1，2，…，n），球心坐标为(X, Y, Z)，球体半径为r，根据球体方程：

$$r^2 = (X_i - X)^2 + (Y_i - Y)^2 + (Z_i - Z)^2 \tag{3.85}$$

设观测数为n，展开可以得到观测方程为

$$\underbrace{\begin{bmatrix} X_1^2 + Y_1^2 + Z_1^2 \\ \vdots \\ X_n^2 + Y_n^2 + Z_n^2 \end{bmatrix}}_{\boldsymbol{l}} = \underbrace{\begin{bmatrix} 2X_1 & 2Y_1 & 2Z_1 & 1 \\ \vdots & \vdots & \vdots & \vdots \\ 2X_n & 2Y_n & 2Z_n & 1 \end{bmatrix}}_{\boldsymbol{B}} \underbrace{\begin{bmatrix} X \\ Y \\ Z \\ r^2 - X^2 - Y^2 - Z^2 \end{bmatrix}}_{\boldsymbol{x}} \tag{3.86}$$

进一步可以得到其误差方程，参数向量$\boldsymbol{x}$的估值可以通过最小二乘算法获得。鲁铁定等（2009）、陈玮娴等（2010）应用奇异值分解与极值函数的总体最小二乘算法对等

权和加权条件下的球心标靶的拟合进行了讨论。表 3.11 列举了应用奇异值分解获得的两组球心标靶坐标参数估值与中误差，参数估值的中误差表明，参数总体最小二乘解的精度高于最小二乘解。

表 3.11 奇异值分解的总体最小二乘估值与中误差 单位：m

组号	算法	参数估值与中误差			
		X	Y	Z	$r^2-X^2-Y^2-Z^2$
1	最小二乘	−0.9861/0.3	0.8328/0.2	−0.1928/0.2	−1.6981/0.7
	总体最小二乘	−0.9862/0.1	0.833/0.01	−0.1929/0.01	−1.6984/0.3
2	最小二乘	−0.9879/0.2	0.8329/0.1	−0.1947/0.2	−1.7024/0.5
	总体最小二乘	−0.988/0.1	0.8329/0	−0.1946/0.1	−1.7027/0.2

为顾及模型的随机性质，陈玮娴等（2010）应用加权总体最小二乘算法对球心标靶的拟合做进一步的探讨，并与等权条件下的总体最小二乘估值进行比较，参数的估值与其单位权中误差见表 3.12。

表 3.12 加权总体最小二乘参数估值与单位权中误差 单位：m

组号	算法	参数估值与中误差				
		X	Y	Z	r	$\sigma_0/10^{-4}$
1	最小二乘	−3.111 8	−0.876 318	0.049 035	0.070 786	4.662 374
	总体最小二乘	−3.111 859	−0.876 335	0.049 034	0.070 357	1.377 639
	加权总体最小二乘	−3.111 867	−0.876 333	0.049 032	0.070 833	1.000 615
2	最小二乘	−3.264 738	1.132 301	−0.297 153	0.071 984	5.020 195
	总体最小二乘	−3.264 816	1.132 328	−0.297 160	0.072 042	1.390 806
	加权总体最小二乘	−3.264 826	1.132 327	−0.297 156	0.072 045	1.011 372
3	最小二乘	−2.109 897	−0.510 428	−0.265 431	0.071 409	4.473 931
	总体最小二乘	−2.109 966	−0.510 445	−0.265 442	0.071 458	1.860 483
	加权总体最小二乘	−2.109 951	−0.510 441	−0.265 446	0.071 448	1.354 194

算例结果同样表明，总体最小二乘算法得到的参数估值精度高于最小二乘算法，同时，顾及随机模型的加权总体最小二乘算法得到的参数估值精度高于等权条件下的总体最小二乘算法。

第 4 章　含有粗差的 EIV 模型参数估计理论

4.1　粗差与其处理方法

4.1.1　粗差的定义与影响

经典测绘数据处理模型是假设观测样本中仅含有随机误差，此时，最小二乘准则具有最优、无偏的性质。当随机误差服从正态分布，并且观测样本趋近于无穷时，总体最小二乘具有渐进无偏的性质。在测绘数据处理中，常用高斯-马尔可夫模型描述观测样本与待估参数的关系，高斯-马尔可夫模型是假设观测误差中仅含有随机误差，此时，在最小二乘准则下求得参数估值具有最优无偏的统计性质。然而，在实际的测量工作中，观测数据除含有随机误差外，还会含有粗差与系统误差。

粗差是由观测者的粗心大意或某种干扰造成的误差，它的数量级相对较大。数据采集与处理的自动化、地表沉降或地壳形变等因素导致观测数据中不可避免的含有粗差，在特定工作条件或环境下，粗差并不能通过测绘工作者细心、细致的工作而被排除。例如，在矿区作业环境中，采空区的地表发生沉降甚至塌陷，导致控制点间的相对点位发生较大偏差；又如在地下工程作业时，粉尘、潮湿等客观因素干扰光电设备的数据采集，使得采集的数据中含有粗差。

粗差的存在使以随机误差作为处理对象的数据处理模型不再具有参数估计的最优性，使参数估计的结果发生较大偏差。为降低粗差对测绘数据处理精度的影响，研究人员对粗差的处理方法进行了研究，形成了以识别探测与抗差估计为主要途径的粗差处理方法。抗差估计理论与传统的估计理论（如最小二乘理论），最显著的区别是，抗差估计并不是建立在样本数据符合理想的分布模式的假设上，而是建立在实际的分布模式的基础上。严格服从特定分布模式的测绘数据并不存在，以污染分布函数（G）[式（4.1）] 描述样本的分布特征更符合测绘数据的实际情况。

$$G=(1-\varepsilon)F+\varepsilon H \tag{4.1}$$

式中，ε为污染率，描述了主体分布 F 和干扰分布 H 在整个样本中所占的比例。

在统计学中，粗差称为离群值，是指在观测样本中，部分数据的数值严重偏离剩余数据的数值。大量的统计数据表明，在实际生产和研究工作中，离群值占样本数据的1%～10%。在测绘数据处理中，传统的估计模型对粗差很敏感，即使观测数据中存在少量的粗差，也可能对估计的结果产生严重的影响，使估计结果发生歪曲。例如，观测值的算术平均值经常被用来估计样本的数学期望，此时假设观测值中含有的误差是对称的。但是当观测数据中含有粗差时，打破了原有的假设，此时应用算术平均值来估计样本的期望值会发生较大的偏差。假设观测数据中含有的粗差趋近于无穷大，则样本的算术平均值也趋近于无穷大。因此，对于非正态分布条件下的参数估计，传统的估计模型稳定性较差。

粗差对参数估值的影响，可以应用影响函数（influence function，IF）作为指标：

$$\mathrm{IF}=\lim_{\varepsilon\to 0}\frac{\hat{\theta}\{(1-\varepsilon)F+\varepsilon\nabla\}-\hat{\theta}(F)}{\varepsilon} \tag{4.2}$$

式中，F 为不含有粗差的正常观测值的分布函数；∇ 为含有粗差的观测值引起的阶跃分布函数。影响函数能够刻画估计方法对粗差的敏感程度，当影响函数趋近于无穷时，表明估计方法受粗差的影响较大，即表明估计方法的稳健性较差。当概率ε出现粗差时，观测值的分布函数为 F_ε，则估计函数为

$$\hat{\theta}(F_\varepsilon)=\hat{\theta}\{(1-\varepsilon)F+\varepsilon\nabla\} \tag{4.3}$$

用式（4.3）减去不含有粗差的估计函数$\hat{\theta}(F)$，可以反映含有粗差的观测值对函数模型的影响，即影响函数的含义。在实际的测绘数据处理中，剔除一组含有粗差的观测数据 s 后，由其余 $m-s$ 个数据计算的参数估值$\hat{\theta}(F)$，以及全部观测数据计算的参数估值$\hat{\theta}(F_\varepsilon)$求解含有粗差的观测数据对参数估值的影响。

$$\mathrm{IF}=\frac{\hat{\theta}(F_\varepsilon)-\hat{\theta}(F)}{s/m} \tag{4.4}$$

式（4.4）描述了含有粗差的观测数据对参数估值的影响。

4.1.2 粗差识别

粗差识别与调节是降低或消除粗差对参数估计影响的两种主要方法，粗差的识别（即检测）是应用数理统计的方法，对观测数据中含有的粗差进行识别，并进行剔除。粗差的识别是将粗差纳入平差模型的函数模型中，将含有粗差的观测值看作与正常观测值有不同的期望、相同的方差。

$$\begin{cases} y_i\sim N(E(y_i),\sigma^2) \\ y_j\sim N(E(y_i)+v_g,\sigma^2) \end{cases} \tag{4.5}$$

式中，y_i 为不含粗差的正常观测值；y_j 为含有粗差的观测值；v_g 为观测值中含有的粗差。在对粗差进行检测时，应用假设检验理论对粗差进行识别、定位并剔除。应用观测值的改正数进行粗差的识别是粗差检测的一般方法，将参数估计模型改写为

$$\boldsymbol{v}=\boldsymbol{B}(\hat{\boldsymbol{x}}-\boldsymbol{x})-(\boldsymbol{l}-\boldsymbol{Bx}) \tag{4.6}$$

设观测向量中含有的真误差$\varDelta=\boldsymbol{Bx}-\boldsymbol{l}$，将真误差与参数向量的估值$\hat{\boldsymbol{x}}$（$\hat{\boldsymbol{x}}=\boldsymbol{N}^{-1}\boldsymbol{B}^{\mathrm{T}}\boldsymbol{Pl}$，$\boldsymbol{N}$ 为法矩阵）代入式（4.6），得到

$$\begin{aligned}\boldsymbol{v}&=\boldsymbol{B}(\boldsymbol{N}^{-1}\boldsymbol{B}^{\mathrm{T}}\boldsymbol{Pl}-\boldsymbol{N}^{-1}\boldsymbol{B}^{\mathrm{T}}\boldsymbol{PBx})+\varDelta\\&=\boldsymbol{BN}^{-1}\boldsymbol{B}^{\mathrm{T}}\boldsymbol{P}(\boldsymbol{l}-\boldsymbol{Bx})+\varDelta\\&=(\boldsymbol{I}-\boldsymbol{BN}^{-1}\boldsymbol{B}^{\mathrm{T}}\boldsymbol{P})\varDelta\\&=\boldsymbol{R}\varDelta\end{aligned} \tag{4.7}$$

式中，$\boldsymbol{R}=\boldsymbol{I}-\boldsymbol{B}\boldsymbol{N}^{-1}\boldsymbol{B}^{\mathrm{T}}\boldsymbol{P}$。直接给出改正数 $\boldsymbol{v}$ 的协因数矩阵：

$$\boldsymbol{Q}_{vv}=\boldsymbol{Q}-\boldsymbol{B}\boldsymbol{N}^{-1}\boldsymbol{B}^{\mathrm{T}} \tag{4.8}$$

式中，$\boldsymbol{Q}$ 为观测向量的协因数矩阵。将 $\boldsymbol{R}$ 改写为

$$\boldsymbol{R}=\boldsymbol{Q}_{vv}\boldsymbol{P} \tag{4.9}$$

式（4.9）表明，$\boldsymbol{R}$ 的值取决于权矩阵 $\boldsymbol{P}$ 和系数矩阵 $\boldsymbol{B}$。将 $\boldsymbol{R}$ 用矩阵表示为

$$\boldsymbol{R}=\begin{bmatrix} r_{11} & \cdots & r_{1m} \\ \vdots & & \vdots \\ r_{1m} & \cdots & r_{mm} \end{bmatrix} \tag{4.10}$$

同时将式（4.7）表示为显式：

$$\begin{aligned} v_1 &= r_{11}\varDelta_1+\cdots+r_{1m}\varDelta_m \\ &\vdots \\ v_m &= r_{1m}\varDelta_1+\cdots+r_{mm}\varDelta_m \end{aligned} \tag{4.11}$$

$\boldsymbol{R}$ 为秩亏阵，观测值的真误差并不能直接由改正数计算得到。式（4.11）表明，观测值的改正数为真误差的线性函数，因此观测值的改正数与真误差的概率分布相同。当观测值含有的真误差为随机误差时，改正数的随机模型为

$$\boldsymbol{v}\sim N(0,\sigma_0^2\boldsymbol{Q}_{vv}) \tag{4.12}$$

当真误差为随机误差时，某观测值的改正数的数学期望 E（$\boldsymbol{v}_i$）=0，提出原假设：

$$H_0\text{: } E(\boldsymbol{v}_i)=0 \tag{4.13}$$

当原假设成立时，观测值不含有粗差；当原假设被拒绝时，观测值含有粗差。构建 u 统计量：

$$u=\frac{\boldsymbol{v}_i}{\sigma_0\sqrt{Q_{v_iv_i}}} \tag{4.14}$$

给定显著性水平 α，对原假设进行检验。

以假设检验为基础的粗差识别方法是以观测值的改正数 $\boldsymbol{v}$ 为基础，实际上，应用最小二乘理论对测绘数据进行处理，改正数不仅受到观测值中粗差的影响，还受到模型结构的影响。最小二乘准则对观测值的误差起着平摊的作用，因此，含有粗差的观测值不一定能够得到较大的改正数。缘于上述原因，研究人员从真误差的角度对粗差进行识别，於宗俦和李明峰（1996）、欧吉坤（1999）分别提出采用定位定值法，与拟准检定法对粗差进行识别。但是这些方法的判断依据是由平差模型得到，识别的结果同样受到改正数的影响。为克服依赖于平差计算和改正数进行粗差识别的缺陷，孙海燕等（2012）提出一种粗差识别的局部分析法，将多维平差问题降为一维平差问题，应用函数模型对粗差进行局部分析、探测。

4.1.3 粗差调节与 M 估计

相比较粗差的识别检测，对粗差进行调节是控制粗差对平差结果影响的另一种方法。粗差的调节是采用抗干扰性较强的算法，将粗差纳入平差模型的随机模型中，将含有粗差的观测值看作与正常观测值有相同的期望值、不同的方差。

$$\begin{cases} y_i \sim N(E(y_i),\sigma^2) \\ y_j \sim N(E(y_i),a\sigma^2)\ (a>1) \end{cases} \tag{4.15}$$

这种通过抗干扰的算法来控制粗差对平差结果的影响，在统计学中称为稳健估计（robust estimation），我国的测绘工作者称又它为抗差估计。抗差估计包含以下几层含义。

1）就表达形式而言，抗差估计与传统的估计方法基本一样，不同的是权函数的含义：传统估计的权具有先验性，而抗差估计的权是关于残差的函数，具有后验性。

2）抗差估计是通过等价权函数将传统估计方法与抗差估计原理进行结合，所以抗差估计的实质是对权函数的设计。

3）抗差估计应侧重于抗差方案的研究，在抗差的前提下求解参数的有效估值。

当观测值中含有的误差服从随机分布时，最小二乘估计模型具有最优、无偏的性质。当测绘数据处理不可避免地受到粗差的影响时，测绘工作者应用抗差估计来抵抗粗差对参数估计的影响，一个好的抗差估计算法应具有以下特性。

1）在测绘数据中，当假设的数学模型（包括函数模型、随机模型）正确时，由抗差估计算法得到的参数是最优的或者接近最优。

2）当假设的数学模型与实际的模型有差异时，抗差估计算法受到的影响较小，即算法具有一定的稳定性。

3）当假设的数学模型偏离实际模型时，抗差估计算法受到的影响不大，即算法具有一定的抗干扰性。

抗差估计算法有三种：L 估计、R 估计、M 估计，其中，M 估计在测绘数据处理中的应用较为广泛。

最小二乘估计以残差的加权平方和最小为准则：

$$\boldsymbol{v}^{\mathrm{T}}\boldsymbol{P}\boldsymbol{v}=\min \tag{4.16}$$

式（4.16）表明，最小二乘估计模型起到平摊误差的作用，当观测值中含有粗差时，会导致残差的平方和迅速变大。为了能够达到残差平方和最小的目的，在最小二乘准则下，参数的估值会迁就观测值中含有的粗差，使估值本身偏离真值。为控制粗差对残差平方和的影响，研究人员用增长较慢的函数代替式（4.16），可以得到较好的抵抗粗差的参数估计模型。

设$\boldsymbol{\beta}$为非随机的参数向量，y_1，y_2，y_n 为观测样本，样本的密度函数为 f，根据极大似然估计

$$\sum_{i=1}^{n}\ln f(y_i,\ \hat{\boldsymbol{\beta}})=\max \tag{4.17}$$

建立目标函数

$$\rho(y_i,\hat{\boldsymbol{\beta}})=-\ln f(y_i,\hat{\boldsymbol{\beta}}) \tag{4.18}$$

式（4.17）和式（4.18）中，$\hat{\boldsymbol{\beta}}$ 为参数向量的估值。式（4.17）等价于

$$\sum_{i=1}^{n}\rho(y_i,\hat{\boldsymbol{\beta}})=\min \tag{4.19}$$

设分函数：

$$\phi(y_i,\hat{\boldsymbol{\beta}})=\frac{\partial\rho(y_i,\hat{\boldsymbol{\beta}})}{\partial\hat{\boldsymbol{\beta}}} \tag{4.20}$$

式（4.19）等价于：

$$\sum_{i=1}^{n}\phi(y_i,\hat{\boldsymbol{\beta}})=0 \tag{4.21}$$

应用式（4.19）或式（4.21）进行模型参数的估计，称为 M 估计。以观测值中的残差 v_i 为目标函数 ρ 的变量，残差的估值为

$$\hat{v}_i=\boldsymbol{B}_i\hat{\boldsymbol{\beta}}-y_i \tag{4.22}$$

式中，$\boldsymbol{B}_i$ 为系数矩阵的 i 行向量。M 估计准则为

$$\sum_{i=1}^{n}P_i\rho(\hat{v}_i)=\min \tag{4.23}$$

或者为

$$\sum_{i=1}^{n}P_i\phi(\hat{v}_i)\boldsymbol{B}_i=0 \tag{4.24}$$

式中，P_i 为观测值的权。当 $\rho(\hat{v}_i)=\hat{v}_i^2$ 时，M 估计为最小二乘估计，不再具有抗差性。M 估计中的目标函数 ρ 和分函数 ϕ 可以任意选取，但是，为使 M 估计具有抗差性，一般要求目标函数增长速度小于最小二乘函数的增长速度，并且满足以下条件：① $\rho(v)\geqslant 0$；② $\rho(0)=0$；③ $\rho(-v)=\rho(v)$；④如果 $v_i>v_j$，则 $\rho(v_i)\geqslant\rho(v_j)$。

设权因子 $\omega_i=\dfrac{\phi(v_i)}{v_i}$、等价权函数 $\overline{P}_i=P_i\omega_i$，由式（4.24），得

$$\boldsymbol{B}^{\mathrm{T}}\overline{\boldsymbol{P}}\hat{\boldsymbol{v}}=0 \tag{4.25}$$

式中，$\overline{\boldsymbol{P}}$ 为由元素 $\overline{P}_i$ 构成的等价权矩阵（对角矩阵）。顾及式（4.22），得

$$\boldsymbol{B}^{\mathrm{T}}\overline{\boldsymbol{P}}\boldsymbol{B}\hat{\boldsymbol{\beta}}-\boldsymbol{B}^{\mathrm{T}}\overline{\boldsymbol{P}}\boldsymbol{l}=0 \tag{4.26}$$

式中，$\boldsymbol{l}$ 为观测样本 y_i 组成的观测向量。基于 M 估计的参数向量估值为

$$\hat{\boldsymbol{\beta}}=(\boldsymbol{B}^{\mathrm{T}}\overline{\boldsymbol{P}}\boldsymbol{B})^{-1}\boldsymbol{B}^{\mathrm{T}}\overline{\boldsymbol{P}}\boldsymbol{l} \tag{4.27}$$

等价权函数是以残差为变量的函数，因此观测值中的残差可以借助最小二乘估计计算其初值。据此，建立基于 M 估计的求解模型参数的迭代算法。

1）建立平差模型，应用最小二乘准则求解模型参数与改正数的估值。

2）求解等价权矩阵的估值，其对角元素为

$$\overline{P}_i=P_i\phi(\hat{v}_i)/\hat{v}_i \tag{4.28}$$

根据式（4.27）求解模型参数的估值，根据式（4.22）求解改正数。

3）根据步骤 1）和 2）迭代求解参数的估值，直至参数估值收敛。

M 估计根据目标函数和分函数定义的不同，有 Huber 法、Hampel 法、IGG 法等。

最小二乘估计并不属于抗差 M 估计，为将最小二乘估计与其他 M 估计方法比较，罗列其目标函数、分函数、权因子如下：

$$\rho(\hat{v})=\frac{\hat{v}^2}{2} \tag{4.29}$$

$$\varphi(\hat{v})=\hat{v} \tag{4.30}$$

$$\omega=1 \tag{4.31}$$

式（4.29）～式（4.31）表明，目标函数、分函数无界，权因子不受改正数大小的限制，因此，最小二乘估计不具有抗差性。

Huber 法的目标函数、分函数、等价权函数分别为

$$\rho(\hat{v})=\begin{cases}\dfrac{1}{2}\hat{v}^2, & |\hat{v}|\leqslant c\\ c|\hat{v}|-\dfrac{c^2}{2}, & |\hat{v}|>c\end{cases} \tag{4.32}$$

$$\varphi(\hat{v})=\begin{cases}\hat{v}, & |\hat{v}|\leqslant c\\ c\,\mathrm{sign}(\hat{v}), & |\hat{v}|>c\end{cases} \tag{4.33}$$

$$\overline{P}_i=\begin{cases}P_i, & |\hat{v}_i|\leqslant c\\ P_i\dfrac{c}{|\hat{v}_i|}, & |\hat{v}_i|>c\end{cases} \tag{4.34}$$

式中，c 为限差，取 $c=2\sigma$。当改正数在限差范围之内时，Huber 估计退化为最小二乘估计；当改正数大于 c 时，改正数的权与其成反比，改正数越大，权越小，含有粗差的观测值对模型参数估计的影响也会降低。

Hampel 法的目标函数、分函数、等价权函数分别为

$$\rho(\hat{v})=\begin{cases}\dfrac{\hat{v}^2}{2}, & |\hat{v}|\leqslant a\\ a|\hat{v}|-\dfrac{a^2}{2}, & a<|\hat{v}|\leqslant b\\ ab-\dfrac{a^2}{2}+(c-b)\dfrac{a}{2}\left[1-\left(\dfrac{c-|\hat{v}|}{c-b}\right)^2\right], & b<|\hat{v}|\leqslant c\\ ab-\dfrac{a^2}{2}+(c-b)\dfrac{a}{2} & c<|\hat{v}|\end{cases} \tag{4.35}$$

$$\varphi(\hat{v})=\begin{cases}\hat{v}, & |\hat{v}|\leqslant a\\ a\,\mathrm{sign}(\hat{v}), & a<|\hat{v}|\leqslant b\\ a\dfrac{c-|\hat{v}|}{c-b}\mathrm{sign}(\hat{v}), & b<|\hat{v}|\leqslant c\\ 0, & c<|\hat{v}|\end{cases} \tag{4.36}$$

$$\overline{P}_i = \begin{cases} P_i, & |\hat{v}| \leqslant a \\ \dfrac{P_i a}{|\hat{v}_i|}, & a < |\hat{v}| \leqslant b \\ P_i a \dfrac{c - |\hat{v}_i|}{(c-b)|\hat{v}_i|}, & b < |\hat{v}| \leqslant c \\ 0, & c < |\hat{v}| \end{cases} \tag{4.37}$$

式中，$a = 1.7\sigma$，$b = 3.4\sigma$，$c = 8.5\sigma$。

IGG 法是周江文（1989）根据测绘数据的特点，提出的一种抗差估计方案，其目标函数和等价权函数分别为

$$\rho(\hat{v}) = \begin{cases} \dfrac{\hat{v}^2}{2}, & |\hat{v}| \leqslant a \\ |\hat{v}|, & a < |\hat{v}| \leqslant b \\ d, & b < |\hat{v}| \end{cases} \tag{4.38}$$

$$\overline{P}_i = \begin{cases} P_i, & |\hat{v}| \leqslant a \\ \dfrac{P_i a}{|\hat{v}_i|}, & a < |\hat{v}| \leqslant b \\ 0, & b < |\hat{v}| \end{cases} \tag{4.39}$$

式中，$a = 1.5\sigma$，$b = 2.5\sigma$。基于 M 估计的抗差估计目标函数的选择具有自由性，在测绘数据处理中，随着残差项绝对值的增大，目标函数增长得越慢，抗差估计的稳健性就越好。测绘工作者在 IGG 权函数的基础上，对测绘数据处理中的抗差函数进行了拓展，应用较为广泛的有 IGG Ⅱ、IGG Ⅲ权函数，函数的相关性质请参阅 Yang（1999）的研究。

4.1.4 高崩溃污染率抗差估计

崩溃污染率是指对参数的估值不造成破坏性影响的前提下，允许模型实际分布与假设分布的最大偏离程度。从观测误差的角度来看，崩溃污染率是指使参数估值完全失常的粗差所占的最小比率。在特殊环境下，测绘作业受观测条件与环境的限制，观测值中含有粗差的比率较高。仍然以坐标系统的改造为例，对我国的参心坐标系进行改造，由于坐标系的建立年代久远，同时受地壳形变、观测技术的限制等因素的影响，控制点间的相对位置发生变动；并且相对于空间定位技术获得控制点间的位置关系，由光学手段获得的控制点坐标不能精确反映出控制点的相对与绝对位置关系。因此，控制点的坐标值不能准确地描述控制点的位置，而且可能含有粗差。在对坐标框架进行改造的过程中，若含有粗差的控制点作为基准点，势必会影响改造的效果。针对特殊地质条件下，粗差在误差中占有比率高的问题，高井祥等（1999）探讨参数的高崩溃污染率抗差算法。应用强淘汰权函数剔除可能含有粗差的控制点，并以强淘汰权函数确定的权阵为先验权阵，进行抗差估计。首先，应用平差模型与参数估值计算基准点坐标的改正数：

$$\boldsymbol{v}=\boldsymbol{B}\hat{\boldsymbol{x}}-\boldsymbol{l} \tag{4.40}$$

设基准点坐标改正数为（v_{xi}，v_{yi}），取基准点改正数的中位数（$v_{x\text{med}}$，$v_{y\text{med}}$）：

$$\begin{cases} v_{x\text{med}}=\text{med}(v_x) \\ v_{y\text{med}}=\text{med}(v_y) \end{cases} \tag{4.41}$$

式中，med(•)为中位数函数。求取基准点的改正数与改正数中位数之差（$|\Delta x_i|$，$|\Delta y_i|$）的中位数（$\Delta v_{x\text{med}}$，$\Delta v_{y\text{med}}$），据此计算 x 与 y 方向的中误差

$$\begin{cases} \sigma_x=1.483|\Delta v_{x\text{med}}| \\ \sigma_y=1.483|\Delta v_{y\text{med}}| \end{cases} \tag{4.42}$$

设强淘汰权函数 P 中的元素为 P_{ij}（i 为矩阵的行号，j 为矩阵的列号），当 i 为奇数时

$$P_{ij}^0=\begin{cases} P_{ij} & |\Delta x_i/\sigma|\leqslant l_0 \\ 0 & |\Delta x_i/\sigma|>l_0 \end{cases} \tag{4.43}$$

当 i 为偶数时

$$P_{ij}^0=\begin{cases} P_{ij} & |\Delta y_i/\sigma|\leqslant l_0 \\ 0 & |\Delta y_i/\sigma|>l_0 \end{cases} \tag{4.44}$$

式中，l_0 为淘汰点，一般取值为 1～1.5；j=1，2，…，2m（m 为基准点的个数）；P_{ij} 为观测值的初始权值。将强淘汰权函数作为抗差算法的初始权矩阵，定义合适的等价权函数进行迭代计算，使参数的估值具有抵抗高崩溃污染率的性质，同时可以有效剔除含有粗差的观测值，使模型参数的解具有抗差性。

强淘汰权函数具有的几何意义为，以半径为 l_0 的圆为例，若观测值的相应条件满足要求，即基准点落在圆内，则保持基准点的位置不变；若基准点落在圆外，则将其淘汰（图 4.1）。

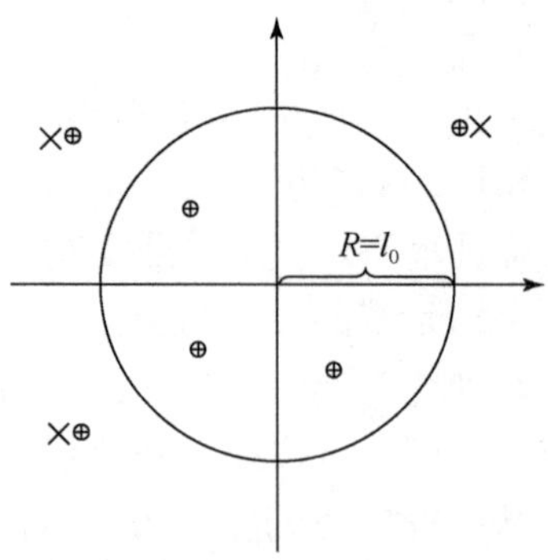

图 4.1　强淘汰权函数的几何意义

上述算法是分别以坐标分量（x y）为参数的中位数法抗差估计，相关研究表明其崩溃污染率可达 50%（Yang，1999）。应用模型对测绘数据进行拟合，当模型确定时，人们关注的是参数的求解精度。含有粗差的观测值对拟合精度的影响，最终也是通过参数

的求解精度来体现的。因此，可以直接建立以模型参数为参数的中位数法抗差算法。设拟合模型的参数个数为 n，当测区中的基准点个数为 m（$m>n$）时，可获得 C_{2m}^{n} 组参数解，应用中位数法选取参数样本中的最佳估值作为抗差迭代算法的初值。此时，问题转化为多参数估计的中位数法（least median of squares regression，LMS）（Rousseeuw，1984）。以平面坐标转换模型为例，当基准点个数为 m（$m>2$）时，可获得 P（$P=C_{2m}^{4}$）组参数解，应用四个参数（$\Delta\boldsymbol{x},\Delta\boldsymbol{y},\boldsymbol{\mu},\boldsymbol{\alpha}$）分别组成 P 维向量：

$$\begin{cases}\Delta\boldsymbol{x}=\begin{bmatrix}\Delta x_1 & \Delta x_2 & \cdots & \Delta x_P\end{bmatrix}\\ \Delta\boldsymbol{y}=\begin{bmatrix}\Delta y_1 & \Delta y_2 & \cdots & \Delta y_P\end{bmatrix}\\ \boldsymbol{\mu}=\begin{bmatrix}\mu_1 & \mu_2 & \cdots & \mu_P\end{bmatrix}\\ \boldsymbol{\alpha}=\begin{bmatrix}\alpha_1 & \alpha_2 & \cdots & \alpha_P\end{bmatrix}\end{cases} \tag{4.45}$$

参数向量的中位数为［med（$\Delta\boldsymbol{x}$），med（$\Delta\boldsymbol{y}$），med（$\boldsymbol{\mu}$），med（$\boldsymbol{\alpha}$）］。令每组参数解与中位数求差，其差值为 dx_i=（$d\Delta x_i$，$d\Delta y_i$，du_i，$d\alpha_i$）（i=1，2，…，P）：

$$\begin{cases}d\Delta x_i=\Delta x_i-\mathrm{med}(\Delta\boldsymbol{x})\\ d\Delta y_i=\Delta y_i-\mathrm{med}(\Delta\boldsymbol{y})\\ d\mu_i=\mu_i-\mathrm{med}(\boldsymbol{\mu})\\ d\alpha_i=\alpha_i-\mathrm{med}(\boldsymbol{\alpha})\end{cases} \tag{4.46}$$

参数的中位数解 med（dx）为

$$\mathrm{med}(\mathrm{d}x)=\min(\|\mathrm{d}x_1\|,\|\mathrm{d}x_2\|,\cdots,\|\mathrm{d}x_P\|) \tag{4.47}$$

式中，$\|\bullet\|$为参数向量的二次范数。根据 4.1.3 节讨论的 M 估计抗差算法，将参数的中位数解［med（dx）］作为初值，进行迭代计算，确定模型参数的最佳估值。

4.2 含有粗差的 EIV 模型参数估计算法

平差模型的观测向量中含有粗差，是传统粗差处理面临的基本问题。当讨论 EIV 模型参数估计问题时，粗差除可能出现在模型的观测向量中的同时，还可能出现在描述变量与因变量之间函数关系的系数矩阵中。以平面坐标相似转换模型［式（2.33）］为例：

$$\begin{bmatrix}x_2^1\\ y_2^1\\ \vdots\\ x_2^n\\ y_2^n\end{bmatrix}=\begin{bmatrix}1 & 0 & x_1^1 & -y_1^1\\ 0 & 1 & y_1^1 & x_1^1\\ \vdots & \vdots & \vdots & \vdots\\ 1 & 0 & x_1^n & -y_1^n\\ 0 & 1 & y_1^n & x_1^n\end{bmatrix}\begin{bmatrix}\Delta x\\ \Delta y\\ c\\ d\end{bmatrix} \tag{4.48}$$

在将控制点的参心坐标向地心坐标转换时，模型的系数矩阵由控制点的参心坐标组成，而观测向量由地心参考框架下的观测量组成。参心坐标系下的控制点受地表沉降、观测手段等因素的限制，系数矩阵中的元素含有粗差的概率要高于观测向量中的元素。此时，不仅要顾及观测向量中含有的粗差，还要对系数矩阵中含有的粗差进行处理。此类问题还存在于其他测绘数据处理模型中，如高程异常拟合、导线网平差、外方位元素解算等。当观测元素中含有粗差，对 EIV 模型的粗差处理算法进行研究时，不仅要关注观测向量中含有粗差的参数估计问题，在诸多情况下，研究系数矩阵与观测向量中同时含有粗差的参数估计算法更符合测绘数据处理的实际特征。这也是 EIV 模型与传统模型的显著区别。

为获得含有粗差的 EIV 模型可靠的参数估值，研究人员将传统粗差处理方法引入到其参数估计算法，普遍的算法是将粗差纳入平差模型的随机模型中，应用等价权函数对含有粗差的观测值进行调节。Schaffrin 和 Uzun（2011）将 EIV 模型中的粗差纳入平差模型的函数模型中，应用统计函数对含有粗差的观测值进行识别。

4.2.1 基于数理统计的粗差识别算法

基于数理统计的粗差识别算法是应用统计函数对模型中含有粗差的观测值进行识别，它是根据观测值的真误差或者改正数，通过统计函数对含有粗差的观测值进行识别，进而剔除，以消除含有粗差的观测值对参数估计的影响。除 2.3.2 节讨论的 F 检验与 4.1.2 节讨论的 u 检验外，在测绘数据处理中应用较为广泛的还有 t 检验与 χ^2 检验。

从正态分布 $N(\mu,\sigma^2)$ 抽得样本容量为 n 的观测样本，假设观测样本的平均数为 $\overline{x}$，则观测样本的中误差 $\hat{\sigma}$ 为

$$\hat{\sigma}=\pm\sqrt{\frac{\sum_{i=1}^{n}(x_i-\overline{x})^2}{n-1}} \tag{4.49}$$

构建 t 统计量为

$$t=\frac{\overline{x}-u}{\hat{\sigma}/\sqrt{n}} \tag{4.50}$$

提出的原假设为

$$H_0:\mu=\mu_0 \tag{4.51}$$

应用 t 统计量对原假设进行检验，当统计量满足给定的置信区间，则原假设成立：

$$P\left\{-t_{\frac{\alpha}{2}}<\frac{\overline{x}-u}{\hat{\sigma}/\sqrt{n}}<t_{\frac{\alpha}{2}}\right\}=1-\alpha \tag{4.52}$$

否则拒绝原假设，即 $H_1:\mu\neq\mu_0$ 成立。应用样本容量为 n 的观测样本的中误差构建服从自由度为 n−1 的 χ^2 分布的统计量：

$$\chi^2=\frac{(n-1)\hat{\sigma}^2}{\sigma^2}=\frac{\sum_{i=1}^{n}(x_i-\overline{x})^2}{\sigma^2} \tag{4.53}$$

应用 χ^2 统计量可以对观测样本的方差进行检测。

Schaffrin 和 Uzun（2011）应用基于拉格朗日函数的总体最小二乘算法，建立了仅观测向量含有一个粗差或者仅模型的系数矩阵中含有一个粗差的 F 统计量，并对粗差进行了检测。根据拉格朗日函数得到目标方程的法方程为

$$(\boldsymbol{N}-\hat{\delta}\boldsymbol{I})\hat{\boldsymbol{x}}=\boldsymbol{B}^{\mathrm{T}}\boldsymbol{P}\boldsymbol{l} \tag{4.54}$$

观测误差引起的法矩阵改正系数的估值 $\hat{\delta}$ 为

$$\hat{\delta}=(1+\hat{\boldsymbol{x}}^{\mathrm{T}}\hat{\boldsymbol{x}})^{-1}(\boldsymbol{l}-\boldsymbol{B}\hat{\boldsymbol{x}})^{\mathrm{T}}\boldsymbol{P}(\boldsymbol{l}-\boldsymbol{B}\hat{\boldsymbol{x}}) \tag{4.55}$$

当观测向量中含有粗差，假设粗差对模型参数估值的扰动性影响为 $\boldsymbol{x}^0$，改进的观测方程为

$$\boldsymbol{v}=(\boldsymbol{B}-\boldsymbol{E}_B)\boldsymbol{x}-\boldsymbol{l}+\boldsymbol{\eta}\boldsymbol{x}^0 \tag{4.56}$$

式中，$\boldsymbol{\eta}$为参数 $\boldsymbol{x}^0$ 的系数矩阵，应用拉格朗日乘数建立的目标方程为

$$\boldsymbol{f}(\boldsymbol{v},\boldsymbol{b},\boldsymbol{\lambda},\boldsymbol{x})=\boldsymbol{v}^{\mathrm{T}}\boldsymbol{Q}^{-1}\boldsymbol{v}+\boldsymbol{b}^{\mathrm{T}}\boldsymbol{Q}_B^{-1}\boldsymbol{b}+2\boldsymbol{\lambda}^{\mathrm{T}}(\boldsymbol{l}+\boldsymbol{v}-\boldsymbol{B}\boldsymbol{x}+\boldsymbol{E}_B\boldsymbol{x}-\boldsymbol{\eta}\boldsymbol{x}^0)=\min \tag{4.57}$$

此时，应用拉格朗日极值函数得到的法方程为

$$(\boldsymbol{N}-\hat{\delta}_i\boldsymbol{I})\hat{\boldsymbol{x}}+\boldsymbol{B}^{\mathrm{T}}\boldsymbol{P}\boldsymbol{\eta}\,\hat{\boldsymbol{x}}^0=\boldsymbol{B}^{\mathrm{T}}\boldsymbol{P}\boldsymbol{l} \tag{4.58}$$

得到的法矩阵改正系数的估值 $\hat{\delta}_i$ 为

$$\hat{\delta}_i=(1+\hat{\boldsymbol{x}}^{\mathrm{T}}\hat{\boldsymbol{x}})^{-1}(\boldsymbol{l}-\boldsymbol{B}\hat{\boldsymbol{x}}-\boldsymbol{\eta}\hat{\boldsymbol{x}}^0)^{\mathrm{T}}\boldsymbol{P}(\boldsymbol{l}-\boldsymbol{B}\hat{\boldsymbol{x}}-\boldsymbol{\eta}\hat{\boldsymbol{x}}^0) \tag{4.59}$$

式中，变量的求解方法请参阅 Schaffrin 等（2008）的研究。提出原假设，当观测向量中不含有粗差时，参数估值的扰动值为 0，即

$$\hat{\delta}_i=0 \tag{4.60}$$

构造 F 统计量：

$$F=\frac{\hat{\delta}-\hat{\delta}_i}{\hat{\delta}_i/(n-m-1)} \tag{4.61}$$

给定显著性水平α，当统计量满足自由度为（1，$n-m-1$）的 F 分布时，即 $F<F_\alpha(1,n-m-1)$，接受原假设，观测向量中不含有粗差；当统计量不满足自由度为（1，$n-m-1$）的 F 分布时，即 $F>F_\alpha(5,n-5-1)$时，拒绝原假设。

当模型系数矩阵中的元素含有粗差时，将观测方程改写为

$$\boldsymbol{v}=(\boldsymbol{B}-\boldsymbol{E}_B)\boldsymbol{x}-\boldsymbol{l}-\boldsymbol{\eta}_j\boldsymbol{x}^0\boldsymbol{\eta}_i\boldsymbol{x} \tag{4.62}$$

此时的目标方程为

$$\boldsymbol{f}(\boldsymbol{v},\boldsymbol{b},\boldsymbol{\lambda},\boldsymbol{x})=\boldsymbol{v}^{\mathrm{T}}\boldsymbol{Q}^{-1}\boldsymbol{v}+\boldsymbol{b}^{\mathrm{T}}\boldsymbol{Q}_B^{-1}\boldsymbol{b}+2\boldsymbol{\lambda}^{\mathrm{T}}\left[(\boldsymbol{B}-\boldsymbol{E}_B)\boldsymbol{x}-\boldsymbol{l}-\boldsymbol{\eta}_j\boldsymbol{x}^0\boldsymbol{\eta}_k\boldsymbol{x}\right]=\min \tag{4.63}$$

应用拉格朗日极值函数得到的法方程为

$$(\boldsymbol{N}-\hat{\delta}_i\boldsymbol{I})\hat{\boldsymbol{x}}+\boldsymbol{B}^{\mathrm{T}}\boldsymbol{P}\boldsymbol{\eta}_j\hat{\boldsymbol{x}}^0\hat{\boldsymbol{x}}=\boldsymbol{B}^{\mathrm{T}}\boldsymbol{P}\boldsymbol{l} \tag{4.64}$$

得到的法矩阵改正系数的估值 $\hat{\delta}_i$ 为

$$\hat{\delta}_i=(1+\hat{\boldsymbol{x}}^{\mathrm{T}}\hat{\boldsymbol{x}})^{-1}(\boldsymbol{l}-\boldsymbol{B}\hat{\boldsymbol{x}}-\boldsymbol{\eta}_j\hat{\boldsymbol{x}}^0\hat{\boldsymbol{x}})^{\mathrm{T}}\boldsymbol{P}(\boldsymbol{l}-\boldsymbol{B}\hat{\boldsymbol{x}}-\boldsymbol{\eta}_j\hat{\boldsymbol{x}}^0\hat{\boldsymbol{x}}) \tag{4.65}$$

根据法矩阵改正系数的估值大小建立统计函数，并对假设条件进行检测。

根据作者可查阅到的资料，应用数理统计的方法识别含有粗差的 EIV 模型的研究成果较为鲜见。仅查阅到 Schaffrin 和 Uzun（2011）的研究文献只讨论系数矩阵或者观测向量中含有一个粗差的情况，方法的适用性有限，且算法没有经过实例进行验证；同时，根据 4.1 节的讨论，该研究没有顾及根据改正数判识真误差对参数估计的影响。应用数

理统计的方法对模型中含有粗差的观测值进行识别，需要关注约束准则会对观测误差进行平摊、均分的现象，观测数据的不确定性会转换。在含有粗差的 EIV 模型参数估计中，总体最小二乘准则同样会对误差进行平摊、均分，含有粗差的观测值也不一定能够得到相应的较大改正数，这种情况会影响统计函数的正确判断。宋迎春等（2015）的相关研究结果表明，总体最小二乘准则会使 EIV 模型的系数矩阵与观测向量中观测元素的误差相互转移，模型的不确定性高于传统模型。上述因素降低了应用数理统计进行 EIV 模型中粗差识别的有效性。

4.2.2 基于等价权函数的抗差算法

抗差估计是应用等价权函数与估计原理进行有机结合，抗差估计算法的实质往往是对等价权函数的设计。周江文（1989）根据测绘数据的特征，给出了一种 IGG 权函数：

$$\overline{P}_i=\begin{cases}P_i, & |\hat{v}|\leqslant a\\ P_i a/|\hat{v}_i|, & a<|\hat{v}|\leqslant b\\ 0, & b<|\hat{v}|\end{cases} \tag{4.66}$$

式中，$a=1.5\sigma$，$b=2.5\sigma$。可以从两个方面来分析等价权函数包含的意义：①从观测值分布的区间，可以将观测值划分为正常区间（有效观测值）、可利用区间（精度较差的可利用观测值）、拒绝区间（含有粗差的有害观测值）。②根据上述三类观测值的区间，可以将权定义的区间划分为保权区（有效观测值）、降权区（可利用观测值）、拒绝区（含有粗差的观测值）。

抗差估计的基本效率应该由占观测数据主体的保权区观测值来保证，抗差估计的可靠性应该由处于降权区的观测值的权来保障，而拒绝区则体现了抗差估计的抗差能力。IGG 权函数的定义表明，当误差处于$\pm 1.5\sigma$区间时，观测值对应的权值不变，根据正态分布的特征，此时大部分观测值处于这个区间；当误差的绝对值处于［$1.5\sigma \quad 2.5\sigma$］时，根据正态分布，这个区间的观测值约占 13%，区间内的观测值不能完全拒绝，但是要限制其对参数估计的不利影响，因此，应该对相应观测值进行降权处理；当观测值的误差超出［$-2.5\sigma \quad 2.5\sigma$］时，根据正态分布的特征，误差超出［$-2.5\sigma \quad 2.5\sigma$］的观测值仅占 1%，因此，应该剔除这部分观测值。由此可见，IGG 权函数充分考虑了测绘数据具有的随机误差分布实际特征。

根据 IGG 权函数建立总体最小二乘的迭代算法。设平差模型的函数模型为

$$\boldsymbol{v}=\boldsymbol{Bx}-\boldsymbol{l} \tag{4.67}$$

随机模型为

$$\boldsymbol{v}\sim N(0,\sigma_0^2\boldsymbol{P}^{-1}) \tag{4.68}$$

EIV 模型为

$$\boldsymbol{v}=(\boldsymbol{B}+\boldsymbol{E}_B)\boldsymbol{x}-\boldsymbol{l} \tag{4.69}$$

仅含有随机误差的观测值 y_i 的随机模型为

$$y_i\sim N(E(y_i),\sigma^2) \tag{4.70}$$

将观测值 y_j 含有的粗差纳入随机模型中：

$$y_j \sim N(E(y_i), a\sigma^2)\ (a>1) \tag{4.71}$$

系数矩阵中含有的误差模型可以由式（4.70）和式（4.71）表示。根据总体最小二乘准则：

$$\boldsymbol{v}^{\mathrm{T}}\boldsymbol{P}\boldsymbol{v}+\boldsymbol{b}^{\mathrm{T}}\boldsymbol{P}_B\boldsymbol{b}=\min \tag{4.72}$$

应用拉格朗日函数建立目标函数模型：

$$\boldsymbol{f}(\boldsymbol{v},\boldsymbol{b},\boldsymbol{\lambda},\hat{\boldsymbol{x}})=\boldsymbol{v}^{\mathrm{T}}\boldsymbol{P}\boldsymbol{v}+\boldsymbol{b}^{\mathrm{T}}\boldsymbol{P}_B\boldsymbol{b}+2\boldsymbol{\lambda}^{\mathrm{T}}(\boldsymbol{l}+\boldsymbol{v}-\boldsymbol{B}\hat{\boldsymbol{x}}-\boldsymbol{E}_B\hat{\boldsymbol{x}})=\min \tag{4.73}$$

参数总体最小二乘估值为（具体算法请参阅 3.2.3 节）

$$\hat{\boldsymbol{x}}=(\boldsymbol{B}^{\mathrm{T}}(\boldsymbol{Q}+((\hat{\boldsymbol{x}}^{\mathrm{T}}\boldsymbol{Q}_0\hat{\boldsymbol{x}})\boldsymbol{Q}_b)^{-1}\boldsymbol{B}-\hat{\boldsymbol{\delta}}\boldsymbol{Q}_0)^{-1}\boldsymbol{B}^{\mathrm{T}}(\boldsymbol{Q}+(\hat{\boldsymbol{x}}^{\mathrm{T}}\boldsymbol{Q}_0\hat{\boldsymbol{x}})\boldsymbol{Q}_b)^{-1}\boldsymbol{l} \tag{4.74}$$

根据参数的估值，获得拉格朗日乘数的估值 $\hat{\boldsymbol{\lambda}}$ 为

$$\hat{\boldsymbol{\lambda}}=(\boldsymbol{Q}+(\hat{\boldsymbol{x}}^{\mathrm{T}}\boldsymbol{Q}_0\hat{\boldsymbol{x}})\boldsymbol{Q}_b)^{-1}(\boldsymbol{l}-\boldsymbol{B}\hat{\boldsymbol{x}}) \tag{4.75}$$

观测向量中含有的误差向量的估值 $\hat{\boldsymbol{v}}$ 为

$$\hat{\boldsymbol{v}}=-\boldsymbol{Q}(\boldsymbol{Q}+(\hat{\boldsymbol{x}}^{\mathrm{T}}\boldsymbol{Q}_0\hat{\boldsymbol{x}})\boldsymbol{Q}_b)^{-1}(\boldsymbol{l}-\boldsymbol{B}\hat{\boldsymbol{x}}) \tag{4.76}$$

系数矩阵中含有的误差矩阵的估值为

$$\hat{\boldsymbol{E}}_B=\boldsymbol{Q}_b(\boldsymbol{Q}+(\hat{\boldsymbol{x}}^{\mathrm{T}}\boldsymbol{Q}_0\hat{\boldsymbol{x}})\boldsymbol{Q}_b)^{-1}(\boldsymbol{l}-\boldsymbol{B}\hat{\boldsymbol{x}})\hat{\boldsymbol{x}}^{\mathrm{T}}\boldsymbol{Q}_0 \tag{4.77}$$

在计算观测值的中误差时，可以根据单位权方差的无偏估值［3.2.5 节，式（3.76）］计算

$$\hat{\sigma}_0^2=\frac{(\boldsymbol{l}-\boldsymbol{B}\hat{\boldsymbol{x}})^{\mathrm{T}}\boldsymbol{P}_1(\boldsymbol{l}-\boldsymbol{B}\hat{\boldsymbol{x}})}{r}-\delta\hat{\sigma}_0^2 \tag{4.78}$$

计算观测值方差的估值：

$$\hat{\sigma}^2=\frac{\hat{\sigma}_0^2}{P_i} \tag{4.79}$$

在平差模型中，观测向量与系数矩阵中的元素可能由不同的观测方法得到，其精度量级可能有差异，因此，它们的中误差不相等。应用 IGG 权函数建立抗差估计迭代算法。

1）根据拉格朗日函数迭代算法计算观测向量中含有的误差向量与系数矩阵中含有的误差矩阵的估值 $\hat{\boldsymbol{v}}$ 、 $\hat{\boldsymbol{E}}_B$ 。

2）根据式（4.78）和式（4.79）计算观测值中误差的估值 $\hat{\sigma}$ ，应用 IGG 权函数对观测值进行重新定权。

3）根据重新计算的权矩阵确定随机模型，应用拉格朗日函数迭代算法计算参数的估值。

4）重复步骤 1）～3），直至参数估值收敛。

除通过参数估值是否收敛作为判别迭代是否结束的依据外，如果模型中观测向量与系数矩阵中的元素是不同类型的观测值，其迭代计算也可以通过随机模型的验后估计完成，如通过最小二乘方差分量估计、赫尔默特方差估计等。具体算法请参阅 2.3.4 节以及相关研究（武汉大学测绘学院测量平差学科组，2003）。

应用总体最小二乘准则进行 EIV 模型参数估计，由于观测元素的随机模型存在误

差，无论是系数矩阵还是观测向量，对它们的观测元素进行精度统计时，相关研究表明均不能做到无偏。由单一的单位权中误差计算观测值或其函数的中误差，会放大随机模型误差对参数估值的影响。针对基于等价权函数的总体最小二乘抗差估计算法中存在的缺陷，作者采用中位数法确定模型参数的初值，对模型的观测向量与系数矩阵中的观测元素进行分类定权，避免中误差估计偏差与随机模型误差对等价权函数抗差性的影响，分类确定系数矩阵与观测向量中观测值的中误差，并据此确定其权函数的阈值，同时进行抗差估计。

4.2.3 基于中位数的抗差算法

直接将经典的抗差估计理论应用至 EIV 模型，作者认为存在两方面的缺陷：①EIV 模型的系数矩阵中的元素与观测向量中的元素精度不等，统一根据单位权中误差确定它们等价权函数的阈值并不合理；②应用总体最小二乘理论进行参数估计时，随机模型存在误差，通过调节观测值的权值来实现抗差性，会放大随机模型误差对算法的影响，算法的普适性值得商榷。现阶段，总体最小二乘抗差估计的一般算法是根据参数的总体最小二乘解，求取模型的观测向量和系数矩阵的改正数，根据改正数的大小，应用等价权函数对相应的观测元素进行重新定权，并根据重新定义的随机模型对参数估值进行迭代求解。以 Schaffrin 和 Wieser（2008）建立的基于拉格朗日函数的总体最小二乘算法为例，其参数的总体最小二乘估值 $\hat{\boldsymbol{x}}$、观测向量改正数 $\hat{\boldsymbol{v}}$、系数矩阵中含有的误差矩阵 $\hat{\boldsymbol{E}}_{\boldsymbol{B}}$ 的估值分别为

$$\begin{cases}\hat{\boldsymbol{x}}=\{\boldsymbol{B}^{\mathrm{T}}[\boldsymbol{Q}+(\hat{\boldsymbol{x}}^{\mathrm{T}}\boldsymbol{Q}_0\hat{\boldsymbol{x}})\boldsymbol{Q}_b]^{-1}\boldsymbol{B}-\hat{\delta}\boldsymbol{Q}_0\}^{-1}\boldsymbol{B}^{\mathrm{T}}[\boldsymbol{Q}+(\hat{\boldsymbol{x}}^{\mathrm{T}}\boldsymbol{Q}_0\hat{\boldsymbol{x}})\boldsymbol{Q}_b]^{-1}\boldsymbol{l}\\ \hat{\boldsymbol{v}}=-\boldsymbol{Q}\hat{\boldsymbol{\lambda}}\\ \hat{\boldsymbol{E}}_{\boldsymbol{B}}=\boldsymbol{Q}_b\hat{\boldsymbol{\lambda}}\hat{\boldsymbol{x}}^{\mathrm{T}}\boldsymbol{Q}_0\end{cases}\tag{4.80}$$

式中，变量的含义与参数的具体求解方法请参阅 3.2.3 节与相关研究（Schaffrin and Wieser，2008）。根据观测向量与系数矩阵中改正数的估值，应用等价权函数对相应观测值进行重新定权，根据重新定义的权值迭代求解参数估值，直至其收敛。

上述算法是现有研究成果中，实现总体最小二乘抗差估计的普遍思路，其优点是理论基础成熟、算法的抗差性容易实现。但是结合 EIV 模型的特点，根据上述分析，直接将经典测量平差抗差理论引用至 EIV 模型抗差估计缺点也是显而易见的。为克服观测向量与系数矩阵中的观测元素精度不等，以及随机模型误差对总体最小二乘抗差性的影响，基于中位数建立总体最小二乘抗差估计算法。假设观测向量的维数为 $n\times1$，模型参数的维数为 $m\times1$（$n>m$），在保证能够对参数估值进行精度评定的基础上，可以获得 C_n^{m+1} 组参数估值。模型参数的第 i 个元素重新组成 $\mathrm{C}_n^{m+1}\times1$ 维向量，即

$$\hat{\boldsymbol{x}}^i=\left[\hat{x}_1^i\ \hat{x}_2^i\cdots\hat{x}_{\mathrm{C}_n^{m+1}}^i\right]\tag{4.81}$$

求取参数的第 i 个元素的中位数为 median（$\hat{\boldsymbol{x}}^i$），则模型参数的中位数向量 $\hat{\boldsymbol{x}}_{\mathrm{med}}$ 为

$$\hat{\boldsymbol{x}}_{\mathrm{med}}=\left[\mathrm{median}(\hat{\boldsymbol{x}}^1)\ \mathrm{median}(\hat{\boldsymbol{x}}^2)\cdots\mathrm{median}(\hat{\boldsymbol{x}}^m)\right]^{\mathrm{T}}\tag{4.82}$$

根据模型的中位数参数向量$\hat{\boldsymbol{x}}_{\text{med}}$，应用式（4.80）计算观测向量与系数矩阵中含有的误差向量的估值$\hat{\boldsymbol{v}}$、$\hat{\boldsymbol{b}}$，其中，$\hat{\boldsymbol{v}}=[\hat{v}_1\ \hat{v}_2\cdots\hat{v}_n]^{\mathrm{T}}$，$\hat{\boldsymbol{b}}=[\hat{b}_1\ \hat{b}_2\cdots\hat{b}_{n\times m}]^{\mathrm{T}}$（$\hat{\boldsymbol{b}}$为矩阵$\hat{\boldsymbol{E}}$按列拉直得到的列向量）。定义误差向量的中位数为

$$\hat{\boldsymbol{v}}_{\text{med}}=\sqrt{\text{median}([\hat{v}_1^2\ \hat{v}_2^2\cdots\hat{v}_n^2])} \tag{4.83}$$

$$\hat{\boldsymbol{b}}_{\text{med}}=\sqrt{\text{median}([\hat{b}_1^2\ \hat{b}_2^2\cdots\hat{b}_{n\times m}^2])} \tag{4.84}$$

依据绝对误差中位数与中误差的关系，分类确定观测向量与系数矩阵中的观测元素对应的中误差$\sigma_L=1.483\hat{\boldsymbol{v}}_{\text{med}}$、$\sigma_B=1.483\hat{\boldsymbol{b}}_{\text{med}}$。此时，可以应用抗差权函数重新对观测元素进行分类定权$\overline{P}_L^i$、$\overline{P}_B^i$。根据重新定义的权值迭代求解C_n^{m+1}组参数估值，并求取参数的中位数值$\hat{\boldsymbol{x}}_{\text{med}}$［式（4.82）］。计算各组模型参数的估值与中位数的差值向量$\mathrm{d}\hat{\boldsymbol{x}}^i=\boldsymbol{x}^i-\hat{\boldsymbol{x}}_{\text{med}}$，以$\mathrm{C}_n^{m+1}$组中差值向量的最小范数$\mathrm{d}\hat{x}_{\min}$对应的参数估值作为参数的最优估值。

$$\mathrm{d}\hat{x}_{\min}=\min(\|\mathrm{d}\hat{\boldsymbol{x}}^1\|,\|\mathrm{d}\hat{\boldsymbol{x}}^2\|,\cdots,\|\mathrm{d}\hat{\boldsymbol{x}}^{\mathrm{C}_n^{m+1}}\|) \tag{4.85}$$

应用中位数法确定参数的估值，可以有效降低含有粗差的观测值对参数估值的影响，相关研究结果表明，其崩溃污染率可以达到 50%。根据模型的观测向量与系数矩阵中观测元素的改正数，应用中位数法分类确定它们的中误差，并进行分类定权的总体最小二乘抗差估计算法，可以有效减小观测向量与系数矩阵中的观测元素实际精度不等，以及随机模型误差对权函数阈值确定的影响。采用中位数法建立的抗差估计算法在测绘数据处理中的应用将于 4.3.1 节进一步论述。

4.2.4 基于方差分量估计的抗差算法

方差分量估计是进行随机模型验后估计的有效方法，一直受到研究人员的关注，主要算法有赫尔默特方差估计、最小范数二次无偏估计、最优不变二次无偏估计。最小二乘方差分量估计被证明是一致优于其他方差估计的算法，Teunissen 和 Amiri-Simkooei（2008）应用 LS-VEC 改正总体最小二乘随机模型，在此基础上建立了抗差总体最小二乘参数估计的迭代算法。当不顾及系数矩阵中的误差时，EIV 模型退化为高斯-马尔可夫模型：

$$\boldsymbol{v}=\boldsymbol{Bx}-\boldsymbol{L} \tag{4.86}$$

设观测向量$\boldsymbol{L}$对应的协方差矩阵为$\boldsymbol{D}(\boldsymbol{l})$，并将其表示为观测元素中误差的函数：

$$\boldsymbol{D}(\boldsymbol{l})=\boldsymbol{Q}_l=Q_0^l+\sum_{k=1}^{P_1}\sigma_k^l Q_k^l \tag{4.87}$$

式中，Q_0^l为固定常数；σ_k^l为观测元素的方差；Q_k^l为观测元素的协因数。其中，σ_k^l为待估参数；Q_k^l为已知值。待估参数σ_k^l组成的列向量$\boldsymbol{\sigma}^l=[\sigma_1^l\ \sigma_2^l\cdots\ \sigma_{p1}^l]^{\mathrm{T}}$，其最小二乘方差分量估值为

$$\hat{\boldsymbol{\sigma}}^l=\boldsymbol{N}_1^{-1}\boldsymbol{l}_1 \tag{4.88}$$

式中，$\boldsymbol{N}_1^{-1}$ 为 $p_1 \times p_1$ 维矩阵；$\boldsymbol{l}_1$ 为 p_1 维列向量，它们中的元素 n_{ij}、l_i 分别为

$$n_{ij} = \mathrm{tr}(Q_i \boldsymbol{Q}_l^{-1} \boldsymbol{R} Q_j \boldsymbol{Q}_l^{-1} \boldsymbol{R}) \tag{4.89}$$

$$l_i = \hat{\boldsymbol{v}}^{\mathrm{T}} \boldsymbol{Q}_l^{-1} Q_i \boldsymbol{Q}_l^{-1} \hat{\boldsymbol{v}} - \mathrm{tr}(Q_0 \boldsymbol{Q}_l^{-1} \boldsymbol{R} Q_i \boldsymbol{Q}_l^{-1} \boldsymbol{R}) \tag{4.90}$$

式中，$i, j = 1, 2, \cdots, p_1$，正交投影矩阵 $\boldsymbol{R} = \boldsymbol{I} - \boldsymbol{B}(\boldsymbol{B}^{\mathrm{T}} \boldsymbol{Q}_l^{-1} \boldsymbol{B})^{-1} \boldsymbol{B}^{\mathrm{T}} \boldsymbol{Q}_l^{-1}$；$\boldsymbol{Q}_l$ 与 $\boldsymbol{R}$ 均为关于待估参数 $\boldsymbol{\sigma}^l$ 的函数，因此，待估参数需要通过式（4.88）进行迭代计算。

EIV 模型系数矩阵 $\boldsymbol{B}$ 对应的协方差矩阵为 $\boldsymbol{D}(\boldsymbol{B})$，将其表示为系数矩阵中观测元素的中误差函数：

$$\boldsymbol{D}(\boldsymbol{B}) = \boldsymbol{Q}_B = Q_0^B + \sum_{k=P_1+1}^{P_2} \sigma_k^B Q_k^B \tag{4.91}$$

式中，$\boldsymbol{Q}_0^B$ 为固定常数；σ_k^B 为观测元素的方差；$\boldsymbol{Q}_k^B$ 为观测元素的协因数。其中，σ_k^B 为待估参数；Q_k^B 为已知值。EIV 模型的随机模型待估参数数量由 p_1 个扩展到 p_2 个，应用式（4.88）可以获得待估参数的估值。

应用 LS-VEC 建立 EIV 模型参数估计的抗差迭代算法。

1）赋予协方差函数中待估参数 σ_k（$k \in [1\ P_2]$）初值，并且应用最小二乘准则获得参数向量的估值：$\hat{\boldsymbol{x}}_0 = (\boldsymbol{B}^{\mathrm{T}} \boldsymbol{Q}_l^{-1} \boldsymbol{B})^{-1} \boldsymbol{B}^{\mathrm{T}} \boldsymbol{Q}_l^{-1} \boldsymbol{L}$。

2）应用式（4.87）和式（4.91）计算观测向量与系数矩阵的协因数矩阵 $\boldsymbol{Q}_l$、$\boldsymbol{Q}_B$。

3）根据 EIV 模型的总体最小二乘解，以及系数矩阵与观测向量中误差向量的估值，并用其对观测向量与系数矩阵进行改正，由改正后的观测向量、系数矩阵与调节后的协因数矩阵计算正交投影矩阵 $\boldsymbol{R}$、元素 n_{ij}、l_i，以确定 $\boldsymbol{N}_1$、$\boldsymbol{l}_1$，并且应用式（4.88）计算待估向量 σ_k。

4）应用权函数对观测元素进行分类定权。需要指出的是，当 EIV 模型的观测向量与系数矩阵中的观测元素属于不同的精度类型时，权函数的阈值也可以采用标准化残差（Wang et al.，2016）、敏感度分析（赵俊和归庆明，2016）、中位函数（陶叶青等，2016）等进行分类确定。

5）迭代步骤 2）～4），直到参数估值收敛。

4.2.5 抗差总体最小二乘理论存在的问题与其处理方法

对参数估计理论进行研究的同时，研究人员将经典测量平差模型中存在的粗差处理问题引入 EIV 模型中，并进行讨论。粗差是指观测数据中含有的较大误差或者离群误差。受诸多因素的影响，测绘数据中会含有粗差，且含有粗差的观测数据使模型的平差结果产生扭曲。针对含有粗差的测绘数据处理问题，Huber（1964）、周江文（1989）、Yang（1999）提出并建立了行之有效的粗差检测与处理的理论方法。粗差的识别与调节是消除或者降低粗差对平差结果影响的两种主要方法，4.2.1 节讨论了 Schaffrin 和 Uzun（2011）应用粗差识别理论讨论含有粗差的 EIV 模型参数估计问题，除此之外，基于粗差识别理论的总体最小二乘参数估计研究成果较为鲜见。抗差估计是解决含有粗差的

EIV 模型参数估计问题的主要方法，并得到了广泛关注与应用，其算法的一般思路在 4.2.2 节已经进行过阐述。

应用等价权函数，根据观测误差的估值，对观测值进行迭代定权的总体最小二乘抗差算法保持了传统最小二乘抗差算法的优点，因此得到了研究人员的广泛关注，并取得了丰富的研究成果：陈义和陆珏（2012）应用高斯-赫尔默特模型与 Huber 权函数，建立了抗差总体最小二乘算法，并将其应用到空间三维坐标转换中；随后，Mahboub 等（2013）、龚循强和李志林（2014）、Lu 等（2014）、王彬等（2015）根据总体最小二乘极值算法，结合等价权函数，建立总体最小二乘抗差估计算法，并通过应用实例证明算法的可行性。此外，除将粗差纳入随机模型中外，应用等价权函数对含有粗差的观测值进行调节；Schaffrin 和 Uzun（2011）将粗差纳入了函数模型中，并应用统计函数对含有粗差的观测值进行了识别并剔除，达到了消除粗差对总体最小二乘参数估计影响的目的。但是 Schaffrin 和 Uzun（2011）只是在理论上对算法进行了阐述，算法的可行性并没有得到实例的验证，且没有顾及模型的随机性质。

针对 EIV 模型中含有粗差的参数估计问题，目前采取的主要方法是应用权函数进行调节，将传统 M 估计理论应用至 EIV 模型中。无论对粗差进行调节还是识别，EIV 模型的粗差处理方法趋同于最小二乘模型，这样的处理思路是否完全合理，需要进一步讨论。

根据 EIV 模型的定义，在测绘数据处理中，往往系数矩阵中的观测元素与观测向量中的元素并不是同一类观测值，系数矩阵与观测向量分属不同的精度量级。以常用的空间转换模型为例：

$$\begin{bmatrix} X_2^1 \\ Y_2^1 \\ Z_2^1 \\ \vdots \\ X_2^n \\ Y_2^n \\ Z_2^n \end{bmatrix} = \begin{bmatrix} 1 & 0 & 0 & 0 & -Z_1^1 & Y_1^1 & X_1^1 \\ 0 & 1 & 0 & Z_1^1 & 0 & -X_1^1 & Y_1^1 \\ 0 & 0 & 1 & -Y_1^1 & X_1^1 & 0 & Z_1^1 \\ \vdots & \vdots & \vdots & \vdots & \vdots & \vdots & \vdots \\ 1 & 0 & 0 & 0 & -Z_1^n & Y_1^n & X_1^n \\ 0 & 1 & 0 & Z_1^n & 0 & -X_1^n & Y_1^n \\ 0 & 0 & 1 & -Y_1^n & X_1^n & 0 & Z_1^n \end{bmatrix} \begin{bmatrix} X_0 \\ Y_0 \\ Z_0 \\ \varepsilon_X \\ \varepsilon_Y \\ \varepsilon_Z \\ \delta\mu \end{bmatrix} \tag{4.92}$$

应用式（4.92）实现了我国参心坐标系向地心坐标系的转换，系数矩阵中的观测元素由参心坐标系中的控制点坐标组成，观测向量由地心坐标系中的坐标组成，相关实践证明，两者在精度上至少相差一个量级。从精度的角度来看，系数矩阵中的观测元素含有的随机误差相对于观测向量中含有的误差是粗差。宋迎春等（2015）研究表明在参数求解过程中，约束准则会对误差进行平摊，使系数矩阵与观测向量中含有的误差相互转移。在总体最小二乘平差模型中，不确定性的转移会导致精度较高的观测值得到较大的改正数，使抗差估计算法失效。王乐洋和许才军（2011）通过定义权比参数，改进总体最小二乘准则［式（4.93）］，提出附有相对权比的总体最小二乘平差，以改善系数矩阵与观测向量精度不等对参数估计的影响。

$$\lambda \boldsymbol{v}^{\mathrm{T}} \boldsymbol{P} \boldsymbol{v} + (1-\lambda) \boldsymbol{b}^{\mathrm{T}} \boldsymbol{P}_B \boldsymbol{b} = \min \tag{4.93}$$

式中，λ为权比参数。值得关注的是其建立的附有相对权比的总体最小二乘算法需要随机模型精确已知，在测绘数据处理中随机模型难以精确确定，且随机模型误差对参数估计有扰动（许才军，1992）。

在没有揭示系数矩阵与观测向量间误差转移规律的条件下，直接根据残差改正数进行粗差的识别与调节，算法的通用性与有效性值得商榷。此外，EIV 模型是非线性模型，在有限观测元素条件下得到的单位权中误差是有偏的；模型的系数矩阵与观测向量中的元素精度不等，根据单位权中误差统一确定权函数阈值的方法并不合理。如果顾及随机模型误差，当应用总体最小二乘抗差算法进行参数估计时，会进一步放大随机模型误差对参数估计的影响。

在导线网平差、高程异常拟合、外方位元素解算等抗差总体最小二乘理论的应用中，同样存在上述问题。

通过改正数大小判断观测值含有残差大小建立的总体最小二乘粗差处理方法的有效性受到了研究人员的关注，Wang 等（2016）为减小改正数偏差对总体最小二乘抗差算法的影响，通过标准化残差确定了观测值的权值，改进了抗差总体最小二乘算法中的等价权函数，其给出的标准化残差为

$$\tilde{v}_i = \frac{\hat{v}_i}{\sigma_0 \sqrt{Q_{\hat{v}i}}} \tag{4.94}$$

式中，$Q_{\hat{v}i}$ 为残差对应的协因数。标准化残差使得不同大小的残差值具有可比性，但是并没有解决参数估计模型中残差的方差不等对参数估计的影响。

赵俊和归庆明（2016）在部分变量误差 （partial errors-in-variables） 模型的基础上，应用敏感度分析，构造了适用于部分变量误差模型的统计量，并建立了抗差估计算法，同时给出了基于其构造的统计量的抗差估计算法，并认为算法优于基于残差或标准化残差的抗差估计，但是结论没有在实例中做进一步验证；本书作者应用中位数法单独对系数矩阵与观测向量中的随机模型进行调节的方案优于同时对系数矩阵与观测向量中的随机模型进行调节的方案（4.2.3 节），但是这样的结论没有理论依据做支撑，因此，算法的通用性还需要进一步研究。

在 EIV 模型的抗差估计中，研究人员对以残差为基础重新构建随机模型的方法进行改进的同时，对单位权中误差的计算进行了研究。等价权函数中分段函数的阈值一般由单位权中误差确定，EIV 模型作为一种非线性估计模型，在有限观测次数条件下，得到的单位权中误差是有偏的。由此，Shen 等（2011）应用拉格朗日极值函数，建立单位权中误差的无偏估计算法，其建立的单位权中误差无偏估计的迭代函数为

$$\hat{\sigma}_0^2 = \frac{(\boldsymbol{l} - \boldsymbol{B}\hat{\boldsymbol{x}})^{\mathrm{T}} \boldsymbol{Q}_l^{-1} (\boldsymbol{l} - \boldsymbol{B}\hat{\boldsymbol{x}}) - \delta b}{r} \tag{4.95}$$

式中，$\boldsymbol{Q}_l^{-1}$ 为关于协因数矩阵与参数估值的函数；δb 为中误差估计的改正项，通过迭代计算可以得到 EIV 模型 $\hat{\sigma}_0^2$ 的无偏估值。但是，在含有粗差条件下的单位权中误差无偏

估计，以及无偏估计理论在 EIV 模型抗差估计中的应用缺乏进一步的研究。为克服粗差对单位权中误差估计的影响，合理确定等价权函数的阈值，采用中位数法计算中误差被应用在不同的抗差估计算法中（Wang et al.，2016；赵俊和归庆明，2016）。

$$\begin{cases}\hat{v}_{\text{med}} = \sqrt{\text{med}([\hat{v}_1^2\ \hat{v}_2^2 \cdots \hat{v}_n^2])} \\ \hat{\sigma} = 1.483\hat{v}_{\text{med}}\end{cases} \tag{4.96}$$

式中，med（•）为中位数函数。在含有粗差的 EIV 模型中，单位权中误差无偏估计缺乏有效算法的情况下，应用中位数法可以增加算法的抗差性，获取稳健的参数估值。

抗差估计是将粗差纳入平差模型的随机模型中，通过权函数调节观测值的权值，获得稳健的参数估值。与最小二乘抗差估计相比，EIV 模型的总体最小二乘抗差估计既具有共性问题，也具有个性问题，研究人员对其具有的个性问题进行了针对性研究，但是目前还没有通用性好、一致优于其他算法的方法被提出。随机模型可以通过验后估计的方法确定，其中方差分量估计是确定随机模型的有效方法，Teunissen 和 Amiri-Simkooei（2008）建立的最小二乘方差分量估计算法被应用在 EIV 模型的参数估计中，这为抗差总体最小二乘理论的发展提供了另一条途径。随机模型验后估计在 EIV 模型参数估计，特别是在抗差估计中的应用需要进一步的研究与拓展。

4.3 抗差估计理论在测绘数据处理中的应用

4.3.1 基于中位数算法的两个应用

本书作者应用直线方程拟合对 4.2.3 节讨论的中位数法抗差总体最小二乘估计进行了讨论（陶叶青等，2016），并与 4.2.2 节讨论的基于等价权函数的传统抗差估计算法进行了比较。设直线方程为 $y=a_0x+a_1$，方程参数的模拟值 $a_0=0.5$、$a_1=10$。直线上的点共有 10 个，其 x 轴的坐标值见表 4.1。根据点的 x 轴坐标与方程参数的模拟值，计算点的 y 轴坐标，见表 4.1。点坐标严格满足模拟参数所确定的直线方程，可以将其作为观测元素的真值。

表 4.1　点坐标的模拟值　　单位：m

点号	x	y	点号	x	y
1	10	15	6	35	27.5
2	15	17.5	7	40	30
3	20	20	8	45	32.5
4	25	22.5	9	50	35
5	30	25	10	55	37.5

当有 n 个观测值时，直线的观测方程可表示为

$$\underset{L}{\begin{bmatrix} y_1 \\ \vdots \\ y_n \end{bmatrix}} = \underset{B}{\begin{bmatrix} x_1 & 1 \\ \vdots & \vdots \\ x_n & 1 \end{bmatrix}} \underset{x}{\begin{bmatrix} a_0 \\ a_1 \end{bmatrix}} \tag{4.97}$$

将点 1 的 x 轴坐标、点 2 的 y 轴坐标混入 4～5dm 的粗差，点 1、2、3、4 的其余坐标混入 1～6cm 的随机误差，应用混入误差的点 1、2、3、4 作为观测值求解模型参数，混入误差的点坐标见表 4.2。

表 4.2　混入误差的点坐标　　单位：m

点号	x	y	点号	x	y
1	10.45	15.03	3	19.95	19.98
2	15.06	17.9	4	24.95	22.47

为模拟 EIV 模型的观测向量与系数矩阵中的观测元素精度不等，在混入的误差中，x 轴方向的误差值高于 y 轴方向的误差。其余点不混入误差，作为检核点，以对模型的拟合精度进行检核。

应用 4.2.3 节讨论的中位数法求解模型参数，将选取的点 1、2、3、4 分为四组，即（1、2、3），（1、2、4），（1、3、4），（2、3、4），应用拉格朗日函数迭代算法分别求解模型参数的初值。求解的基于中位数的估值见表 4.3。根据基于等价权函数的 EIV 模型抗差估计算法，应用点 1、2、3、4 求解的模型参数见表 4.3。模型的观测向量与系数矩阵的权矩阵的初始值均取为单位 1，以四个点同时求解为例，协因数矩阵的取值分别为

$$\boldsymbol{Q} = \begin{bmatrix} 1 & 0 & 0 & 0 \\ 0 & 1 & 0 & 0 \\ 0 & 0 & 1 & 0 \\ 0 & 0 & 0 & 1 \end{bmatrix}，\ \boldsymbol{Q}_b = \begin{bmatrix} 1 & 0 & 0 & 0 \\ 0 & 1 & 0 & 0 \\ 0 & 0 & 1 & 0 \\ 0 & 0 & 0 & 1 \end{bmatrix}，\ \boldsymbol{Q}_0 = \begin{bmatrix} 1 & 0 \\ 0 & 0 \end{bmatrix}，\ \boldsymbol{Q}_B = \boldsymbol{Q}_0 \otimes \boldsymbol{Q}_b。$$

根据表 4.2 中观测点混入误差的特征，此时定义的随机模型存在误差。分别根据等价权函数算法与中位数算法，经过三次迭代计算获得模型参数的估值、改正数的估值、中误差的估值，见表 4.3。

表 4.3　不同算法获得的估值

算法	参数估值		观测向量改正数的估值/m				系数矩阵改正数的估值/m				中误差的估值/m
1	0.504	9.969	−0.166	0.269	−0.039	−0.064	0.084	−0.136	0.020	0.032	0.257
2	0.510	9.849	−0.117	0.295	−0.033	−0.080	0.060	−0.151	0.017	0.041	0.146/0.074

注：1 表示基于等价权函数的抗差算法，2 表示中位数算法；系数矩阵中的常向量改正数为 0，故只列出其观测值组成的列向量对应的改正数估值。中误差 0.146/0.074 分别表示观测向量与系数矩阵对应的中误差。

由于总体最小二乘准则或者最小二乘准则会对观测值中的误差进行平摊，并且应用等价权函数算法得到的中误差是有偏的，表 4.3 的结果表明，如果根据传统算法，应用权函数并不能有效地根据含有粗差的观测值对参数进行抗差估计。应用表 4.3 中由中位

数法得到的各类估值，根据权函数对观测向量与系数矩阵中的观测元素进行分类定权，并继续进行迭代计算，且以最小范数解作为模型参数的最终估值［式（4.85)］。

当观测样本有限时，EIV 模型的总体最小二乘估计是一种有偏估计，因此，不以中误差作为精度的评定标准，根据总体最小二乘的几何意义，以检核点（表 3.1，点 5、6、7、8、9、10）到拟合直线垂直距离的真值与拟合值之差 ΔD 作为精度的评定标准，比较不同算法的拟合精度：

$$\Delta D=\frac{|\Delta y|}{\sqrt{1+a_0^2}} \tag{4.98}$$

式中，Δy 为检核点 y 坐标的真值与拟合值的差值。不同算法拟合的精度见表 4.4。结果表明，本书提出的基于中位数的 EIV 模型抗差总体最小二乘算法拟合精度高于应用等价权函数的总体最小二乘抗差算法，建立的应用中位数法对模型的观测向量与系数矩阵中的观测元素进行分类定权的思想是可行的。在相同观测样本条件下，基于中位数的抗差算法拟合的模型精度更高。

表 4.4 不同算法拟合的精度

算法	点号					
	5	6	7	8	9	10
1	−0.0859	−0.1048	−0.1237	−0.1426	−0.1614	−0.1803
2	−0.0663	−0.0788	−0.0913	−0.1038	−0.1163	−0.1288

注：1 表示基于等价权函数算法，2 表示中位数算法。

在上述算例中，为了使应用中位数法求解模型参数时，每组观测值中都含有粗差，分别在不同的点中加入粗差。当应用中位数法求解模型参数时，每组观测样本数小于传统算法，使样本的粗差污染率变大。如果只在上述观测点中的一个观测点的纵横坐标中加入粗差，基于中位数的抗差算法在拟合的模型精度上更有优势，在此，不再罗列数据。

作者应用中位函数进一步建立高程异常拟合的抗差总体最小二乘算法（Tao et al., 2018）。高程异常拟合模型采用二次多项式模型［式（2.16)］，根据高斯-马尔可夫模型［式（2.17)］将其拓展为 EIV 模型。设观测数为 i（$i>6$），则最多可以得到 C_i^6 组参数估值，应用中位函数得到模型参数的估值为

$$\begin{cases} b_0^1\ b_0^2\cdots b_0^{\mathrm{C}_i^6} \\ b_1^1\ b_1^2\cdots b_1^{\mathrm{C}_i^6} \\ b_2^1\ b_2^2\cdots b_2^{\mathrm{C}_i^6} \\ b_3^1\ b_3^2\cdots b_3^{\mathrm{C}_i^6} \\ b_4^1\ b_4^2\cdots b_4^{\mathrm{C}_i^6} \\ b_5^1\ b_5^2\cdots b_5^{\mathrm{C}_i^6} \end{cases} \xrightarrow{\text{LMS}} \begin{cases} \mathrm{med}(b_0)=\mathrm{median}(b_0^1\ b_0^2\cdots b_0^{\mathrm{C}_i^6}) \\ \mathrm{med}(b_1)=\mathrm{median}(b_1^1\ b_1^2\cdots b_1^{\mathrm{C}_i^6}) \\ \mathrm{med}(b_2)=\mathrm{median}(b_2^1\ b_2^2\cdots b_2^{\mathrm{C}_i^6}) \\ \mathrm{med}(b_3)=\mathrm{median}(b_3^1\ b_3^2\cdots b_3^{\mathrm{C}_i^6}) \\ \mathrm{med}(b_4)=\mathrm{median}(b_4^1\ b_4^2\cdots b_4^{\mathrm{C}_i^6}) \\ \mathrm{med}(b_5)=\mathrm{median}(b_5^1\ b_5^2\cdots b_5^{\mathrm{C}_i^6}) \end{cases} \rightarrow \hat{x}_{\mathrm{med}}=\begin{bmatrix} \mathrm{med}(b_0) \\ \mathrm{med}(b_1) \\ \mathrm{med}(b_2) \\ \mathrm{med}(b_3) \\ \mathrm{med}(b_4) \\ \mathrm{med}(b_5) \end{bmatrix}。$$

根据模型的中位函数估值，计算观测向量误差与系数矩阵误差估值，据此得到高程

异常观测值与平面坐标观测值的中误差（σ_l，σ_b）分别为

$$\begin{cases} \hat{\boldsymbol{v}} = \left[\hat{v}_1\ \hat{v}_2 \cdots \hat{v}_i\right]^{\mathrm{T}} \\ \hat{\boldsymbol{b}} = \left[\hat{b}_1\ \hat{b}_2 \cdots \hat{b}_{5\times i}\right]^{\mathrm{T}} \end{cases} \rightarrow \begin{cases} \hat{v}_{\mathrm{med}} = \mathrm{median}(\hat{\boldsymbol{v}}) \\ \hat{b}_{\mathrm{med}} = \mathrm{median}(\hat{\boldsymbol{b}}) \end{cases} \rightarrow \begin{cases} \sigma_l = 1.483\hat{v}_{\mathrm{med}} \\ \sigma_b = 1.483\hat{b}_{\mathrm{med}} \end{cases}。$$

设有 i 组观测值，建立高程异常拟合的中位函数抗差总体最小二乘估计算法。

1）将已有观测值分为 C_i^6 组，应用 EIV 模型的参数估计算法得到模型参数的中位函数估值（$\hat{\boldsymbol{x}}_{\mathrm{med}}$）。

2）应用模型的中位函数估值计算观测向量误差与系数矩阵误差的估值，并应用中位函数计算高程异常观测值与平面坐标观测值的中误差（σ_l，σ_b）。

3）应用等价权函数重新调节观测值的权，需要注意的是，等价权函数的阈值分别由（σ_l，σ_b）确定，并分别对观测向量与系数矩阵中的观测值定权。

4）重复步骤 2）和 3）直到每一组参数估值收敛，则可以得到（$\hat{\boldsymbol{x}}_1\ \hat{\boldsymbol{x}}_2 \cdots \hat{\boldsymbol{x}}_{\mathrm{C}_i^6}$）组参数估值。

模型参数的最优估值可以根据最小范数准则遴选。

应用表 3.1 中的观测数据对建立的算法进行验证，根据控制点 3、4、6、7、9、10、12、13 计算模型参数估值，其余控制点对参数估值的外符合精度进行检核（图 4.2）。

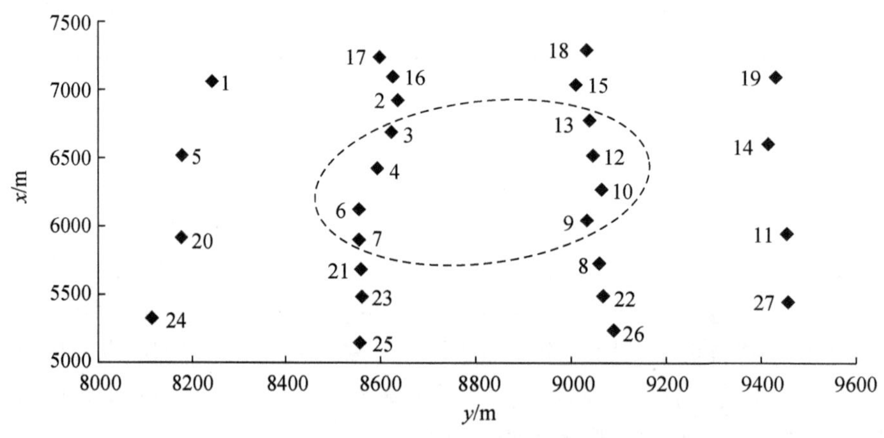

图 4.2 控制点分布

分别在控制点 4、7、10、13 插入 1～2m 的粗差，插入粗差后的观测值见表 4.5。

表 4.5 插入粗差后的观测值 单位：m

点号	y	x	δ
4	8593.374	6419.837	−144.711
7	8554.675	5893.616	−146.697

续表

点号	y	x	δ
10	9062.052	6272.095	−144.693
13	9038.551	6778.472	−145.693

分别应用抗差最小二乘估计（LSg）、抗差总体最小二乘估计（TLSg）、基于中位数法的抗差总体最小二乘估计（LMS-RTLS）计算模型参数，得到参数估值的内符合精度与外符合精度，分别如图 4.3 和图 4.4 所示。

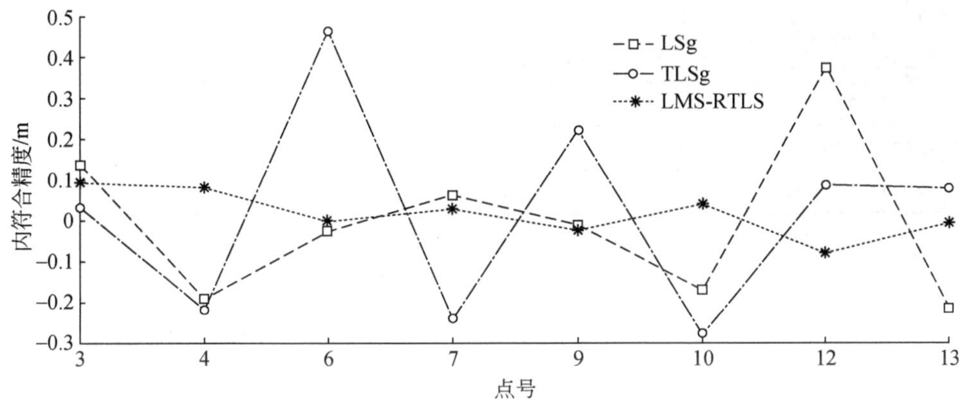

图 4.3 参数估值的内符合精度

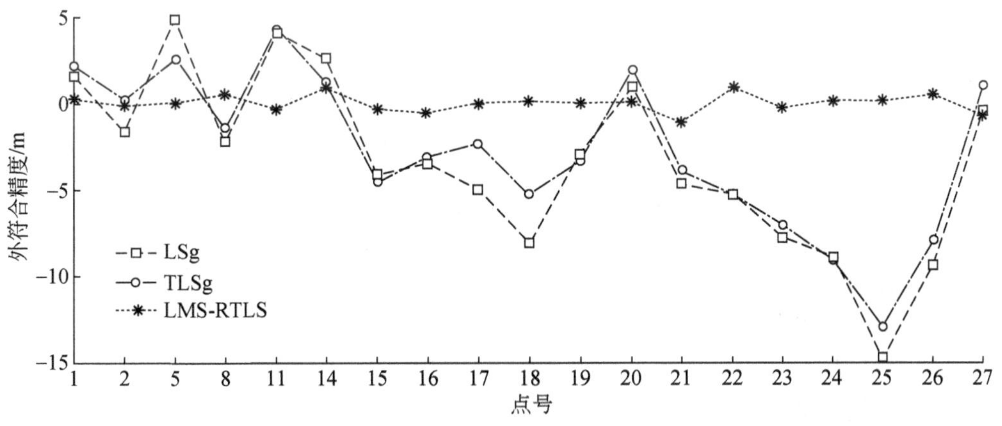

图 4.4 参数估值的外符合精度

算例结果表明，LMS-RTLS 算法优于传统算法。

4.3.2 平面坐标转换中的应用

结合实测数据与模拟数据对抗差估计算法做进一步讨论。根据某地区控制点实测坐标数据，控制点在转换前的平面坐标（$x\,y$）与平面位置分别见表 4.6、图 4.5。假设模型的转换参数（$\Delta x, \Delta y, \mu, \alpha$）=（2000m，2000m，0.99，3″），经过转换后的点位坐标（x' y'）见表 4.6

表 4.6　控制点在原坐标系与目标坐标系中的平面坐标　　单位：m

点号	原坐标		目标坐标		点号	原坐标		目标坐标	
	x	y	x'	y'		x	y	x'	y'
1	23 651.593	61 436.764	25 414.192	62 822.737	9	34 069.349	72 492.951	35 727.612	73 768.512
2	21 584.600	65 382.100	23 367.813	66 728.590	10	36 914.704	74 697.382	38 544.481	75 950.940
3	27 256.073	65 379.490	28 982.571	66 726.088	11	38 893.112	76 111.767	40 503.085	77 351.209
4	25 659.426	66 981.532	27 401.867	68 312.086	12	35 544.360	78 070.207	37 187.792	79 290.017
5	29 670.204	68 315.355	31 372.518	69 632.629	13	33 271.529	77 644.446	34 937.696	78 868.481
6	23 226.258	70 831.177	24 992.976	72 123.200	14	30 414.410	79 913.545	32 109.115	81 114.847
7	28 090.684	72 334.151	29 808.736	73 611.214	15	26 007.114	75 424.574	27 745.957	76 670.703
8	31 369.730	72 749.020	33 054.985	74 021.981	16	24 005.445	73 677.589	25 764.330	74 941.159

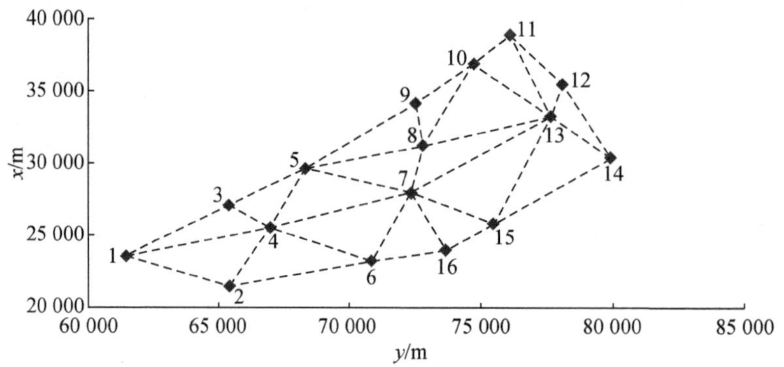

图 4.5　控制点在转换前的平面位置

以三个控制点为一组，求解模型参数，共选取四组：(1、6、11)，(2、7、12)，(3、8、13)，(5、10、15)；其余控制点（4、9、14、16）作为检核点，比较参数求解的精度。将求解参数的控制点在原坐标系与目标坐标系中的坐标混入 0～4cm 的误差，模拟坐标观测值中含有的随机误差；并且分别在一组点 1、二组点 7、三组点 13、四组点 10 的原坐标系与目标坐标系中的坐标值中均混入 1～2dm 的误差，模拟坐标值中含有的粗差。混入误差的公共点坐标见表 4.7。

表 4.7　混入误差的公共点坐标　　单位：m

组别	点号	原坐标系中的坐标		目标坐标系中的坐标	
		x	y	x'	y'
一	1	23 651.468	61 436.639	25 414.213	62 822.861
	6	23 226.231	70 831.169	24 992.971	72 123.206
	11	38 893.107	76 111.737	40 503.097	77 351.239

续表

组别	点号	原坐标系中的坐标		目标坐标系中的坐标	
		x	y	x'	y'
二	2	21 584.589	65 382.080	23 367.856	66 728.577
	7	28 090.884	72 334.046	29 808.614	73 611.358
	12	35 544.339	78 070.217	37 187.789	79 290.013
三	3	27 256.073	65 379.511	28 982.578	66 726.082
	8	31 369.697	72 749.026	33 054.988	74 021.970
	13	33 271.655	77 644.323	34 937.584	78 868.567
四	5	29 670.171	68 315.348	31 372.523	69 632.629
	10	36 914.825	74 697.485	38 544.353	75 951.042
	15	26 007.122	75 424.574	27 745.982	76 670.664

定义权矩阵为单位矩阵，根据最小二乘算法，应用含有误差的四组公共点求解的模型参数值见表 4.8。

表 4.8　四组公共点求解的模型参数

组别	Δx/m	Δy/m	μ	α/（″）
一	2 000.138 1	2 000.219 6	0.989 84	−3.16
二	1 999.942 4	2 000.106 4	0.989 97	4.6
三	2 000.054 4	2 000.222 2	0.989 83	0.5
四	1 999.965 3	2 000.023 6	0.989 97	0.3

根据最小二乘算法求解的参数估值，应用杨玲等（2011）建立的多参数估计的中位数法计算参数估值，并作为下一步抗差估计迭代计算的参数初值，经过计算得到参数的中位初值为（$\Delta x^0, \Delta y^0, \mu^0, \alpha^0$）=（2000.0544m，2000.2222m，0.98983，0.5″）。根据参数的初值，求解四组公共点坐标改正数与改正数中位数之差的中位数［med（v_i）］，并计算中误差为

$$\sigma = 1.483\left|\mathrm{med}(v_i)\right| \tag{4.99}$$

四组公共点求解的中误差分别为σ_1=0.051、σ_2=0.1808、σ_3=0.0624、σ_4=0.1146。初始权矩阵为单位矩阵，则观测向量中元素对应的权为 1。根据 IGG 权函数对观测值进行重新定权。

$$\overline{P}_i = \begin{cases} P_i, & |\hat{v}| \leqslant a \\ P_i a / |\hat{v}_i|, & a < |\hat{v}| \leqslant b \\ 0, & b < |\hat{v}| \end{cases} \tag{4.100}$$

式中，$a = \sigma$，$b = 1.5\sigma$，并进行抗差估计的迭代计算。应用不同的数据模型对最小二乘的抗差估计算法进行检验：①在模型的观测向量与系数矩阵的观测元素中分别加入误

差，即公共点在目标坐标系与原坐标系中的坐标均含有误差；②在模型观测向量中加入误差，系数矩阵的观测元素中不含有误差，即公共点在目标坐标系中的坐标含有误差，原坐标系中不含有误差。经过三次迭代计算获得模型参数的解与其单位权中误差见表 4.9 和表 4.10。

表 4.9　观测向量与系数矩阵中均含有误差的四组公共点求解的模型参数及其中误差

组别	Δx/m	Δy/m	μ	α/（″）	中误差
一	2 000.132 4	2 000.237 3	0.989 84	−2.4	0.091 1
二	1 999.975 8	2 000.095 6	0.989 97	4.6	0.220 9
三	2 000.054 4	2 000.222 2	0.989 83	0.5	0.062 4
四	2 000.006 4	2 000.011 4	0.989 93	7.3	0.164 9

表 4.10　仅观测向量中含有误差的四组公共点求解的模型参数及其中误差

组别	Δx/m	Δy/m	μ	α/（″）	中误差
一	2 000.015 1	2 000.109 4	0.989 95	−5.7	0.042 6
二	2 000.000 5	2 000.045 5	0.989 99	5.5	0.126 7
三	2 000.020 0	2 000.100 0	0.989 92	3.9	0.025 7
四	1 999.960 0	2 000.100 0	0.989 99	−2.3	0.106 8

计算结果表明，应用仅观测向量中含有误差的观测数据求解模型参数的单位权中误差小于应用观测向量与系数矩阵中均含有误差的观测数据求解模型参数的单位权中误差。这证实系数矩阵中含有误差对模型参数的求解有影响，而传统的抗差最小二乘算法无法顾及这种影响。在实现坐标系统转换时，普遍存在转换模型的观测向量与系数矩阵中含有误差（包括随机误差和粗差）的情况，并且系数矩阵中含有的误差的量级要高于观测向量中含有的误差。因此，有必要对应用抗差总体最小二乘算法实现坐标系统的转换做进一步讨论。

根据 4.2.2 节讨论的基于等价权函数的抗差总体最小二乘算法，应用含有误差的公共点坐标（表 4.6）组成的 EIV 模型，对应用抗差总体最小二乘算法求解转换模型的参数进行验证。迭代算法的初值应用最小二乘准则，通过中位数法选取，即$(\Delta x^0, \Delta y^0, \mu^0, \alpha^0)$ =（2000.0544m，2000.2222m，0.98983，0.5″）。为与抗差最小二乘算法进行比较，观测向量与系数矩阵的权矩阵仍然均取为单位矩阵。等价权函数取为 IGG 权函数［式（4.94）］，权函数中的中误差由式（4.93）确定，观测向量与系数矩阵中的误差向量与误差矩阵分别由式（4.76）和式（4.79）计算。经过三次迭代计算，参数估值收敛，四组公共点求解的模型参数与其中误差见表 4.11。

表 4.11　抗差总体最小二乘算法求解的模型参数与其单位权中误差

组别	Δx/m	Δy/m	μ	α/（″）	中误差
一	2 000.045 8	2 000.033 8	0.989 99	7.3	0.062 6

续表

组别	Δ*x*/m	Δ*y*/m	μ	α/（″）	中误差
二	2 000.035 6	2 000.034 9	0.989 97	4.6	0.114 1
三	2 000.036 2	2 000.040 2	0.989 95	3.5	0.054 8
四	2 000.032 2	2 000.040 2	0.989 97	0.4	0.127 4

同传统最小二乘抗差估计算法求解模型参数的单位权中误差相比，EIV 模型的总体最小二乘抗差估计算法求解模型参数的单位权中误差数值较小，这说明本书提出的算法适用于解决平面坐标转换模型参数求解的问题。应用四个检核点 4、9、14、16 计算点位均方误差：

$$m_{\mathrm{P}} = \frac{v_x^2 + v_y^2}{2} \tag{4.101}$$

式中，v_x、v_y 分别为检核点在 x 与 y 轴方向拟合的残差。对模型参数的外符合精度进行检核（图 4.6～图 4.9）。

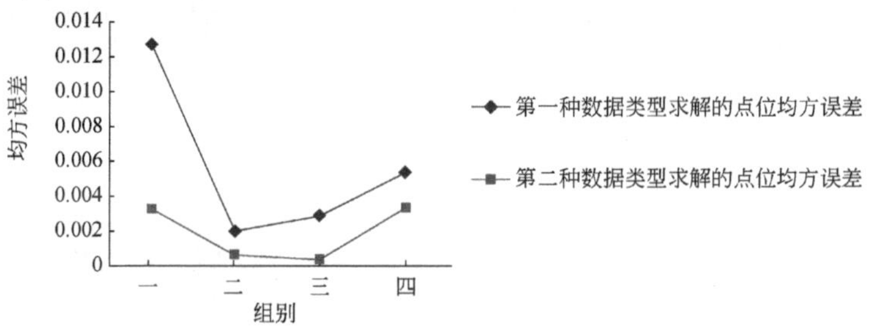

图 4.6 点 4 点位均方误差

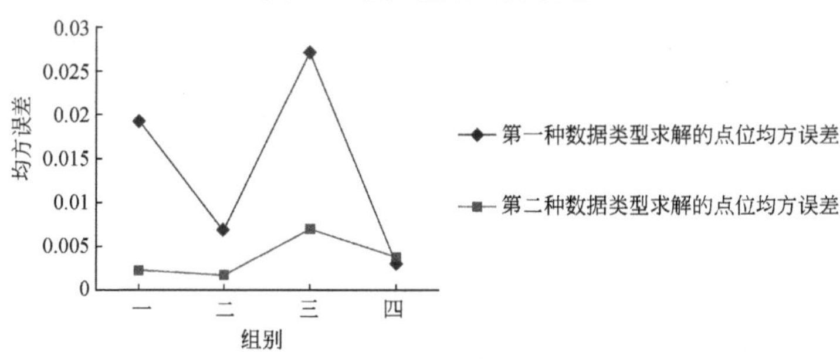

图 4.7 点 9 点位均方误差

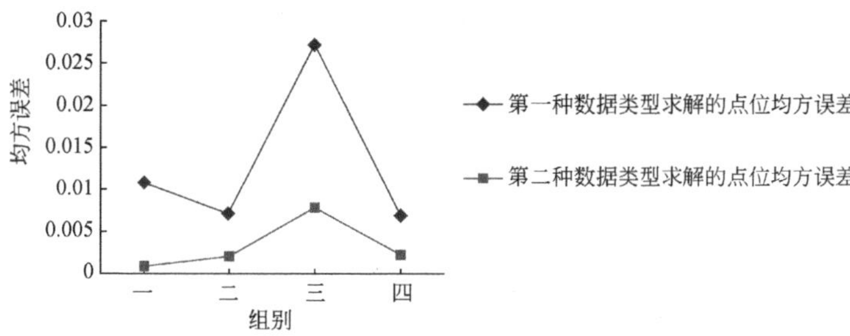

图 4.8 点 14 点位均方误差

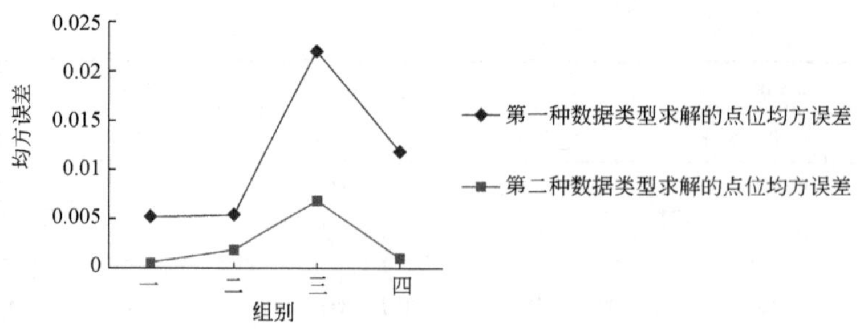

图 4.9　点 16 点位均方误差

计算结果表明抗差总体最小二乘算法求解的点位精度高于抗差最小二乘算法，可以得到结论，针对坐标系统改造工作中观测数据实际的特征，抗差总体最小二乘算法能够有效解决系数矩阵中的元素含有随机误差与粗差的坐标转换问题。

4.3.3　外方位元素求解中的应用

在摄影测量和遥感中，为确定摄影光速在摄影瞬间的空间位置和姿态，通常采用空间后方交会求解外方位元素。共线方程是应用空间后方交会求解外方位元素的基本方程。传统求解外方位元素的方法是对共线方程进行线性化，当存在多余观测时，应用最小二乘估计准则建立高斯-马尔可夫模型求解外方位元素。应用 GNSS 技术获得的地面控制点坐标求解外方位元素，控制点坐标可能含有粗差，观测值中含有粗差会使平差结果发生扭曲。因此，在诸多情况下，误差会同时存在于模型的系数矩阵与观测向量中。应用共线方程求解外方位元素的参数估计，同样存在 EIV 模型参数估计问题。

共线方程是应用空间后方交会求解像片的外方位元素的基本方程。根据影像范围内一定数量地面控制点的空间三维直角坐标与像平面坐标，求解外方位元素的共线方程为

$$\begin{cases} x - x_0 = -f\dfrac{a_1(X - X_s) + b_1(Y - Y_s) + c_1(Z - Z_s)}{a_3(X - X_s) + b_3(Y - Y_s) + c_3(Z - Z_s)} \\ y - y_0 = -f\dfrac{a_2(X - X_s) + b_2(Y - Y_s) + c_2(Z - Z_s)}{a_3(X - X_s) + b_3(Y - Y_s) + c_3(Z - Z_s)} \end{cases} \tag{4.102}$$

式中，（x，y）为地面控制点的像平面坐标；（X，Y，Z）为地面控制点的空间三维直角坐标；(x_0, y_0, f) 为已知的内方位元素；(a_i, b_i, c_i)（i=1,2,3）为外方位元素，（$X_s, Y_s, Z_s, \varphi, \omega, \kappa$）中角元素（$\varphi, \omega, \kappa$）为变量的系数。由于竖直摄影时航摄像片的外方位角元素为微小值，其正弦按级数展开取一次项为 0、余弦按级数展开取一次项为 1；应用泰勒级数展开的线性化共线方程为

$$\begin{cases} x = (x) + \dfrac{f}{\overline{Z}}\mathrm{d}X_s + \dfrac{x}{\overline{Z}}\mathrm{d}Z_s - f(1 + \dfrac{x^2}{f^2})\mathrm{d}\varphi - \dfrac{xy}{f}\mathrm{d}\omega + y\mathrm{d}\kappa \\ y = (y) + \dfrac{f}{\overline{Z}}\mathrm{d}Y_s + \dfrac{y}{\overline{Z}}\mathrm{d}Z_s - \dfrac{x^2}{f}\mathrm{d}\varphi - f(1 + \dfrac{y^2}{f^2})\mathrm{d}\omega - x\mathrm{d}\kappa \end{cases} \tag{4.103}$$

式中，（x）、（y）为函数的近似值；$\overline{Z} = a_3(X - X_s) + b_3(Y - Y_s) + c_3(Z - Z_s)$。设

$$
\boldsymbol{B}=\begin{bmatrix}
\frac{f}{\overline{Z}_1} & 0 & \frac{x_1}{\overline{Z}_1} & -f(1+\frac{x_1^2}{f^2}) & -\frac{x_1y_1}{f} & y_1 \\
0 & \frac{f}{\overline{Z}_1} & \frac{y_1}{\overline{Z}_1} & -\frac{x_1^2}{f} & -f(1+\frac{y_1^2}{f^2}) & -x_1 \\
\vdots & \vdots & \vdots & \vdots & \vdots & \vdots \\
\frac{f}{\overline{Z}_n} & 0 & \frac{x_n}{\overline{Z}_n} & -f(1+\frac{x_n^2}{f^2}) & -\frac{x_ny_n}{f} & y_n \\
0 & \frac{f}{\overline{Z}_n} & \frac{y_n}{\overline{Z}_n} & -\frac{x_n^2}{f} & -f(1+\frac{y_n^2}{f^2}) & -x_n
\end{bmatrix},\quad
\boldsymbol{l}=\begin{bmatrix}
x_1-(x)_1 \\ y_1-(y)_1 \\ \vdots \\ x_n-(x)_n \\ y_n-(y)_n
\end{bmatrix},
$$

$\boldsymbol{x}=\begin{bmatrix}\mathrm{d}X_s & \mathrm{d}Y_s & \mathrm{d}Z_s & \mathrm{d}\varphi & \mathrm{d}\omega & \mathrm{d}\kappa\end{bmatrix}^{\mathrm{T}}$。

当观测数据大于必要观测数时，根据式（4.103），应用最小二乘准则建立高斯-马尔可夫模型：

$$
\begin{cases}
\boldsymbol{v}^{\mathrm{T}}\boldsymbol{P}\boldsymbol{v}=\min \\
\boldsymbol{v}=\boldsymbol{B}\boldsymbol{x}-\boldsymbol{l} \\
\boldsymbol{v}\sim N(0,\sigma_0^2\boldsymbol{P}^{-1})
\end{cases}
\tag{4.104}
$$

根据误差方程中系数矩阵的定义，它由地面控制点的像平面坐标、空间三维直角坐标、内方位元素、外方位元素构成。构成系数矩阵的元素中，部分元素通过观测获得；外方位元素为待定的参数，应用最小二乘准则求解时，一般是给定其初值。因此，构成系数矩阵中的元素不可避免地含有误差，应用最小二乘求解外方位元素的前提假设并不成立。算例应用抗差总体最小二乘算法求解外方位元素，遵循抗差估计的一般步骤：①根据外方位元素的初值求解观测向量（控制点的像平面坐标），应用观测向量的计算值与观测值的差值，根据 IGG 权函数计算观测值的权矩阵；②根据定义的权矩阵，应用总体最小二乘算法求解外方位元素。具体步骤同 4.2.2 节所述。

控制点的空间三维直角坐标见表 4.12，像片的内方位元素 $x_0=y_0=0$，焦距 f=153.24mm，外方位元素的模拟值（$X_s,Y_s,Z_s,\varphi,\omega,\kappa$）=（39797.537m，27479.976m，7560.294m，−0.004146rad，0.001445rad，−0.066663rad）。

表 4.12 控制点像平面坐标和空间三维直角坐标

点号	x/mm	y/mm	X/m	Y/m	Z/m
1	−86.418	−69.041	36 589.41	25 273.32	2 195.17
2	−53.47	82.455	37 631.08	31 324.51	728.69
3	−14.918	−76.777	39 100.97	24 934.98	2 386.5
4	10.522	64.578	40 426.54	30 319.81	757.31

根据模型参数的模拟值与控制点的空间三维直角坐标，应用共线方程求解控制点的像平面坐标。像平面坐标由空间三维直角坐标经外方位元素求得，三者之间严格满足共

线方程，因此，可以将表 4.12 中的控制点的像平面坐标与空间三维直角坐标作为真值。将控制点的像平面坐标与空间三维直角坐标加入 1～3cm 的误差，作为控制点观测数据含有的随机误差，将 2 号控制点像平面坐标加入 2～3dm 的误差，作为控制点含有的粗差；加入误差的控制点坐标见表 4.13。

表 4.13　加入误差的控制点坐标

点号	x/mm	y/mm	X/m	Y/m	Z/m
1	−86.430	−69.029	36589.38	25273.335	2195.158
2	−53.456	82.427	37631.062	31324.524	728.678
粗差	−53.25	82.683			
3	−14.905	−76.791	39100.983	24934.962	2386.524
4	10.538	64.556	40426.526	30319.826	757.329

应用加入误差的观测数据，分别求解模型参数的最小二乘解与总体最小二乘解。权矩阵的初值取为单位矩阵，外方位元素的初值取为 $k=\sqrt{(X_1-X_2)^2+(Y_1-Y_2)^2}/\sqrt{(x_1-y_2)^2+(y_1-y_2)^2}$ =39.631， $X_s^0=\sum X/n$ =39436.988m， $Y_s^0=\sum Y/n$ =27963.16m， $Z_s^0=k\times f+\sum Z/n$ = 7589.923m， $\varphi^0=\omega^0=\kappa^0$ =0。

应用不含有粗差的观测值求解外方位元素的最小二乘解与总体最小二乘解见表 4.14、应用含有粗差的观测值求解外方位元素的最小二乘解与抗差总体最小二乘解见表 4.15。

表 4.14　不含有粗差的观测值求解外方位元素的最小二乘解与总体最小二乘解

算法	X_s/m	Y_s/m	Z_s/m	φ/rad	ω/rad	κ/rad
最小二乘	39 797.863	27 467.64	7 557.806	−0.003 15	0.004 405	−0.066 983
总体最小二乘	39 797.732	27 470.921	7 558.064	−0.003 484	0.001 327	−0.066 821

表 4.15　混入含有粗差的观测值求解外方位元素的最小二乘解与抗差总体最小二乘解

算法	X_s/m	Y_s/m	Z_s/m	φ/rad	ω/rad	κ/rad
最小二乘	39 777.357	27 508.481	7 567.015	−0.002 297	0.001 039	−0.064 173
抗差总体最小二乘	39 796.869	27 471.273	7 558.958	−0.003 601	0.002 082	−0.066 695

不含有粗差的观测值求解的参数估值表明（表 4.14），当误差方程的观测向量与系数矩阵中均含有偶然误差时，相比较最小二乘算法，应用总体最小二乘算法求解的外方位元素的解更趋近于其真值（模拟值）。含有粗差的观测值求解的参数估值表明（表 4.15），当观测向量中含有粗差时，应用最小二乘算法求解外方位元素的解受粗差的影响，

偏离其真值；参数的抗差总体最小二乘解更趋于其真值，证明抗差总体最小二乘算法适用于观测向量中含有粗差时，外方位元素的求解。在此实验中，当观测向量与系数矩阵中的元素同时加入粗差时，应用抗差总体最小二乘算法得到的参数估计精度并不显著，作者不再罗列实验数据。如 4.2.4 节所述，含有粗差的 EIV 模型抗差估计算法需要进一步研究。

第 5 章　不适定 EIV 模型与其正则化理论

5.1　不适定模型

5.1.1　不适定模型的定义与表达

在回归分析、信息处理、大地测量以及地球物理等专业领域普遍存在模型的不适定问题。模型的不适定性是指在模型参数的估计中，解不存在、不唯一、不稳定。在测绘数据处理中，主要面临的是解不唯一与不稳定的问题。以观测模型 $\boldsymbol{L}=\boldsymbol{BX}+\varDelta$ 为例，模型参数解的不唯一主要由系数矩阵 $\boldsymbol{B}$ 秩亏引起，引起系数矩阵秩亏的主要因素有：①模型过度参数化，使得参数间存在复共线性。②观测数据不足，使得系数矩阵的秩小于参数的个数。例如，在自由网平差中，由于观测数据不足，系数矩阵的秩小于模型参数的个数，参数的解不唯一。参数解的不稳定问题又称为模型的病态性问题，病态模型是模型的法矩阵 $\boldsymbol{B}^{\mathrm{T}}\boldsymbol{PB}$ 的条件数很大，法矩阵的求逆不稳定，使得观测值的微小变动引起参数解的巨大变化，即解的不稳定。又如，在应用 Bursa 模型实现小区域内空间坐标系统转换，平移参数与旋转参数存在一定的相关性，引起法矩阵病态，使得参数的解不稳定。沈云中等（2006）的研究表明，测绘数据处理主要面临的是模型病态与秩亏的不适定问题。病态问题存在于诸如控制网平差、大地测量反演、坐标系统转换等测绘理论与实践中。秩亏模型的正则化问题广泛存在于自由网平差、GPS 单历元算法、模型的拟合推估等测绘数据处理中。

Tikhonov 正则化算法是解决不适定问题的有效方法，在此基础上，研究人员提出多种解决测绘数据处理中不适定模型的参数估计算法。讨论不适定问题多在最小二乘准则下，建立高斯-马尔可夫模型为对象。本节以高斯-马尔可夫模型为例，阐述不适定模型的定义、诊断及经典的参数估计算法。参数的最小二乘估值为

$$\hat{\boldsymbol{x}}=\boldsymbol{N}^{-1}\boldsymbol{B}^{\mathrm{T}}\boldsymbol{Pl} \tag{5.1}$$

式中，$\boldsymbol{N}$ 为法矩阵，$\boldsymbol{N}=\boldsymbol{B}^{\mathrm{T}}\boldsymbol{PB}$，设 $\boldsymbol{W}=\boldsymbol{B}^{\mathrm{T}}\boldsymbol{Pl}$。对 $\boldsymbol{N}$ 进行谱分解，得

$$\boldsymbol{N}=\boldsymbol{A}\begin{pmatrix}\lambda_1 & & \\ & \ddots & \\ & & \lambda_m\end{pmatrix}\boldsymbol{A}^{\mathrm{T}} \tag{5.2}$$

式中，$\boldsymbol{A}$ 为正交矩阵，由法矩阵的特征值构成的对角矩阵 diag（$\lambda_1,\cdots,\lambda_m$）为法矩阵的谱矩阵。根据式（5.2），法矩阵的逆矩阵可以表示为

$$\boldsymbol{N}^{-1}=\boldsymbol{A}\begin{pmatrix}\lambda_1^{-1} & & \\ & \ddots & \\ & & \lambda_m^{-1}\end{pmatrix}\boldsymbol{A}^{\mathrm{T}} \tag{5.3}$$

根据法矩阵的谱分解式得到参数的最小二乘解：

$$\hat{\boldsymbol{x}}=\boldsymbol{A}\begin{pmatrix}\lambda_1^{-1} & & \\ & \ddots & \\ & & \lambda_m^{-1}\end{pmatrix}\boldsymbol{A}^{\mathrm{T}}\boldsymbol{B}^{\mathrm{T}}\boldsymbol{Pl} \tag{5.4}$$

当观测值中的误差服从正态随机分布时，在最小二乘准则下得到的高斯-马尔可夫模型参数估值具有最优无偏的性质。但是，在实际的测绘数据处理中，当系数矩阵中的列向量间存在复线性关系时，法矩阵奇异，即使观测值中的误差服从正态随机分布，参数的最小二乘解也不是最优的。以参数估值的均方误差 M 为例：

$$\mathrm{M}=E((\hat{\boldsymbol{x}}-\boldsymbol{x})^{\mathrm{T}}(\hat{\boldsymbol{x}}-\boldsymbol{x})) \tag{5.5}$$

由式（5.5）得

$$\mathrm{M}=\mathrm{tr}(\mathrm{cov}(\hat{\boldsymbol{x}}))+\left\|E(\hat{\boldsymbol{x}})-\boldsymbol{x}\right\|^2 \tag{5.6}$$

式中，cov（$\hat{\boldsymbol{x}}$）为参数的协方差矩阵。因最小二乘估计是参数 $\boldsymbol{x}$ 的无偏估计，式（5.6）的第二项等于 0。由式（5.4）和式（5.6）可以得到

$$\mathrm{M}=\mathrm{tr}(\mathrm{cov}(\hat{\boldsymbol{x}}))=\sigma_0^2\mathrm{tr}(\boldsymbol{N}^{-1})=\sigma_0^2\sum_{i=1}^{m}\frac{1}{\lambda_i} \tag{5.7}$$

式（5.7）表明，当法矩阵 $\boldsymbol{N}$ 奇异时，$\boldsymbol{N}$ 矩阵至少有一个特征值接近于 0，使得均方误差 M 的值很大。此时，模型参数的最小二乘估值不再具有最优、无偏的性质。此类问题同样存在于 EIV 模型的参数估计中。

5.1.2 不适定模型的诊断

在测绘数据处理中，不适定模型产生的原因主要有三个方面：①模型过度参数化，参数之间存在一定的复共线性，导致模型病态，如在进行测边交汇时，为顾及不同测距仪的系统误差，在测量平差模型中经常要附加系统参数，往往会造成过度参数化，导致模型病态。②观测、采样数据的不足也会引起模型系数矩阵的复共线性，导致模型病态或秩亏。③由于计算方法的数值不稳定引起模型的病态。例如，在应用计算机实现矩阵求逆、相乘等运算时，没能有效控制舍入误差的增长，导致模型的病态性无法得到抑制。

模型的不适定性体现在模型系数矩阵或者法矩阵的列向量间存在复共线性，对不适定模型的诊断往往是通过分析模型的相关矩阵是否存在复共线性。目前，比较常用的方法有特征分析法、条件数法、条件指标-方差分解比法。特征分析法判别模型不适定的依据是判别法矩阵中是否存在接近于 0 的特征值，且接近于 0 的特征值个数表明系数矩阵中含有复共线列向量的个数。设法矩阵的特征值 λ 对应的特征向量为 ϑ，且特征值 $\lambda\approx 0$，即

$$N\vartheta = \lambda\vartheta \tag{5.8}$$

等式两端同乘以 ϑ^{T}，并且 $\boldsymbol{N}=\boldsymbol{B}^{\mathrm{T}}\boldsymbol{PB}$，得

$$\vartheta^{\mathrm{T}}\boldsymbol{B}^{\mathrm{T}}\boldsymbol{PB}\vartheta = \vartheta^{\mathrm{T}}\lambda\vartheta \approx 0 \tag{5.9}$$

权矩阵为正定矩阵，因此

$$\boldsymbol{B}\vartheta \approx 0 \tag{5.10}$$

式（5.10）表明，当特征值接近于 0 时，系数矩阵的列向量间存在近似的线性相关，即系数矩阵存在复共线性。通过判断法矩阵的特征值接近于 0 作为判断模型病态性的依据，称为特征分析法。应用特征分析法判定不适定性的优点是算法简单，但作为判定的依据——接近于 0 是一个模糊的说法，在实际应用中，缺乏严格的衡量指标。

条件数法是根据法矩阵 $\boldsymbol{N}$ 构建条件数 $\boldsymbol{K}$，判别模型的不适定性。设法矩阵 $\boldsymbol{N}$ 与矩阵 $\boldsymbol{W}$[式（5.1）]中含有的扰动矩阵为 $\delta\boldsymbol{N}$ 、$\delta\boldsymbol{W}$ ，含有扰动误差的法方程表示为

$$(\boldsymbol{N}+\delta\boldsymbol{N})(\boldsymbol{x}+\delta\boldsymbol{x})=(\boldsymbol{W}+\delta\boldsymbol{W}) \tag{5.11}$$

含有扰动误差的参数最小范数解为

$$\frac{\|\delta\boldsymbol{x}\|}{\|\boldsymbol{x}\|}\leqslant\frac{\|\boldsymbol{N}\|\ \|\boldsymbol{N}^{-1}\|}{1-\|\boldsymbol{N}\|\ \|\boldsymbol{N}^{-1}\|\dfrac{\|\delta\boldsymbol{N}\|}{\|\boldsymbol{N}\|}}\left(\frac{\|\delta\boldsymbol{N}\|}{\|\boldsymbol{N}\|}+\frac{\|\delta\boldsymbol{W}\|}{\|\boldsymbol{W}\|}\right) \tag{5.12}$$

根据法矩阵 $\boldsymbol{N}$ 定义条件数为

$$K=\|\boldsymbol{N}\|\ \|\boldsymbol{N}^{-1}\| \tag{5.13}$$

积累的应用经验表明：当 $0<K<100$ 时，认为系数矩阵没有复共线性；当 $100\leqslant K\leqslant 1000$ 时，认为系数矩阵存在中等程度的复共线性；当 $K>1000$ 时，认为系数矩阵存在严重的复共线性。相对于特征分析法没有严格的衡量标准，条件数法是一种比较实用的度量模型不适定性的方法。但条件数法的缺陷是不能判断矩阵中存在几个复共线性关系，以及复共线性的具体位置。

产生病态模型的一个重要原因是模型过度参数化，使得参数之间存在强相关性，导致模型病态。此时，处理病态模型的一个有效方法是找到存在复共线性关系的列向量，以剔除附加的多余参数。条件数法能够有效判断模型的病态性，但是它并不能找到复共线性的具体位置。为克服上述方法的缺陷，郭建峰（2002）研究并建立了条件指标-方差分解比法。定义为

$$K_i=\frac{\lambda_1}{\lambda_i},\quad i=1,2,3,\cdots,t \tag{5.14}$$

式中，λ_1 为法矩阵的最大特征值；t 为系数矩阵 $\boldsymbol{B}$ 的秩；K_i 为法矩阵的条件指标。通过条件指标的大小来判断系数矩阵的列向量间是否存在复共线性，以及有多少个复共线性关系，但是哪些向量构成复共线性关系并不能通过条件指标来进行判别。定义第 i 个参数的方差为

$$\sigma_{xi}^2=\sigma_0^2\sum_{j=1}^{t}\frac{q_{ij}^2}{\lambda_j}=\sigma_0^2\left(\frac{q_{i1}^2}{\lambda_1}+\frac{q_{i2}^2}{\lambda_2}+\cdots+\frac{q_{it}^2}{\lambda_t}\right) \tag{5.15}$$

式中，q_{ij} 为系数矩阵的列向量线性组合系数。式（5.15）表明，在其他条件相同的情况下，存在复共线性关系的项比其他的项要大。对应于同一个比较小的特征值，如果出现两个或者两个以上的模型参数方差之比非常大的情况，则认为对应于较小特征值的复共线性关系包括了与这些未知参数所对应的列向量。定义方差分解比为

$$\pi_{ij}=\frac{\varphi_{ij}}{\varphi_j},\quad i,j=1,2,\cdots,t \tag{5.16}$$

式中，$\varphi_{ij}=\dfrac{q_{ij}^2}{\lambda_j}$，$\varphi_j=\sum\limits_{j=1}^{t}\varphi_{ij}$。

根据条件指标与方差分解比诊断模型病态性的一般步骤为：根据条件指标判断模型是否存在病态，如果有判别模型病态的高条件指标，则计算每个高条件指标是否含有两个或者两个以上比较大的方差分解比；如果存在高条件指标，则表明该高条件指标描述了一个复共性关系，并且这个复共性关系包含了较大的方差分解比所在位置的数据列（郭建峰，2002）。

5.1.3 不适定模型的正则化

对于不适定模型的正则化，过度参数化等原因使得法矩阵呈现病态时，一般采用有偏估计的算法；当起始数据缺乏或者观测数据不足导致系数矩阵秩亏时，可以采用秩亏自由网平差或者附加额外约束条件进行正则化。相对于无偏估计，有偏估计是指模型参数的估值 $\hat{\boldsymbol{x}}$ 的期望满足 $E(\hat{\boldsymbol{x}})\neq\boldsymbol{x}$，它是当法矩阵病态时，选择合适的估计方法使得参数估值具有较小的均方误差。

Tikhonov 正则化方法是解决不适定问题的有效方法，其相应的估计准则为

$$\|\boldsymbol{B}\hat{\boldsymbol{x}}-\boldsymbol{l}\|^2+\alpha\Omega(\hat{\boldsymbol{x}})=\min \tag{5.17}$$

式中，$\|\bullet\|$ 为欧式 2-范数；α为平滑参数，对式中的两项起平衡作用；$\Omega(\hat{\boldsymbol{x}})$ 为稳定泛函，在实际应用中稳定泛函取不同的形式，实现不适定模型的正则化。在大地测量数据处理中，正则化模型可以通过 Tikhonov 模型中稳定泛函的不同取值来实现统一表达（欧吉坤，2004）。

当法矩阵为病态矩阵时，最小二乘估计不再具有最优、无偏的估计性质。为改进参数的估计性质，数学工作者提出多类估计方法，以改进最小二乘的估计性质，如 Stein 估计、岭估计、广义岭估计等有偏估计算法，以及截断奇异值法等直接解法。Stein 估计是对参数的最小二乘估值 $\hat{\boldsymbol{x}}$ 进行均匀压缩。以高斯-马尔可夫模型为例，Stein 估计定义为

$$\hat{\boldsymbol{x}}(c)=c\hat{\boldsymbol{x}} \tag{5.18}$$

式中，$\hat{\boldsymbol{x}}(c)$ 为 Stein 估值；c 为压缩系数，$c\in[0\ 1]$。式（5.18）表明，在均方误差条件下，存在优于最小二乘估计的估计方法。

岭估计是对病态的法矩阵添加一个矩阵，改善法矩阵的特征值接近于 0 的程度，参数解的表达式为

$$\hat{\boldsymbol{x}}=(\boldsymbol{B}^{\mathrm{T}}\boldsymbol{PB}+k\boldsymbol{I})^{-1}\boldsymbol{B}^{\mathrm{T}}\boldsymbol{Pl} \tag{5.19}$$

式（5.19）中，k 为岭参数；$\boldsymbol{I}$ 为单位矩阵。岭估计的实质是对参数的最小二乘估值向原点进行不均匀压缩，得到的参数估值比最小二乘估值具有更小的均方误差，较好地改善了病态条件下的最小二乘估计。

除岭估计，广义岭估计也是一种常用的有偏估计算法。广义岭估计是采用广义岭参数，来改善法矩阵的病态性，其参数解的表达式为

$$\hat{\boldsymbol{x}}=(\boldsymbol{B}^{\mathrm{T}}\boldsymbol{PB}+\boldsymbol{AKA}^{\mathrm{T}})^{-1}\boldsymbol{B}^{\mathrm{T}}\boldsymbol{Pl} \tag{5.20}$$

式中，$\boldsymbol{A}$ 为正交矩阵；广义岭参数 $\boldsymbol{K}$ 为对角矩阵，$\boldsymbol{K}=\mathrm{diag}(k_1,k_2,\cdots,k_{\mathrm{m}})$。当 $k_1=k_2=\cdots=k_{\mathrm{m}}=k$ 时，广义岭估计则退化为岭估计。应用岭估计与广义岭估计进行参数的有偏估计，存在岭参数难以确定的问题。

研究人员提出众多岭参数计算的方法，如岭迹法、GCV（generalized cross-validation, GCV）法、L 曲线法等，但是目前还没有证明有哪种算法能够一致优于其他算法，同时，广义岭参数与岭参数的确定方法仍然需要进一步的研究。此外，有偏估计是克服法矩阵病态性的有效方法，但是有偏估计并不能直接减弱或者克服设计矩阵病态性对参数估计的影响。为克服有偏估计在上述方面存在的不足，应用奇异值分解直接解算病态观测方程的算法，引起了研究人员的关注。应用基于奇异值分解直接解算病态方程的算法，实质上是对病态矩阵的奇异值进行修正，在众多的修正方案中，截断奇异值法的修正效果较为显著。截断奇异值法是将高斯-马尔可夫模型的权矩阵进行单位化，得到新的系数矩阵 $\overline{\boldsymbol{B}}$ 与观测向量 $\overline{\boldsymbol{l}}$。对矩阵 $\overline{\boldsymbol{B}}$ 进行奇异值分解

$$\underset{m\times n}{\overline{\boldsymbol{B}}}=\underset{m\times n}{\boldsymbol{U}}\underset{n\times n}{\boldsymbol{\Sigma}}\underset{n\times n}{\boldsymbol{V}^{\mathrm{T}}} \tag{5.21}$$

式中，$\boldsymbol{U}$、$\boldsymbol{V}$ 为正交矩阵；$\boldsymbol{\Sigma}$ 为矩阵 $\overline{\boldsymbol{B}}$ 的奇异值矩阵。截断奇异值法是对奇异值矩阵进行截断，选取合适的奇异值，获得参数的解。设截断参数为 k，则矩阵 $\boldsymbol{U}$、$\boldsymbol{\Sigma}$、$\boldsymbol{V}$ 的分块矩阵分别为

$$\boldsymbol{U}=(\underset{m\times k}{\boldsymbol{U}_1}\quad \underset{m\times(n-k)}{\boldsymbol{U}_2})、\ \boldsymbol{\Sigma}=\begin{pmatrix}\underset{k\times k}{\boldsymbol{\Sigma}_1} & 0\\ 0 & \underset{(n-k)\times(n-k)}{\boldsymbol{\Sigma}_2}\end{pmatrix}、\ \boldsymbol{V}=(\underset{n\times k}{\boldsymbol{V}_1}\quad \underset{n\times(n-k)}{\boldsymbol{V}_2})。$$

可以得到截断奇异值的参数解为

$$\hat{\boldsymbol{x}}=\boldsymbol{V}_1\boldsymbol{\Sigma}_1^{-1}\boldsymbol{U}_1^{\mathrm{T}}\overline{\boldsymbol{l}} \tag{5.22}$$

除截断奇异值算法外，基于奇异值分解的其他奇异值修正算法也在测绘数据处理中得到应用，并取得较好的应用效果。此外，克服模型病态性的 Householder 正交变换法、谱修正迭代法等也受到测绘工作者的关注。

不适定模型的参数估计除使参数的估值不稳定、容易引起较大的变动，同时也影响模型的统计性质。法矩阵的病态性使得其最大特征值与最小特征值出现较大的差异，导致参数估值的均方误差变得很大，引起参数的估值偏离其真值，这样的影响同样存在于 EIV 模型的参数估计中。近年来，平差模型的不适定问题被引入 EIV 模型中进行讨论，Fierro 等（1997）应用截断奇异值法讨论病态 EIV 模型的正则化，并应用 LBD（lanczos bidiagona lization）算法获得参数估值，研究结果表明，当系数矩阵元素受到较小的噪声污染时，EIV 模型参数的总体最小二乘正则化解与最小二乘正则化解并无显著差异，这样的结论在 Golub 等（1999）的研究中得到进一步验证；Amir 和 Aharon（2006）应用 Tikhonov 正则化函数讨论了病态 EIV 模型的正则化，建立了当约束矩阵为单位阵与非单位阵时，正则化参数与参数估值的关系；葛旭明和伍吉仓（2012）改进了基于 Tikhonov 函数的 EIV 模型正则化算法，建立的迭代算法适用性更好；此外，葛旭明和伍吉仓（2013）对系数矩阵误差与观测向量误差设置误差限，替代了 Tikhonov 函数的正则化参数，提高了模型参数估值的稳定性。需要指出的是，上述研究成果获得的参数估值是基于奇异值分解的 EIV 模型参数逼近理论的正则化解，算法没有顾及平差模型的随机性质，这并不符合测绘数据处理的实际特征。

病态 EIV 模型正则化算法的另一研究思路是应用岭估计，建立极值函数获得参数的总体最小二乘估值。这类算法是将约束矩阵视为单位矩阵，通过单一的正则化参数来实现模型的正则化。EIV 模型的系数矩阵中含有误差，总体最小二乘算法是用参数近似系数矩阵中的误差，以在求解过程中减少系数矩阵误差对估值的影响，算法具有降正则化的性质，会加重模型的病态性。基于岭估计的极值函数算法是通过参数实现正则化。这种通过单一参数既要实现降正则化，又要实现正则化的方法需要进一步研究。因此，有必要对 EIV 模型的正则化算法展开讨论，提高应用其进行测绘数据处理的精度。

5.1.4 病态 EIV 模型与 Tikhonov 函数

在总体最小二乘准则下，建立参数估计模型：

$$\begin{cases}\boldsymbol{v}^{\mathrm{T}}\boldsymbol{P}\boldsymbol{v}+\boldsymbol{b}^{\mathrm{T}}\boldsymbol{P}_{B}\boldsymbol{b}=\min\\ \boldsymbol{v}=(\boldsymbol{B}+\boldsymbol{E}_{B})\boldsymbol{x}-\boldsymbol{l}\end{cases} \tag{5.23}$$

当法矩阵 $\boldsymbol{N}=\boldsymbol{B}^{\mathrm{T}}\boldsymbol{P}\boldsymbol{B}$ 条件数很大时（通常大于 1000 时判定为病态模型），即使观测样本趋近于无穷，并且观测误差服从正态分布，模型参数的总体最小二乘估值也会很不稳定，估计准则失去原有的渐进无偏的性质。根据数值逼近理论的 EIV 模型的参数解为

$$\hat{\boldsymbol{x}}=(\boldsymbol{B}^{\mathrm{T}}\boldsymbol{B}-\sigma_{n+1}^{2}\boldsymbol{I}_{n})^{-1}\boldsymbol{B}^{\mathrm{T}}\boldsymbol{l} \tag{5.24}$$

式中，$\boldsymbol{B}$ 为 $m\times n$ 阶矩阵；$\hat{\boldsymbol{x}}$ 为 $n\times 1$ 阶列向量；σ_{n+1} 为增广矩阵$[\boldsymbol{B}\boldsymbol{l}]$的第 $n+1$ 个奇异值。模型的总体最小二乘解是应用法矩阵减去一个近似于系数矩阵误差的对角矩阵，来消除系数矩阵误差对参数估值的影响。式（5.24）表明，减去的对角元素 σ_{n+1}^{2} 恒大于 0，根据病态模型法矩阵的奇异值分解性质，当模型病态时，其法矩阵的特征值至少有一个接近于 0，参数的总体最小二乘解使得法矩阵的特征值更接近于 0，它是一个降正则化的

过程。目前，EIV 模型的正则化仍然以 Tikhonov 正则化思想为基础

$$\boldsymbol{v}^{\mathrm{T}}\boldsymbol{P}\boldsymbol{v}+\boldsymbol{b}^{\mathrm{T}}\boldsymbol{P}_{B}\boldsymbol{b}+\alpha\hat{\boldsymbol{x}}^{\mathrm{T}}\hat{\boldsymbol{x}}=\min \tag{5.25}$$

式中，α 为正则化参数。从范数的角度，Tikhonov 函数的最小二乘模型可以表示为（Golub et al.，1999）

$$\min\left\{\left\|\boldsymbol{B}\boldsymbol{x}-\boldsymbol{l}\right\|_{2}^{2}+a\left\|\boldsymbol{L}\boldsymbol{x}\right\|_{2}^{2}\right\} \tag{5.26}$$

式中，$\boldsymbol{L}$ 为约束矩阵。式（5.26）可以进一步表示为另一种重要的附有不等式约束的模型：

$$\begin{cases}\min\left\|\boldsymbol{B}\boldsymbol{x}-\boldsymbol{l}\right\|_{2}\\ \left\|\boldsymbol{L}\boldsymbol{x}\right\|_{2}\leqslant\delta\end{cases} \tag{5.27}$$

式中，δ 为给予的具有约束作用的正常数。根据式（5.27），总体最小二乘的正则化模型可以表示为

$$\begin{cases}\left\|(\boldsymbol{B},\boldsymbol{l})-(\boldsymbol{B}+\boldsymbol{b},\boldsymbol{l}+\boldsymbol{v})\right\|_{2}=\min\\ \left\|\boldsymbol{L}\boldsymbol{x}\right\|_{2}\leqslant\delta\end{cases} \tag{5.28}$$

应用拉格朗日乘数建立目标函数，为

$$\boldsymbol{\varphi}=\left\|(\boldsymbol{B},\boldsymbol{l})-(\boldsymbol{B}+\boldsymbol{b},\boldsymbol{l}+\boldsymbol{v})\right\|_{F}^{2}+\lambda(\left\|\boldsymbol{L}\boldsymbol{x}\right\|_{2}^{2}-\delta^{2}) \tag{5.29}$$

病态 EIV 模型的正则化解满足

$$(\boldsymbol{B}^{\mathrm{T}}\boldsymbol{B}+\boldsymbol{\lambda}_{I}\boldsymbol{I}+\boldsymbol{\lambda}_{L}\boldsymbol{L}^{\mathrm{T}}\boldsymbol{L})\hat{\boldsymbol{x}}=\boldsymbol{B}^{\mathrm{T}}\boldsymbol{l} \tag{5.30}$$

式中，$\boldsymbol{\lambda}_{I}=-\dfrac{\left\|\boldsymbol{l}-\boldsymbol{B}\boldsymbol{x}\right\|_{2}^{2}}{1+\left\|\boldsymbol{x}\right\|_{2}^{2}}$，$\boldsymbol{\lambda}_{L}=\lambda(1+\left\|\boldsymbol{x}\right\|_{2}^{2})$。当约束矩阵 $\boldsymbol{L}$ 为单位矩阵时，式（5.30）则为标准的正则化形式

$$(\boldsymbol{B}^{\mathrm{T}}\boldsymbol{B}+\boldsymbol{\lambda}_{IL}\boldsymbol{I})\hat{\boldsymbol{x}}=\boldsymbol{B}^{\mathrm{T}}\boldsymbol{l} \tag{5.31}$$

此时，正则化参数 $\boldsymbol{\lambda}_{IL}$、正常数 δ 与参数估值 $\hat{\boldsymbol{x}}$ 之间有如表 5.1 描述的关系（Golub et al.，1999）。

表 5.1　当约束参数给定时正则化参数与参数估值的关系

δ	$\hat{\boldsymbol{x}}$	$\boldsymbol{\lambda}_{IL}$
$\delta<\left\|\boldsymbol{x}_{\mathrm{LS}}\right\|_{2}$	$\hat{\boldsymbol{x}}_{\delta}=\boldsymbol{x}_{\delta}$	$\boldsymbol{\lambda}_{IL}>0$
$\delta=\left\|\boldsymbol{x}_{\mathrm{LS}}\right\|_{2}$	$\hat{\boldsymbol{x}}_{\delta}=\boldsymbol{x}_{\delta}=\boldsymbol{x}_{\mathrm{LS}}$	$\boldsymbol{\lambda}_{IL}=0$
$\left\|\boldsymbol{x}_{\mathrm{LS}}\right\|_{2}<\delta<\left\|\boldsymbol{x}_{\mathrm{TLS}}\right\|_{2}$	$\hat{\boldsymbol{x}}_{\delta}\neq\boldsymbol{x}_{\delta}=\boldsymbol{x}_{\mathrm{LS}}$	$0>\boldsymbol{\lambda}_{IL}>-\sigma_{n+1}^{2}$
$\delta\geqslant\left\|\boldsymbol{x}_{\mathrm{TLS}}\right\|_{2}$	$\hat{\boldsymbol{x}}_{\delta}=\boldsymbol{x}_{\mathrm{TLS}}$, $\boldsymbol{x}_{\delta}=\boldsymbol{x}_{\mathrm{TLS}}$	$\boldsymbol{\lambda}_{IL}=-\sigma_{n+1}^{2}$

当模型病态时，参数的二次范数$\|\boldsymbol{Lx}_{\mathrm{LS}}\|$、$\|\boldsymbol{Lx}_{\mathrm{TLS}}\|$会很大，此时给定的约束常数$\delta$容易满足约束条件，当$\delta$足够小时，约束条件则退化为最小二乘下的正则化条件。因此，在处理病态总体最小二乘问题，约束矩阵为单位阵时，其正则化算法相对于最小二乘正则化算法并没有显著优势，反而会削弱总体最小二乘算法在数理统计方面的优势。相对于病态最小二乘模型的正则化，在研究 EIV 模型的正则化算法时，应该注重约束矩阵的作用，这种思想在葛旭明和伍吉仓（2013）的研究中有详细论述。

当约束矩阵$\boldsymbol{L}$为一般形式时，给定约束参数δ，参数估值$\hat{\boldsymbol{x}}$与总体最小二乘解的关系见表 5.2（Golub et al.，1999）。

表 5.2 参数估值与总体最小二乘解的关系

δ	$\hat{\boldsymbol{x}}$	$\boldsymbol{\lambda}_I$	$\boldsymbol{\lambda}_L$
$\delta<\|\boldsymbol{Lx}_{\mathrm{TLS}}\|_2$	$\hat{\boldsymbol{x}}_\delta \neq \boldsymbol{x}_{\mathrm{TLS}}$	$\boldsymbol{\lambda}_I<0\ \partial\boldsymbol{\lambda}_I/\partial\delta>0$	$\boldsymbol{\lambda}_L>0$
$\delta\geqslant\|\boldsymbol{Lx}_{\mathrm{TLS}}\|_2$	$\hat{\boldsymbol{x}}_\delta = \boldsymbol{x}_{\mathrm{TLS}}$	$\boldsymbol{\lambda}_I=-\sigma_{n+1}^2$	$\boldsymbol{\lambda}_L=0$

从总体最小二乘的奇异值分解算法的性质看，这类正则化算法无法顾及模型的随机性质，只是数值逼近意义的正则化解。同时，解决病态最小二乘模型的截断奇异值算法也被应用到病态 EIV 模型的参数估计中。当 rank($\boldsymbol{B}$)$<n$ 时，模型秩亏，秩亏数 d=n-rank(B)。此时，模型参数的解不唯一。系数矩阵中含有误差的秩亏自由网平差模型为

$$\begin{cases}\boldsymbol{v}=(\boldsymbol{B}+\boldsymbol{E}_B)\boldsymbol{x}-\boldsymbol{l}\\ \boldsymbol{Gx}=0\end{cases} \tag{5.32}$$

式中，$\boldsymbol{G}$ 为 $d\times n$ 阶矩阵。对于拟合推估模型、半参数模型等秩亏条件下的函数模型不再一一列举。

为获得秩亏条件下模型参数的唯一解，必须补充附加约束条件。其中，为解决自由网平差的秩亏问题，由周江文（1989）提出的拟稳平差的思想突破了原有纯粹应用数学的广义逆法解决秩亏问题的局限，使算法在符合测绘数据处理实情的前提下，具有合理的物理解释。相对于单纯应用数学公式探讨参数估计算法问题，具有明确的物理与几何意义解释的算法更符合测绘数据处理的特征。

5.2 不适定 EIV 模型的正则化算法

在测绘数据处理中，不适定模型主要分为两类：①系数矩阵病态导致模型参数的解不稳定；②过度参数化或者观测条件不足导致系数矩阵秩亏，无法获得唯一的参数解。本节将这两类不适定问题引入 EIV 模型中，分别讨论病态 EIV 模型与秩亏 EIV 模型的正则化算法。

5.2.1 病态 EIV 模型的岭估计算法

为解决病态最小二乘问题，岭估计算法是一种在均方误差意义下优于最小二乘估计

的有偏估计算法，岭估计可以从 Tikhonov 正则化理论推导出来。根据 Tikhonov 正则化理论，在等权条件下，将病态总体最小二乘模型的目标函数表示为

$$\boldsymbol{v}^{\mathrm{T}}\boldsymbol{v}+\boldsymbol{b}^{\mathrm{T}}\boldsymbol{b}+\boldsymbol{\alpha}\Omega(\boldsymbol{x})=\min \tag{5.33}$$

式中，$\Omega(\boldsymbol{x})$为稳定泛函，当$\Omega(\boldsymbol{x})=\boldsymbol{x}^{\mathrm{T}}\boldsymbol{x}$时，式（5.33）等价于式（5.25）。为在目标函数下获得模型参数的解，构建拉格朗日目标函数：

$$\boldsymbol{\varphi}=\boldsymbol{v}^{\mathrm{T}}\boldsymbol{v}+\boldsymbol{b}^{\mathrm{T}}\boldsymbol{b}+\boldsymbol{\alpha}(\boldsymbol{x}^{\mathrm{T}}\boldsymbol{x})+2\boldsymbol{\lambda}^{\mathrm{T}}(\boldsymbol{l}+\boldsymbol{v}-\boldsymbol{B}\boldsymbol{x}-\boldsymbol{E}_{B}\boldsymbol{x})=\min \tag{5.34}$$

向量 $\boldsymbol{b}$ 为矩阵 $\boldsymbol{E}_B$ 按列拉直得到的列向量，即 $\boldsymbol{b}$=vec（$\boldsymbol{E}_B$）。根据变量的克罗内克积的性质，得到

$$\boldsymbol{E}_{B}\boldsymbol{x}=(\boldsymbol{x}^{\mathrm{T}}\otimes\boldsymbol{I}_{\mathrm{m}})\boldsymbol{b} \tag{5.35}$$

对目标函数[式（5.34）]的各个变量求偏导数，得

$$\frac{1}{2}\frac{\partial\boldsymbol{\varphi}}{\partial\boldsymbol{v}}=\boldsymbol{v}^{\mathrm{T}}+\boldsymbol{\lambda}^{\mathrm{T}}=0 \tag{5.36}$$

$$\frac{1}{2}\frac{\partial\boldsymbol{\varphi}}{\partial\boldsymbol{b}}=\boldsymbol{b}^{\mathrm{T}}-\boldsymbol{\lambda}^{\mathrm{T}}(\boldsymbol{x}^{\mathrm{T}}\otimes\boldsymbol{I}_{\mathrm{m}})=0 \tag{5.37}$$

$$\frac{1}{2}\frac{\partial\boldsymbol{\varphi}}{\partial\boldsymbol{\lambda}}=\boldsymbol{l}+\boldsymbol{v}-\boldsymbol{B}\boldsymbol{x}-(\boldsymbol{x}^{\mathrm{T}}\otimes\boldsymbol{I}_{\mathrm{m}})\boldsymbol{b}=0 \tag{5.38}$$

$$\frac{1}{2}\frac{\partial\boldsymbol{\varphi}}{\partial\boldsymbol{x}}=\boldsymbol{\alpha}\boldsymbol{x}^{\mathrm{T}}-\boldsymbol{\lambda}^{\mathrm{T}}\boldsymbol{B}-\boldsymbol{\lambda}^{\mathrm{T}}\boldsymbol{E}_{B}=0 \tag{5.39}$$

将式（5.36）和式（5.37）取转置，代入式（5.38），得

$$\boldsymbol{l}-\boldsymbol{B}\boldsymbol{x}=\lambda(1+\boldsymbol{x}^{\mathrm{T}}\boldsymbol{x}) \tag{5.40}$$

由式（5.36）和式（5.40），得

$$\lambda=-\boldsymbol{v}=(\boldsymbol{l}-\boldsymbol{B}\boldsymbol{x})(1+\boldsymbol{x}^{\mathrm{T}}\boldsymbol{x})^{-1} \tag{5.41}$$

由式（5.39）和式（5.40），得

$$\begin{aligned}\boldsymbol{B}^{\mathrm{T}}\boldsymbol{B}\boldsymbol{x}-\boldsymbol{B}^{\mathrm{T}}\boldsymbol{l}&=-\boldsymbol{B}^{\mathrm{T}}\lambda(1+\boldsymbol{x}^{\mathrm{T}}\boldsymbol{x})=(\boldsymbol{E}_{B}^{\mathrm{T}}\boldsymbol{\lambda}-\boldsymbol{\alpha}\boldsymbol{x})(1+\boldsymbol{x}^{\mathrm{T}}\boldsymbol{x})=\boldsymbol{x}\boldsymbol{\lambda}^{\mathrm{T}}\lambda(1+\boldsymbol{x}^{\mathrm{T}}\boldsymbol{x})-\alpha\boldsymbol{x}(1+\boldsymbol{x}^{\mathrm{T}}\boldsymbol{x})\\&=\left[(\boldsymbol{l}-\boldsymbol{B}\boldsymbol{x})^{\mathrm{T}}(\boldsymbol{l}-\boldsymbol{B}\boldsymbol{x})/(1+\boldsymbol{x}^{\mathrm{T}}\boldsymbol{x})\right]\boldsymbol{x}-\alpha(1+\boldsymbol{x}^{\mathrm{T}}\boldsymbol{x})\boldsymbol{x}\end{aligned} \tag{5.42}$$

设

$$\begin{cases}\lambda_{\mathrm{I}}=(\boldsymbol{l}-\boldsymbol{B}\boldsymbol{x})^{\mathrm{T}}(\boldsymbol{l}-\boldsymbol{B}\boldsymbol{x})/(1+\boldsymbol{x}^{\mathrm{T}}\boldsymbol{x})\\ \lambda_{\mathrm{L}}=\alpha(1+\boldsymbol{x}^{\mathrm{T}}\boldsymbol{x})\end{cases} \tag{5.43}$$

由式（5.42）得

$$(\boldsymbol{B}^{\mathrm{T}}\boldsymbol{B}+\lambda_{L})\boldsymbol{x}=\lambda_{I}\boldsymbol{x}+\boldsymbol{B}^{\mathrm{T}}\boldsymbol{l} \tag{5.44}$$

根据式（5.44）建立病态 EIV 模型正则化的迭代算法。

1）参数的最小二乘解作为模型参数的初值。

$$\hat{\boldsymbol{x}}_{0}=(\boldsymbol{B}^{\mathrm{T}}\boldsymbol{B})^{-1}(\boldsymbol{B}^{\mathrm{T}}\boldsymbol{l}) \tag{5.45}$$

2）根据模型参数的解，求 $\boldsymbol{\lambda}_I^i$ 、 $\boldsymbol{\lambda}_L^i$ 。

$$\boldsymbol{\lambda}_I^i = (\boldsymbol{l} - \boldsymbol{B}\hat{\boldsymbol{x}}_i)^{\mathrm{T}}(\boldsymbol{l} - \boldsymbol{B}\hat{\boldsymbol{x}}_i)/(1 + \hat{\boldsymbol{x}}_i^{\mathrm{T}}\hat{\boldsymbol{x}}_i) \tag{5.46}$$

$$\boldsymbol{\lambda}_L^i = \alpha(1 + \hat{\boldsymbol{x}}_i^{\mathrm{T}}\hat{\boldsymbol{x}}_i) \tag{5.47}$$

式中，i 的初值为 0。

3）根据 $\boldsymbol{\lambda}_I^i$、$\boldsymbol{\lambda}_L^i$ 的估值，求解参数的总体最小二乘解。

$$\hat{\boldsymbol{x}}_{i+1} = (\boldsymbol{B}^{\mathrm{T}}\boldsymbol{B} + \boldsymbol{\lambda}_L)^{-1}(\boldsymbol{\lambda}_I\hat{\boldsymbol{x}}_i + \boldsymbol{B}^{\mathrm{T}}\boldsymbol{l}) \tag{5.48}$$

4）重复步骤 2）和 3），且 i=i+1，直到 $\left\|\boldsymbol{x}_{i+1} - \boldsymbol{x}_i\right\| < \delta$（$\delta$ 为给定的阈值），迭代结束。

5.2.2 病态 EIV 模型的广义正则化算法

根据 3.2.1 节讨论的基于奇异值分解的 EIV 模型参数估计算法，EIV 模型的参数估值为

$$\hat{\boldsymbol{x}} = (\boldsymbol{B}^{\mathrm{T}}\boldsymbol{B} - \sigma_{n+1}^2\boldsymbol{I}_n)^{-1}\boldsymbol{B}^{\mathrm{T}}\boldsymbol{l} \tag{5.49}$$

式（5.49）表明，参数的总体最小二乘算法是一个降正则化的过程，会导致法矩阵的条件数变大，使参数的估值更加不稳定。因此，病态总体最小二乘参数解的稳定性受系数矩阵与观测向量中含有的误差的影响更大。

Fierro 等（1997）研究应用广义奇异值分解算法实现病态模型的正则化，基于此算法，出现多种病态总体最小二乘模型的正则化算法。基于拉格朗日极值函数的总体最小二乘算法使得应用传统最小二乘正则化的岭估计思想，实现病态 EIV 模型的正则化成为可能，建立的拉格朗日目标函数如式（5.34）所示。

根据式（5.44），病态 EIV 模型参数的正则化解可以表示为

$$\hat{\boldsymbol{x}} = (\boldsymbol{B}^{\mathrm{T}}\boldsymbol{B} + b\boldsymbol{I})^{-1}\boldsymbol{B}^{\mathrm{T}}\boldsymbol{l} \tag{5.50}$$

式中，$\boldsymbol{I}$ 为 $n \times n$ 的单位阵。并且

$$b = \boldsymbol{\alpha}(1 + \hat{\boldsymbol{x}}^{\mathrm{T}}\hat{\boldsymbol{x}}) - \frac{(\boldsymbol{l} - \boldsymbol{B}\hat{\boldsymbol{x}})^{\mathrm{T}}(\boldsymbol{l} - \boldsymbol{B}\hat{\boldsymbol{x}})}{(1 + \hat{\boldsymbol{x}}^{\mathrm{T}}\hat{\boldsymbol{x}})} \tag{5.51}$$

应用岭迹法确定正则化参数 $\boldsymbol{\alpha}$，并在最小二乘准则下求解参数的初值，根据式（5.50）和式（5.51）可以建立病态 EIV 正则化算法。葛旭明和伍吉仓（2013）从范数的角度分析了病态总体最小二乘正则化算法及其意义，其建立的 Tikhonov 正则化模型为

$$\begin{cases} \left\|(\boldsymbol{B},\boldsymbol{l}) - (\boldsymbol{B} + \boldsymbol{b},\boldsymbol{l} + \boldsymbol{v})\right\|_F = \min \\ \left\|\boldsymbol{Lx}\right\|_2 \leqslant \delta \end{cases} \tag{5.52}$$

式中，$\boldsymbol{b} = b\boldsymbol{I}$；$\boldsymbol{B}$、$\boldsymbol{l}$ 满足 $\boldsymbol{B}\hat{\boldsymbol{x}} \approx \boldsymbol{l}$；$\boldsymbol{L}$ 为约束矩阵；δ 为给定的阈值。建立拉格朗日函数：

$$\boldsymbol{\varphi} = \left\|(\boldsymbol{B},\boldsymbol{l}) - (\boldsymbol{B} + \boldsymbol{b},\boldsymbol{l} + \boldsymbol{v})\right\|_F^2 + \boldsymbol{\lambda}(\left\|\boldsymbol{Lx}\right\|_2^2 - \delta^2) \tag{5.53}$$

式（5.53）的总体最小二乘正则化解满足：

$$(\boldsymbol{B}^{\mathrm{T}}\boldsymbol{B}+\lambda_I\boldsymbol{I}+\lambda_L\boldsymbol{L}^{\mathrm{T}}\boldsymbol{L})\hat{\boldsymbol{x}}=\boldsymbol{B}^{\mathrm{T}}\boldsymbol{l} \tag{5.54}$$

式中，$\lambda_I=-\dfrac{\|\boldsymbol{l}-\boldsymbol{Bx}\|_2^2}{1+\|\boldsymbol{x}\|_2^2}$。若约束矩阵 $\boldsymbol{L}$ 为单位矩阵，则式（5.54）可以转换为 Tikhonov 正则化的标准式：

$$(\boldsymbol{B}^{\mathrm{T}}\boldsymbol{B}+\lambda_{IL}\boldsymbol{I})\hat{\boldsymbol{x}}=\boldsymbol{B}^{\mathrm{T}}\boldsymbol{l} \tag{5.55}$$

式中，$\lambda_{IL}=\lambda_{\mathrm{I}}+\lambda_{\mathrm{L}}$，应用式（5.55）可以建立病态 EIV 模型的岭估计算法。相对于最小二乘的正则化解，由式（5.23）得到的正则化解在处理病态总体最小二乘时并无优势，反而削弱了总体最小二乘算法相对于最小二乘算法在统计方面的优势。

为提高病态 EIV 模型正则化算法的有效性，葛旭明和伍吉仓（2013）应用广义正则化的基本思想，建立病态 EIV 模型正则化的迭代算法。

1）给定 λ_L 的取值范围，以及约束矩阵，按一定步长选取 λ_L 计算参数的最小二乘正则化解 $\hat{\boldsymbol{x}}$。

2）应用参数的最小二乘正则化解，根据 $\lambda_I=-\dfrac{\|\boldsymbol{l}-\boldsymbol{B}\hat{\boldsymbol{x}}\|_2^2}{1+\|\hat{\boldsymbol{x}}\|_2^2}$，求 λ_I 的初值。

3）根据式（5.54）求解参数的估值 $\hat{\boldsymbol{x}}$，应用求解的参数估值更新计算 λ_I，并以此进行迭代计算，直至收敛。

4）重复步骤 1）~3)，获得若干个 λ_L 对应的 λ_I、$\hat{\boldsymbol{x}}$ 收敛值。

5）应用 $\dfrac{\|\boldsymbol{l}-\boldsymbol{B}\hat{\boldsymbol{x}}\|_2^2}{1+\|\hat{\boldsymbol{x}}\|_2^2}$ 与 $\|\boldsymbol{L}\hat{\boldsymbol{x}}\|_2^2$ 做出 L 曲线，选择 L 曲线拐点处相应的正则化参数 λ_L，得到参数的广义正则化解。

葛旭明和伍吉仓（2013）的研究结果表明，比较最小二乘正则化算法，在处理病态总体最小二乘时，标准正则化算法并没有优势；广义正则化算法的精度更高、参数解的稳定性更好。

5.2.3 病态 EIV 模型的分步正则化算法

岭估计是病态模型正则化的有效算法，它是对病态模型的法矩阵附加一个对角矩阵，改善法矩阵的特征值接近于 0 的程度。

$$\hat{\boldsymbol{x}}=(\boldsymbol{B}^{\mathrm{T}}\boldsymbol{PB}+k\boldsymbol{I})^{-1}\boldsymbol{B}^{\mathrm{T}}\boldsymbol{Pl} \tag{5.56}$$

式中，k 为岭参数，$\boldsymbol{I}$ 为单位矩阵。研究人员在关注病态 EIV 模型的同时，将岭估计应用至病态 EIV 模型的正则化。应用拉格朗日乘数构建目标函数：

$$\boldsymbol{\varphi}=\boldsymbol{v}^{\mathrm{T}}\boldsymbol{Pv}+\boldsymbol{b}^{\mathrm{T}}\boldsymbol{P}_B\boldsymbol{b}+\alpha(\boldsymbol{x}^{\mathrm{T}}\boldsymbol{x})+2\boldsymbol{\lambda}^{\mathrm{T}}(\boldsymbol{l}+\boldsymbol{v}-\boldsymbol{Bx}-\boldsymbol{E}_B\boldsymbol{x})=\min \tag{5.57}$$

式中，α 为正则化参数。等权条件下，得到参数的正则化估值为

$$\begin{cases}\hat{\boldsymbol{x}}=(\boldsymbol{B}^{\mathrm{T}}\boldsymbol{B}+k\boldsymbol{I})^{-1}\boldsymbol{B}^{\mathrm{T}}\boldsymbol{l}\\ k=\alpha(1+\hat{\boldsymbol{x}}^{\mathrm{T}}\hat{\boldsymbol{x}})-\dfrac{(\boldsymbol{l}-\boldsymbol{B}\hat{\boldsymbol{x}})^{\mathrm{T}}(\boldsymbol{l}-\boldsymbol{B}\hat{\boldsymbol{x}})}{(1+\hat{\boldsymbol{x}}^{\mathrm{T}}\hat{\boldsymbol{x}})}\end{cases} \tag{5.58}$$

参数估值的迭代算法请参阅相关研究（袁振超等，2009）。总体最小二乘算法是用参数近似系数矩阵中含有的误差[A1]，以基于奇异值分解算法为例，参数的估值为

$$\hat{\boldsymbol{x}}=(\boldsymbol{B}^{\mathrm{T}}\boldsymbol{B}-\sigma_{n+1}^{2}\boldsymbol{I}_{n})^{-1}\boldsymbol{B}^{\mathrm{T}}\boldsymbol{l} \tag{5.59}$$

式中，σ_{n+1} 为增广矩阵 $[\boldsymbol{B}\ \boldsymbol{l}]$ 的第 n+1 个奇异值。当法矩阵病态时，总体最小二乘算法会加重模型的病态性，其具有降正则化的性质。EIV 模型的总体最小二乘算法中，近似系数矩阵误差的参数是关于正则化参数的函数。因此，在病态 EIV 的正则化中，正则化参数既要具有降正则化的性质，又要具有正则化的性质。现有关于病态 EIV 模型正则化的研究成果没有顾及这方面因素的影响。

病态模型的岭估计是 Tikhonov 函数的简化形式，测绘数据处理中的不适定模型可以用 Tikhonov 函数进行概括（欧吉坤，2004）。不适定模型的概括模型可以表示为

$$\boldsymbol{v}^{\mathrm{T}}\boldsymbol{P}\boldsymbol{v}+\boldsymbol{b}^{\mathrm{T}}\boldsymbol{P}_{B}\boldsymbol{b}+\alpha\Omega(\boldsymbol{x})=\min \tag{5.60}$$

式中，$\Omega(\boldsymbol{x})$ 为稳定泛函，其不同的取值可以概括不同的正则化方法。根据上述对病态 EIV 模型岭估计算法的分析，正则化参数在模型的正则化中既要具有降正则化的性质，又要具有正则化的性质，这种因素容易导致参数在迭代过程中发散。应用约束矩阵实现病态 EIV 模型的正则化，减小正则化参数对模型正则化的影响。对 EIV 模型的法矩阵进行特征值分解，得

$$(\boldsymbol{B}+\boldsymbol{E}_{B})^{\mathrm{T}}\boldsymbol{P}(\boldsymbol{B}+\boldsymbol{E}_{B})=\boldsymbol{G}\boldsymbol{\Lambda}\boldsymbol{G}^{\mathrm{T}} \tag{5.61}$$

式中，$\boldsymbol{\Lambda}$ 为特征值构成的对角矩阵；$\boldsymbol{G}$ 为特征向量构成的矩阵。对法矩阵的较小特征值进行选择性修正，可以有效降低病态模型参数估计的方差，减小正则化算法对参数估值的扰动（林东方等，2016）。根据总体最小二乘的正则化解（袁振超等，2009），应用法矩阵较小特征值对应的特征向量 G_i，可以得到参数的广义解，为

$$\hat{\boldsymbol{x}}=(\boldsymbol{B}^{\mathrm{T}}\boldsymbol{P}\boldsymbol{B}-\sigma_{n+1}^{2}\boldsymbol{I}_{n}+\boldsymbol{G}_{i}\boldsymbol{G}_{i}^{\mathrm{T}})^{-1}\boldsymbol{B}^{\mathrm{T}}\boldsymbol{P}\boldsymbol{l} \tag{5.62}$$

根据 EIV 模型的极值函数估值，建立病态 EIV 模型正则化的迭代算法。

1）计算拟合模型参数的初值。

$$\hat{\boldsymbol{x}}=(\boldsymbol{B}^{\mathrm{T}}\boldsymbol{P}\boldsymbol{B}+\boldsymbol{G}_{i}\boldsymbol{G}_{i}^{\mathrm{T}})^{-1}(\boldsymbol{B}^{\mathrm{T}}\boldsymbol{P}\boldsymbol{l}) \tag{5.63}$$

2）计算拟合模型参数总体最小二乘初值。

$$\hat{\boldsymbol{x}}=\{\boldsymbol{B}^{\mathrm{T}}[\boldsymbol{Q}+(\hat{\boldsymbol{x}}^{\mathrm{T}}\boldsymbol{Q}_{0}\hat{\boldsymbol{x}})\boldsymbol{Q}_{b}]^{-1}\boldsymbol{B}+\boldsymbol{G}_{i}\boldsymbol{G}_{i}^{\mathrm{T}}\}^{-1}\boldsymbol{B}^{\mathrm{T}}[\boldsymbol{Q}+(\hat{\boldsymbol{x}}^{\mathrm{T}}\boldsymbol{Q}_{0}\hat{\boldsymbol{x}})\boldsymbol{Q}_{b}]^{-1}\boldsymbol{l} \tag{5.64}$$

3）应用模型参数的估值，计算拉格朗日乘数的估值与改正数的估值。

$$\boldsymbol{\lambda}_{i}=[\boldsymbol{Q}+(\hat{\boldsymbol{x}}_{i}^{\mathrm{T}}\boldsymbol{Q}_{0}\hat{\boldsymbol{x}}_{i})\boldsymbol{Q}_{b}]^{-1}(\boldsymbol{l}-\boldsymbol{B}\hat{\boldsymbol{x}}_{i}) \tag{5.65}$$

$$\boldsymbol{\delta}_{i}=\boldsymbol{\lambda}_{i}^{\mathrm{T}}\boldsymbol{Q}_{b}\boldsymbol{\lambda}_{i} \tag{5.66}$$

4）计算拟合模型参数的总体最小二乘估值。

$$\hat{\boldsymbol{x}}_{i+1}=\{\boldsymbol{B}^{\mathrm{T}}[\boldsymbol{Q}+(\hat{\boldsymbol{x}}_{i}^{\mathrm{T}}\boldsymbol{Q}_{0}\hat{\boldsymbol{x}}_{i})\boldsymbol{Q}_{b}]^{-1}\boldsymbol{B}+\boldsymbol{G}_{i}\boldsymbol{G}_{i}^{\mathrm{T}}-\boldsymbol{\delta}_{i}\boldsymbol{Q}_{0}\}^{-1}\boldsymbol{B}^{\mathrm{T}}[\boldsymbol{Q}+(\hat{\boldsymbol{x}}_{i}^{\mathrm{T}}\boldsymbol{Q}_{0}\hat{\boldsymbol{x}}_{i})\boldsymbol{Q}_{b}]^{-1}\boldsymbol{l} \tag{5.67}$$

应用步骤 3）和 4）进行迭代计算，直到参数估值收敛。应用约束矩阵克服病态法矩阵对参数估值的扰动性影响，克服基于单一正则化参数实现病态 EIV 模型正则化算法存在的缺陷，5.3 节将结合实测数据对算法进行验证，并与传统算法进行比较。

5.2.4 秩亏 EIV 模型的正则化算法

缺乏必要的观测条件，或者模型过度参数化导致系数矩阵的列向量间存在复共线性，使得参数估计模型出现秩亏。自由网平差是测绘数据处理模型中典型的秩亏问题。在沉降区变形监测、GNSS 基线向量处理、大地测量反演等领域广泛存在因缺乏必要的观测数据而导致参数估计模型秩亏的问题。在测绘数据的拟合推估中，如 GNSS 高程异常拟合，存在选取过多的模型参数，使得模型过度参数化，导致模型的系数矩阵或者法矩阵的列向量间存在严重的复共线性。对模型参数的显著性进行检验是避免模型过度参数化的有效手段，在 2.3.2 节中已经对其进行过讨论。

解决自由网平差的秩亏问题的传统方法是补充一定的约束条件，在最小二乘准则下获得模型的参数解。以自由网平差中存在的秩亏问题为例，讨论它在总体最小二乘准则下的正则化算法，给出一种基于拉格朗日函数的迭代算法。

补充约束条件的秩亏 EIV 模型为

$$\begin{cases} \boldsymbol{v} = (\boldsymbol{B} + \boldsymbol{E}_B)\boldsymbol{x} - \boldsymbol{l} \\ \boldsymbol{G}^{\mathrm{T}}\boldsymbol{P}_G\boldsymbol{x} = 0 \end{cases} \tag{5.68}$$

式中，$\boldsymbol{G}$ 为条件方程的系数矩阵，$\boldsymbol{P}_G$ 为附加约束条件中参数的权矩阵；$\boldsymbol{B}$ 为 $m \times n$ 阶矩阵。在秩亏条件下，系数矩阵 $\boldsymbol{B}$ 的秩 rank（$\boldsymbol{B}$）$=t<n$，定义 $\boldsymbol{G}$ 为 $n\times$（$n-t$）阶矩阵，且

$$(\boldsymbol{B} + \boldsymbol{E}_B)\boldsymbol{G} = 0 \tag{5.69}$$

在总体最小二乘准则下，建立目标函数：

$$f(\boldsymbol{v},\boldsymbol{b},\boldsymbol{\lambda},\boldsymbol{u},\boldsymbol{x}) = \boldsymbol{v}^{\mathrm{T}}\boldsymbol{P}\boldsymbol{v} + \boldsymbol{b}^{\mathrm{T}}\boldsymbol{P}_B\boldsymbol{b} + 2\boldsymbol{\lambda}^{\mathrm{T}}(\boldsymbol{l} + \boldsymbol{v} - \boldsymbol{B}\boldsymbol{x} - \boldsymbol{E}_B\boldsymbol{x}) + 2\boldsymbol{u}^{\mathrm{T}}(\boldsymbol{G}^{\mathrm{T}}\boldsymbol{P}_G\boldsymbol{x}) = \min \tag{5.70}$$

式中，$\boldsymbol{u}$ 为系数向量。为分析约束条件方程与总体最小二乘准则的关系，式（5.70）对参数 $\boldsymbol{x}$ 求偏导数：

$$\frac{1}{2}\frac{\partial f}{\partial \boldsymbol{x}} = -\boldsymbol{\lambda}^{\mathrm{T}}\boldsymbol{B} - \boldsymbol{\lambda}^{\mathrm{T}}\boldsymbol{E}_B + \boldsymbol{u}^{\mathrm{T}}\boldsymbol{G}^{\mathrm{T}}\boldsymbol{P}_G = 0 \tag{5.71}$$

式（5.71）右端同乘以矩阵 $\boldsymbol{G}$，得到

$$-\boldsymbol{\lambda}^{\mathrm{T}}\boldsymbol{B}\boldsymbol{G} - \boldsymbol{\lambda}^{\mathrm{T}}\boldsymbol{E}_B\boldsymbol{G} + \boldsymbol{u}^{\mathrm{T}}\boldsymbol{G}^{\mathrm{T}}\boldsymbol{P}_G\boldsymbol{G} = 0 \tag{5.72}$$

式中，二次型 $\boldsymbol{G}^{\mathrm{T}}\boldsymbol{P}_B\boldsymbol{G}$ 恒大于 0，顾及式（5.69），若要使式（5.72）成立，则必然存在向量 $\boldsymbol{u}$ 等于 0。由此可以得到结论，秩亏自由网平差的总体最小二乘准则与附加的约束条件无关，并且由平差模型得到的观测量的改正数不会由于基准约束条件的不同而改变，即 $\boldsymbol{v}^{\mathrm{T}}\boldsymbol{P}\boldsymbol{v} + \boldsymbol{b}^{\mathrm{T}}\boldsymbol{P}_B\boldsymbol{b}$ 是一个不变量。基于此结论，应用拉格朗日乘数，在总体最小二乘准则下，建立秩亏 EIV 模型平差的迭代算法。

1）在最小二乘准则下计算参数的初值 $\hat{\boldsymbol{x}}_1$。

$$\hat{\boldsymbol{x}}_1 = \left(\boldsymbol{B}^{\mathrm{T}}\boldsymbol{P}_B\boldsymbol{B} + \boldsymbol{P}_G\boldsymbol{G}\boldsymbol{G}^{\mathrm{T}}\boldsymbol{P}_G\right)^{-1}(\boldsymbol{B}^{\mathrm{T}}\boldsymbol{P}_B\boldsymbol{l}) \tag{5.73}$$

2）应用参数的最小二乘解 $\hat{\boldsymbol{x}}_1$，计算总体最小二乘解 $\hat{\boldsymbol{x}}_2$。

$$\hat{\boldsymbol{x}}_2=\{\boldsymbol{B}^{\mathrm{T}}[\boldsymbol{Q}+(\hat{\boldsymbol{x}}_1^{\mathrm{T}}\boldsymbol{Q}_0\hat{\boldsymbol{x}}_1)\boldsymbol{Q}_b]^{-1}\boldsymbol{B}+\boldsymbol{G}^{\mathrm{T}}\boldsymbol{P}_G\boldsymbol{G}\}^{-1}\boldsymbol{B}^{\mathrm{T}}[\boldsymbol{Q}+(\hat{\boldsymbol{x}}_1^{\mathrm{T}}\boldsymbol{Q}_0\hat{\boldsymbol{x}}_1)\boldsymbol{Q}_b]^{-1}\boldsymbol{l} \tag{5.74}$$

3）应用式（5.74）的总体最小二乘估值计算拉格朗日乘数[式（5.75）]与改正数的初值[式（5.76）]；建立迭代算法并计算参数的估值[式（5.77）]，直到 $\|\hat{\boldsymbol{x}}_{i+1}-\hat{\boldsymbol{x}}_i\|\leqslant\varepsilon$（$\varepsilon$ 为给定的阈值）。

$$\boldsymbol{\lambda}_i=[\boldsymbol{Q}+(\hat{\boldsymbol{x}}_i^{\mathrm{T}}\boldsymbol{Q}_0\hat{\boldsymbol{x}}_i)\boldsymbol{Q}_b]^{-1}(\boldsymbol{l}-\boldsymbol{B}\hat{\boldsymbol{x}}_i) \tag{5.75}$$

$$\boldsymbol{v}_i=\boldsymbol{\lambda}_i^{\mathrm{T}}\boldsymbol{Q}_b\boldsymbol{\lambda}_i \tag{5.76}$$

$$\hat{\boldsymbol{x}}_{i+1}=\{\boldsymbol{B}^{\mathrm{T}}[\boldsymbol{Q}+(\hat{\boldsymbol{x}}_i^{\mathrm{T}}\boldsymbol{Q}_0\hat{\boldsymbol{x}}_i)\boldsymbol{Q}_b])^{-1}\boldsymbol{B}-\boldsymbol{v}_i\boldsymbol{Q}_0+\boldsymbol{G}^{\mathrm{T}}\boldsymbol{P}_G\boldsymbol{G}\}^{-1}\boldsymbol{B}^{\mathrm{T}}[\boldsymbol{Q}+(\hat{\boldsymbol{x}}_i^{\mathrm{T}}\boldsymbol{Q}_0\hat{\boldsymbol{x}}_i)\boldsymbol{Q}_b]^{-1}\boldsymbol{l} \tag{5.77}$$

5.3 正则化算法在测绘数据处理中的应用

5.3.1 EIV 模型参数估计算法的降正则化实验分析

根据 5.2 节对奇异值分解算法的分析，总体最小二乘算法是在系数矩阵中减去一个接近于系数矩阵误差的协方差矩阵，以削弱系数矩阵误差对参数估值的影响。以基于奇异值分解的总体最小二乘算法为例：

$$\hat{\boldsymbol{x}}=(\boldsymbol{B}^{\mathrm{T}}\boldsymbol{B}-\sigma_{n+1}^2\boldsymbol{I}_n)^{-1}\boldsymbol{B}^{\mathrm{T}}\boldsymbol{l} \tag{5.78}$$

σ_{n+1} 为增广矩阵 $[\boldsymbol{B}\ \boldsymbol{l}]$ 的第 $n+1$ 个奇异值。根据矩阵的谱分解式

$$\boldsymbol{N}=\boldsymbol{A}\begin{pmatrix}\lambda_1 & & \\ & \ddots & \\ & & \lambda_m\end{pmatrix}\boldsymbol{A}^{\mathrm{T}} \tag{5.79}$$

模型的病态性是指系数矩阵或者法矩阵的谱分解式中有若干个特征值接近于 0。当模型病态时，总体最小二乘算法会使矩阵的特征值更加接近于 0，加重矩阵的病态性，因此，总体最小二乘算法具有降正则化的性质。本节通过实验来分析总体最小二乘算法具有降正则化的性质，数据来源于鲁铁定和周世健（2011）的研究。EIV 模型的系数矩阵 $\boldsymbol{B}$，观测向量 $\boldsymbol{l}$ 分别为

$$\boldsymbol{B}=\begin{bmatrix}1.8812 & -5.1186 & 1.0129 & 1.0806 & -9.5331\\ -2.2202 & 3.8944 & 1.0656 & -1.0268 & 8.4156\\ -1.9014 & 1.1472 & 0.8832 & -1.0990 & 2.4498\\ -1.0519 & 2.5056 & 3.9539 & -0.3660 & 7.1488\\ -0.9673 & 3.0783 & 3.9738 & -0.4710 & 8.3454\\ 1.0234 & 0.9959 & -3.1213 & 0.5479 & 0.4053\\ 3.0021 & 6.8872 & -3.1319 & 1.6138 & 12.675\\ 4.8996 & -1.1349 & -1.9069 & 2.4316 & -2.9337\\ 3.9053 & 1.9739 & -1.9989 & 1.8808 & 2.9146\\ 3.9626 & 3.0953 & -2.0645 & 1.9927 & 4.8799\end{bmatrix},$$

$\boldsymbol{l}=\begin{bmatrix}-10.512 & 10.443 & 1.4485 & 11.94 & 14.085 & -0.1535 & 21.192 & 1.6535 & 8.9494 & 11.865\end{bmatrix}^{\mathrm{T}}$。矩阵 $\boldsymbol{B}^{\mathrm{T}}\boldsymbol{B}$ 的条件数为 20 837。对矩阵 $\boldsymbol{B}^{\mathrm{T}}\boldsymbol{B}$ 进行奇异值分解，由其特征值组成的对角矩阵为 diag[608.47 140.83 27.432 0.11645 0.029201]，得到矩阵 $\boldsymbol{B}^{\mathrm{T}}\boldsymbol{B}-\sigma_{n+1}^{2}\boldsymbol{I}_n$ 为

$$\boldsymbol{B}^{\mathrm{T}}\boldsymbol{B}-\sigma_{n+1}^{2}\boldsymbol{I}_n=\begin{bmatrix}79.116 & 10.039 & -48.069 & 39.803 & -2.0564\\ 10.039 & 121.6 & -10.732 & 5.6235 & 239.87\\ -48.069 & -10.732 & 65.782 & -23.564 & 11.636\\ 39.803 & 5.6235 & -23.564 & 20.082 & 0.56727\\ -2.0564 & 239.87 & 11.636 & 0.56727 & 490.16\end{bmatrix},$$

其条件数为 5.4555×10^{8}，模型的病态性显著加重。实验结果表明，对于具有病态系数矩阵的 EIV 模型，其总体最小二乘算法具有降正则化的作用，会加重模型的病态性，使模型参数的估值更加不稳定。根据上述讨论，如果从数理统计的角度分析，当模型病态时，总体最小二乘算法并不比最小二乘算法具有优势。因此，有必要对病态 EIV 模型的正则化算法进行针对性研究。

5.3.2 测边网平差中的应用

王乐洋和于冬冬（2014）应用病态测边网数据对其建立的病态 EIV 模型的虚拟观测解法进行了验证。已知点 P1~P9 的坐标以及已知点与待定点 P10、P11 的观测距离见表 5.3，控制点平面位置如图 5.1 所示。

表 5.3 已知点坐标与观测距离 单位：m

点号	坐标			观测距离	
	x	y	H	$d_{i,10}$	$d_{i,11}$
P1	23.000	10.000	0.010	25.078 69	16.765 17
P2	-10.000	9.990	0.000	14.134 51	17.719 65
P3	35.000	10.010	-0.010	36.415 88	28.442 94
P4	100.000	19.990	0.005	101.479 43	93.168 39
P5	-36.000	10.005	0.000	37.364 22	43.299 05
P6	0.000	10.010	-0.005	10.010 04	8.600 60
P7	56.000	9.995	0.010	56.996 06	49.256 18
P8	-15.000	10.015	-0.010	18.035 90	22.559 66
P9	-1.7000	10.008	0.015	10.150 63	10.043 82

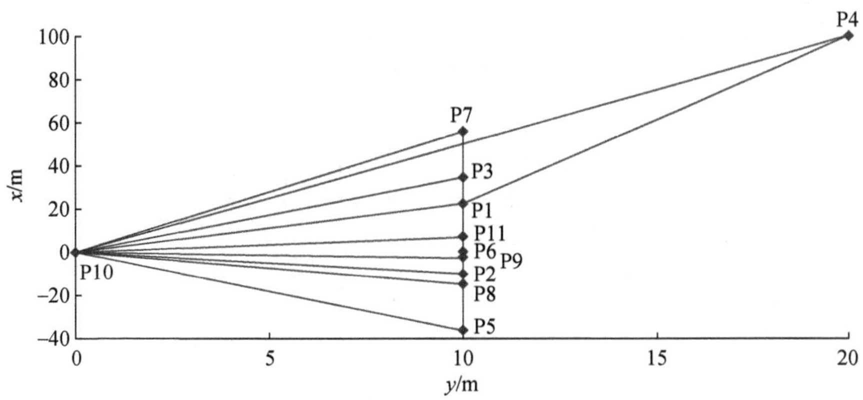

图 5.1 控制点的平面位置

根据已知数据与观测数据求解待定点 P10、P11 的坐标[其真值分别为（0，0，0），（7，10，-5）]，测边控制网观测方程的法矩阵的条件数为 4585，呈病态性。应用最小二乘（LS）算法、总体最小二乘（TLS）算法、最小二乘正则化（RLS）算法及总体最小二乘正则化（RTLS）算法得到的参数估值见表 5.4。

表 5.4 不同算法求解的参数估值 单位：m

算法	待定点坐标					
	X_{10}	Y_{10}	Z_{10}	X_{11}	Y_{11}	Z_{11}
LS	-0.0481	-0.0379	8.9686	7.0186	5.2929	-5.0026
TLS	-0.056	0.0033	19.8651	7.1006	-0.0701	-4.8405
RLS	-0.0487	-0.0317	-0.0199	6.9549	9.8471	-5.0722
RTLS	0.0051	-0.0109	0.0193	7.0015	9.9874	-5.0103

此算例结果表明，处理病态问题的总体最小二乘正则化算法和最小二乘正则化算法都比总体最小二乘算法和最小二乘算法更好地降低了法矩阵的病态性，获得的参数估值具有稳定的收敛性，同时，总体最小二乘正则化算法求解的参数估值更趋近于真值。

5.3.3 三维坐标转换中的应用

坐标系统的一致性是保证测量成果精确、科学的前提，连续运行参考站系统（continuously operating reference stations, CORS）的成熟与广泛应用，使得建立并维持统一的地心坐标参考框架成为可能。为满足需求，很多地区和生产企业需要在各自的作业区域建立独立的坐标系统，以煤炭生产企业为例，有的矿区在国家坐标系统或者地方独立坐标系统下建立矿区平面坐标系统，有的矿区则自行建立一套坐标系统，目前我国煤炭生产企业使用的坐标系统种类繁多。并且这些坐标系统从建矿开始一直沿用至今，在地表容易发生变形的矿区环境下，原有坐标系统在维持矿区参考框架的有效性方面值得商榷。表 5.5 列举了应用 GNSS 进行控制测量对某矿区部分控制点平面坐标开展质量检核的结果。

表 5.5　矿区控制点平面坐标检核　　单位：m

点号	原有平面坐标		GNSS 控制测量平面坐标	
	x_1	y_1	x_2	y_2
1	3909.484	653.075	3909.484	653.075
2	3892.751	919.480	3892.883	919.342
3	4297.145	920.001	4297.131	920.133

注：GNSS 控制测量获得的平面坐标，是将 1 号点原有坐标作为已知坐标，通过二维约束平差获得。

通过表 5.5 计算控制点间在原有参心参考框架与地心参考框架中的距离与方位角，比较它们之间的相对位置，见表 5.6。

表 5.6　控制点的相对位置

点号	原有参考框架		检核参考框架		距离相对误差
	距离/m	方位角	距离/m	方位角	
1-2	266.930	93° 35′38.57″	266.784	93°34′ 03.07″	1/1828
2-3	404.394	0°04′25.74″	404.249	0° 06′ 43.55″	1/2786

检核结果表明，控制点间的方位角在不同的参考框架下存在较大偏差：点 1-2 方位偏差 1′35.50″；点 2-3 方位偏差 2′17.81″。可见，在不同的参考框架中，控制点间存在较大的方位偏差，在进行坐标系统改造时，转换模型的旋转参数存在大旋转角的问题。为实现坐标系统的改造，使测量基准保持统一、可靠的参考框架，完成参考系统由参心坐标系向地心坐标系的转换，应用秩亏总体最小二乘算法讨论独立坐标系向国家地心坐标系转换时存在的大旋转角问题，解决在大旋转角条件下实现坐标系统转换的 EIV 模型参数估计。

随着我国三维地心坐标系的推广应用，坐标系统的改造主要由二维参心坐标系向三维地心坐标系的转换，应用空间坐标转换模型可以实现转换（忽略 2.2.1 节讨论的参心坐标系下空间三维直角坐标获取问题）。以 Bursa 空间转换模型为例。

$$\begin{bmatrix} X_2 \\ Y_2 \\ Z_2 \end{bmatrix} = \begin{bmatrix} X_0 \\ Y_0 \\ Z_0 \end{bmatrix} + \mu \begin{bmatrix} X_1 \\ Y_1 \\ Z_1 \end{bmatrix} + \begin{bmatrix} 1 & \varepsilon_Z & -\varepsilon_Y \\ -\varepsilon_Z & 1 & \varepsilon_X \\ \varepsilon_Y & -\varepsilon_X & 1 \end{bmatrix} \begin{bmatrix} X_1 \\ Y_1 \\ Z_1 \end{bmatrix} \tag{5.80}$$

当两个坐标系统间的旋转角为微小值时，模型中的旋转参数直接取弧度值。当独立坐标系与目标坐标系存在较大的方位偏差时，传统空间转换模型并不适用。定义具有大旋转角参数的空间坐标转换模型为（陈义等，2004）：

$$\begin{bmatrix} X_2 \\ Y_2 \\ Z_2 \end{bmatrix} = \begin{bmatrix} X_0 \\ Y_0 \\ Z_0 \end{bmatrix} + \mu \begin{bmatrix} X_1 \\ Y_1 \\ Z_1 \end{bmatrix} + \begin{bmatrix} a_1 & a_2 & a_3 \\ b_1 & b_2 & b_3 \\ c_1 & c_2 & c_3 \end{bmatrix} \begin{bmatrix} X_1 \\ Y_1 \\ Z_1 \end{bmatrix} \tag{5.81}$$

式中，$[a_1\ b_1\ c_1]^{\mathrm{T}}$ 为原坐标系的 X_1 轴在目标坐标系 $O\text{-}X_2Y_2Z_2$ 中的方向余弦；$[a_2\ b_2\ c_2]^{\mathrm{T}}$ 为原坐标系的 Y_1 轴在目标坐标系 $O\text{-}X_2Y_2Z_2$ 中的方向余弦；$[a_3\ b_3\ c_3]^{\mathrm{T}}$ 为原坐标系的 Z_1 轴在目标坐标系 $O\text{-}X_2Y_2Z_2$ 中的方向余弦。定义正交矩阵 $\boldsymbol{M}$：

$$\boldsymbol{M} = \begin{bmatrix} a_1 & a_2 & a_3 \\ b_1 & b_2 & b_3 \\ c_1 & c_2 & c_3 \end{bmatrix} \tag{5.82}$$

此时，MM^{T} 为单位阵，并且旋转参数满足下述关系：

$$\begin{cases} a_1^2 + a_2^2 + a_3^2 = 1 \\ b_1^2 + b_2^2 + b_3^2 = 1 \\ c_1^2 + c_2^2 + c_3^2 = 1 \\ a_1a_2 + b_1b_2 + c_1c_2 = 0 \\ a_1a_3 + b_1b_3 + c_1c_3 = 0 \\ a_2a_3 + b_2b_3 + c_2c_3 = 0 \end{cases} \tag{5.83}$$

设观测数为 m，将式（5.81）表示为观测方程，为

$$\boldsymbol{L} = \boldsymbol{B}\boldsymbol{X} \tag{5.84}$$

式中，$\boldsymbol{L} = \begin{bmatrix} X_2^1 & Y_2^1 & Z_2^1 & \cdots & X_2^m & Y_2^m & Z_2^m \end{bmatrix}^{\mathrm{T}}$；

$\boldsymbol{X} = \begin{bmatrix} X_0 & Y_0 & Z_0 & \mu & a_1 & a_2 & a_3 & b_1 & b_2 & b_3 & c_1 & c_2 & c_3 \end{bmatrix}^{\mathrm{T}}$；

$$\boldsymbol{B} = \begin{bmatrix} 1 & 0 & 0 & X_1^1 & X_1^1 & Y_1^1 & Z_1^1 & 0 & 0 & 0 & 0 & 0 & 0 \\ 0 & 1 & 0 & Y_1^1 & 0 & 0 & 0 & X_1^1 & Y_1^1 & Z_1^1 & 0 & 0 & 0 \\ 0 & 0 & 1 & Z_1^1 & 0 & 0 & 0 & 0 & 0 & 0 & X_1^1 & Y_1^1 & Z_1^1 \\ & & & & & & \vdots & & & & & & \\ 1 & 0 & 0 & X_1^m & X_1^m & Y_1^m & Z_1^m & 0 & 0 & 0 & 0 & 0 & 0 \\ 0 & 1 & 0 & Y_1^m & 0 & 0 & 0 & X_1^m & Y_1^m & Z_1^m & 0 & 0 & 0 \\ 0 & 0 & 1 & Z_1^m & 0 & 0 & 0 & 0 & 0 & 0 & X_1^m & Y_1^m & Z_1^m \end{bmatrix}$$。

在旋转矩阵 $\boldsymbol{M}$ 中仅有三个独立参数，其余参数都是其非线性表达式[式（5.83）]，当有 3 个及以上的公共点时，可以获得三个平移参数、一个尺度比参数、三个旋转参数。若直接求解参数，则过程非常烦琐，不便于在生产实践中应用。将式（5.83）视为以旋转参数为变量的函数，并将其在旋转参数的初值$(a_1^0\ a_2^0\ a_3^0\ b_1^0\ b_2^0\ b_3^0\ c_1^0\ c_2^0\ c_3^0)$处按一阶泰勒级数展开，且将其线性化，表示为以下形式：

$$\boldsymbol{G}^{\mathrm{T}}\boldsymbol{x} + \boldsymbol{W} = 0 \tag{5.85}$$

式中，

$$\boldsymbol{G}^{\mathrm{T}}=\begin{bmatrix} 0&0&0&0&2a_1^0&2a_2^0&2a_3^0&0&0&0&0&0&0\\ 0&0&0&0&0&0&0&2b_1^0&2b_2^0&2b_3^0&0&0&0\\ 0&0&0&0&0&0&0&0&0&0&2c_1^0&2c_2^0&2c_3^0\\ 0&0&0&0&a_2^0&a_1^0&0&b_2^0&b_1^0&0&c_2^0&c_1^0&0\\ 0&0&0&0&a_3^0&0&a_1^0&b_3^0&0&b_1^0&c_3^0&0&c_1^0\\ 0&0&0&0&0&a_3^0&a_2^0&0&b_3^0&b_2^0&0&c_3^0&c_2^0 \end{bmatrix};$$

$$\boldsymbol{x}=\begin{bmatrix}\mathrm{d}X_0 & \mathrm{d}Y_0 & \mathrm{d}Z_0 & \mathrm{d}\mu & \mathrm{d}a_1 & \mathrm{d}a_2 & \mathrm{d}a_3 & \mathrm{d}b_1 & \mathrm{d}b_2 & \mathrm{d}b_3 & \mathrm{d}c_1 & \mathrm{d}c_2 & \mathrm{d}c_3\end{bmatrix}^{\mathrm{T}};$$

$$\boldsymbol{W}=\begin{bmatrix} a_1^{02}+a_2^{02}+a_3^{02}-1\\ b_1^{02}+b_2^{02}+b_3^{02}-1\\ c_1^{02}+c_2^{02}+c_3^{02}-1\\ a_1^0a_2^0+b_1^0b_2^0+c_1^0c_2^0\\ a_1^0a_3^0+b_1^0b_3^0+c_1^0c_3^0\\ a_2^0a_3^0+b_2^0b_3^0+c_2^0c_3^0 \end{bmatrix}。$$

根据观测方程（5.84）直接给出其误差方程，为

$$\boldsymbol{v}=\boldsymbol{Bx}-\boldsymbol{l} \tag{5.86}$$

由于旋转参数间存在复线性关系，当公共点数据不足时，系数矩阵 $\boldsymbol{B}$ 秩亏，无法获得参数的唯一解。为获得参数的唯一解，应该补充约束条件，附有约束条件的间接平差模型为

$$\begin{cases}\boldsymbol{v}=\boldsymbol{Bx}-\boldsymbol{l}\\ \boldsymbol{G}^{\mathrm{T}}\boldsymbol{x}=\boldsymbol{W}\end{cases} \tag{5.87}$$

当应用转换模型实现由参心坐标系向地心坐标系转换时，转换模型的系数矩阵中的元素由参心坐标系下控制点的坐标或者坐标的函数组成，观测向量中的元素由应用GNSS进行控制测量获得的控制点坐标（坐标差）组成。实践表明，应用GNSS进行控制测量获得的成果精度高于应用传统控制测量获得的成果精度 1～2 个量级。因此，在坐标转换模型中，系数矩阵中的元素的精度要低于观测向量中的元素的精度。若是应用最小二乘准则求解模型参数，则只是对观测向量含有的误差进行约束，而忽略了系数矩阵中精度更差的元素含有的误差。特别是特殊地质环境下，针对控制点在原有坐标系中的坐标精度差的实情，应用最小二乘准则求解模型参数显然是不合理的。为实现对观测向量中含有的误差进行约束的同时，顾及系数矩阵中含有的误差，应用总体最小二乘准则求解模型参数，建立的秩亏平差模型为

$$\begin{cases}\boldsymbol{v}=(\boldsymbol{B}+\boldsymbol{E}_B)\boldsymbol{x}-\boldsymbol{l}\\ \boldsymbol{G}^{\mathrm{T}}\boldsymbol{x}=\boldsymbol{W}\end{cases} \tag{5.88}$$

应用算例，讨论应用秩亏 EIV 模型参数估计算法解决坐标系统转换中存在的具有大

旋转角的 EIV 模型参数估计问题。某控制点在原坐标系中的模拟空间三维直角坐标见表 5.7[在实际工作中，可由其大地坐标获得，大地经、纬度由平面坐标进行高斯反算得到，大地高由高程加上高程异常概略值得到，具体方法请参阅谢鸣宇和姚宜斌（2008）的相关研究]。

表 5.7 控制点在原坐标系中的空间三维直角坐标 单位：m

点号	X_1	Y_1	Z_1	点号	X_1	Y_1	Z_1
1	0	0	0	10	−300	−450	7 327
2	289	0	3 327	11	444	0	9 327
3	−144	216.5	3 327	12	−222	333	9 327
4	−144	−216.5	3 327	13	−222	−333	9 327
5	444	0	5 327	14	289	0	11 327
6	−222	333	5 327	15	−144	216.5	11 327
7	−222	−333	5 327	16	−144	−216.5	11 327
8	600	0	7 327	17	0	0	14 625
9	−300	450	7 327				

模型参数的模拟值（真值）为

$$[X_0 \quad Y_0 \quad Z_0]=[835 \quad -629 \quad -484]；\ \mu=1；$$

$$\begin{bmatrix} a_1 & a_2 & a_3 \\ b_1 & b_2 & b_3 \\ c_1 & c_2 & c_3 \end{bmatrix}=\begin{bmatrix} 0.1 & 0.00338 & -0.002478 \\ 0.00325 & -0.00056 & 0.1 \\ -0.00348 & 0.1 & -0.00055 \end{bmatrix}。$$

根据模型参数的真值与控制点在原坐标系中的坐标，计算控制点在目标坐标系中的空间三维直角坐标，见表 5.8。

表 5.8 控制点在目标坐标系中的空间三维直角坐标 单位：m

点号	X_2	Y_2	Z_2	点号	X_2	Y_2	Z_2
1	835	−629	−484	10	485.32	−347.02	6 795
2	1 144.7	−295.36	2 840.2	11	1 300.3	305.14	8 836.3
3	669.09	−80.389	2 863.3	12	568.81	635.79	8 871.9
4	667.62	−513.15	2 820	13	566.56	−29.835	8 805.3
5	1 310.2	−94.857	4 838.5	14	1 124.8	504.64	10 836
6	578.73	235.79	4 874.1	15	649.26	719.61	10 859
7	576.47	−429.84	4 807.5	16	647.8	286.85	10 816
8	1 476.8	105.65	6 836.9	17	798.76	833.5	14 133
9	488.36	552.47	6 885				

将控制点在目标坐标系中的空间三维直角坐标值坐标（表 5.8）中插入均值为 0、方差为 0.04 的随机误差，并将插入随机误差的作为观测向量中元素的坐标值观测值，见表 5.9。

表 5.9　插入随机误差的控制点在目标坐标系中的坐标　　单位：m

点号	X_2	Y_2	Z_2	点号	X_2	Y_2	Z_2
1	834.995	−629.051	-484.067	10	485.259	−347.020	6 795.003
2	1 144.672	−295.349	2 840.178	11	1 300.313	305.160	8 836.351
3	669.037	−80.346	2 863.272	12	568.788	635.800	8 871.899
4	667.620	−513.150	2 819.990	13	566.537	−29.750	8 805.290
5	1 310.216	−94.868	4 838.433	14	1 124.744	504.711	10 836.013
6	578.689	235.800	4 874.050	15	649.215	719.635	10 859.051
7	576.456	−429.878	4 807.453	16	647.764	286.855	10 815.994
8	1 476.759	105.634	6 836.907	17	798.713	833.547	14 132.999
9	488.355	552.513	6 884.990				

将控制点在原坐标系中的空间三维直角坐标值（表 5.7）中插入均值为 0、方差为 0.4 的随机误差，并将插入随机误差的坐标值作为系数矩阵中元素的观测值，坐标值见表 5.10。

表 5.10　插入随机误差的控制点在原坐标系中的坐标　　单位：m

点号	X_1	Y_1	Z_1	点号	X_1	Y_1	Z_1
1	0.395	−0.207	0.131	10	−300.258	−449.678	7 327.093
2	289.094	0.009	3 326.598	11	443.604	0.536	9 327.116
3	−144.379	216.35	3 326.526	12	−221.408	333.455	9 326.726
4	−144.422	−215.911	3 327.022	13	−222.517	−333.029	9 326.868
5	443.513	−0.016	5 326.549	14	288.663	0.199	11 327.595
6	−222.54	332.896	5 327.381	15	−144.219	216.161	11 326.901
7	−221.949	−332.737	5 326.533	16	−143.735	−216.842	11 326.519
8	599.816	−0.105	7 326.515	17	-0.048	−0.026	14 625.194
9	−300.528	450.372	7 327.004				

从 17 个含有误差的公共点中（表 5.9 和表 5.10），选取 3 个控制点作为一组观测值，求解模型参数，共选取三组。选取的公共点分别为：1、6、11；2、7、12；3、8、13。其余控制点作为检核点，以检核所求模型参数的外符合精度；并用公共点转换的残差计

算其点位均方误差，作为模型参数的内符合精度。在计算公共点的转换残差，并应用其进行精度检核时，观测值的真值用没有混入随机误差的观测值（表 5.8），不使用含有误差的观测值的原因是为了考量用控制点在原坐标系中含有误差的坐标实现坐标系统的转换，其转换后的坐标与真实坐标的偏差。

观测向量的权矩阵定义为权值为 2 的对角矩阵，应用于最小二乘准则下的秩亏自由网平差；系数矩阵的权矩阵定义为权值为 10 的对角矩阵，应用于总体最小二乘准则下的秩亏自由网平差；根据公共点数据求解模型参数。根据求解的模型参数，公共点坐标经模型转换后，其转换残差见表 5.11。转换残差 v 的计算公式为

$$\boldsymbol{v} = \boldsymbol{B}\boldsymbol{X} - \boldsymbol{L} \tag{5.89}$$

式中，$\boldsymbol{B}$ 由混入随机误差的控制点在原坐标系中的坐标组成（表 5.10）；L 由不含有误差的观测值组成（表 5.8）。

表 5.11 公共点的转换残差 单位：m

组别	点号	最小二乘拟合残差			总体最小二乘拟合残差		
		X	Y	Z	X	Y	Z
一	1	0.433	−0.193	0.109	0.236	0.089	0.043
	6	−0.595	−0.068	0.373	−0.225	−0.125	0.016
	11	−0.434	0.546	0.171	−0.079	0.236	0.278
二	2	0.1	−0.031	−0.399	0.053	−0.027	−0.198
	7	0.059	0.216	−0.441	0.182	0.033	−0.285
	12	0.653	0.423	−0.23	0.113	0.357	−0.202
三	3	−0.416	−0.198	−0.488	−0.227	−0.123	−0.251
	8	−0.202	−0.154	−0.495	−0.207	−0.110	−0.102
	13	−0.568	−0.044	−0.133	−0.293	0.153	−0.029

根据公共点的转换残差，计算点位均方误差 m_{P}。

$$m_{\mathrm{P}} = \frac{v_X^2 + v_Y^2 + v_Z^2}{3} \tag{5.90}$$

式中，v_X、v_Y、v_Z 分别为 X、Y、Z 方向转换的残差。公共点点位均方误差分布如图 5.2 所示。

表 5.11 表明，根据总体最小二乘算法求解的残差，除少数控制点的某个坐标轴方向大于最小二乘算法求解的残差，其余均小于最小二乘算法求解的残差。根据表 5.11 计算的控制点点位均方误差，应用总体最小二乘算法转换的精度显著高于最小二乘算法，总体最小二乘算法求解模型参数的结果更加有效。

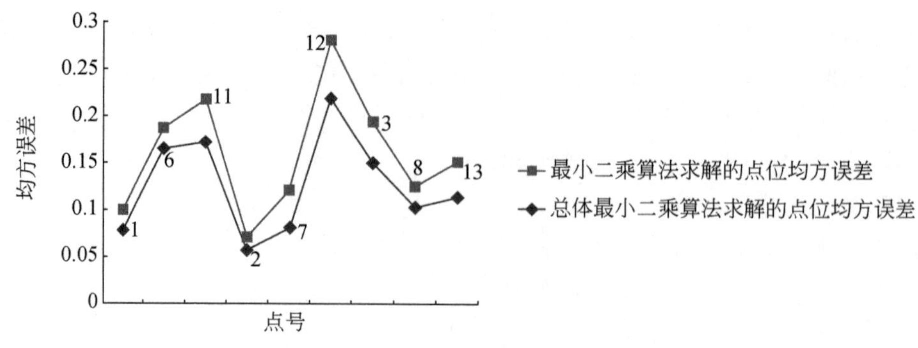

图 5.2　不同算法求解的点位均方误差

应用公共点分别在最小二乘准则与总体最小二乘准则下求解转换模型参数，分别用检核点 4、5、9、10、14、15、16、17 根据公共点求解模型参数，计算转换的残差。根据残差分别计算在最小二乘准则与总体最小二乘准则下不同坐标轴方向的中误差 m。

$$m=\pm\sqrt{\frac{v_1^2+\cdots+v_n^2}{n}} \tag{5.91}$$

式中，v_n 为根据不同的模型参数计算的残差。在最小二乘准则与总体最小二乘准则下求解不同公共点的中误差，结果见表 5.12。

表 5.12　检核点拟合残差　　　　单位：m

点号	最小二乘准则			总体最小二乘准则		
	m_X	m_Y	m_Z	m_X	m_Y	m_Z
4	0.422	0.538	0.075	0.251	0.251	0.196
5	0.488	0.058	0.411	0.072	0.191	0.055
9	0.528	0.338	0.04	0.252	0.315	0.085
10	0.258	0.302	0.115	0.041	0.154	0.069
14	0.339	0.235	0.562	0.067	0.203	0.158
15	0.22	0.318	0.12	0.118	0.132	0.151
16	0.266	0.355	0.47	0.082	0.159	0.218
17	0.049	0.006	0.175	0.029	0.006	0.095

根据最小二乘算法与总体最小二乘算法求得的 X、Y、Z 方向的中误差分布如图 5.3～图 5.5 所示。

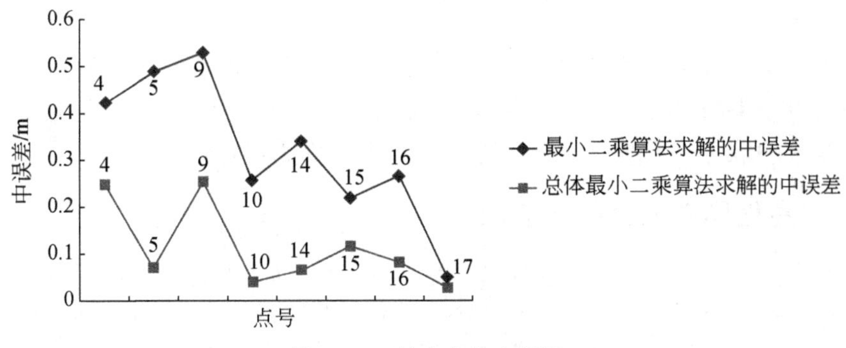

图 5.3 *X* 轴方向的中误差

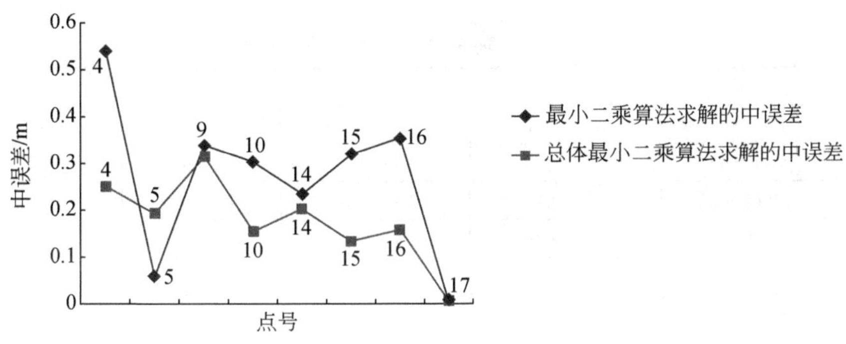

图 5.4 *Y* 轴方向的中误差

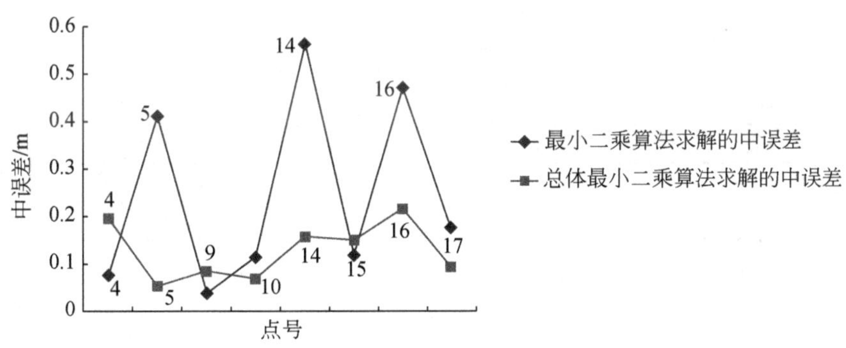

图 5.5 *Z* 轴方向的中误差

模型的外符合精度同时表明，总体最小二乘算法求解的精度高于最小二乘算法。在坐标系统改造中，特别是由参心坐标系向地心坐标系转换，或者由独立坐标系向国家坐标系的转换，受观测技术的限制，以及地壳形变、地表沉降等因素的影响，控制点在原坐标系中的坐标精度远远低于应用 GNSS 技术获得的在地心坐标系中的坐标值（相对坐标）。应用数学模型对控制点在原有坐标系中的坐标进行转换，此时模型的系数矩阵由控制点在参心坐标系中的坐标组成，观测向量由控制点在地心坐标系中的坐标（差）组成，系数矩阵元素中含有的误差高于观测向量元素中含有的误差，系数矩阵中的误差不应该被忽略。就我国坐标系统的现状而言，应用总体最小二乘算法实现坐标系统的转换更加符合实情。

地下工程坐标系统的升级改造，对原坐标系统只进行平移变换，保持控制点在目标坐标系中观测成果的尺度与方位不变，往往能得到精度更高的成果。但是对于维持地表、地下测量基准的统一，只对原坐标系统进行平移变换显然是不合理的。

5.3.4　高程异常拟合中的应用

应用某测区进行高程异常拟合实验，控制点高程（h）通过三等高程控制测量获得；控制点平面坐标（x,y）与大地高（H）通过布设 GNSS C 级控制网，并进行三维无约束平差获得。实验数据见表 5.13，控制点点位分布如图 5.6 所示，高程异常 δ 的近似取值为 $\delta=H-h$。

表 5.13　算例应用的实验数据　　单位：m

点号	x	y	h	H	δ
1	7 063.584	8 240.891	1 218.084	1 073.383	−144.701
2	6 685.552	8 622.459	1 153.315	1 008.603	−144.712
3	6 514.292	8 174.893	1 129.431	984.724	−144.707
4	6 122.861	8 554.675	1 160.549	1 015.850	−144.699
5	6 273.595	9 062.052	1 154.210	1 009.517	−144.693
6	5 950.708	9 455.693	1 189.202	1 044.542	−144.660
7	6 778.472	9 038.551	1 185.020	1 040.327	−144.693
8	6 614.093	9 414.566	1 153.934	1 009.243	−144.691
9	7 100.754	9 431.254	1 203.835	1 059.153	−144.682
10	5 915.484	8 174.893	1 186.202	1 041.500	−144.702
11	5 495.013	9 066.705	1 233.633	1 088.963	−144.670
12	5 482.018	8 559.889	1 238.359	1 093.682	−144.677
13	5 319.615	8 113.515	1 232.894	1 088.210	−144.684
14	5 450.409	9 453.573	1 176.093	1 031.462	−144.631

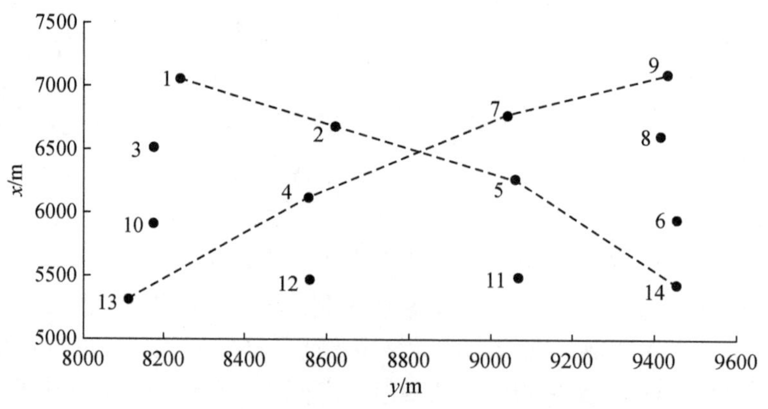

图 5.6　布设的控制点点位分布

根据控制点 1、2、4、5、7、9、13、14 建立高程异常拟合方程，分别应用总体最小二乘（TLS）算法、总体最小二乘正则化（RTLS）算法、5.2.3 节讨论的病态 EIV 模型的分步正则化（G-RTLS）算法求解高程异常拟合模型参数，并由其余控制点对拟合的外符合精度进行检核。由观测方程得到法矩阵的条件数约为 3.06×10^{22}，模型病态。由不同算法得到的拟合残差见表 5.14 和表 5.15，残差分布如图 5.7 和图 5.8 所示。

表 5.14 不同算法求解的内符合精度

算法	点号							
	1	2	4	5	7	9	13	14
TLS	0.145	−0.037	0.105	0.192	−0.153	0.128	0.228	0.025
RTLS	0.155	−0.022	0.101	0.191	−0.105	0.158	0.180	−0.113
G-RTLS	0.006	0.013	0.003	0.006	0.003	0.002	0.008	0.0002

表 5.15 不同算法求解的外符合精度

算法	点号					
	3	6	8	10	11	12
TLS	1.010	1.107	0.687	1.064	−0.664	−0.815
RTLS	0.793	0.738	0.894	1.011	−0.904	−0.464
G-RTLS	−0.008	−0.005	0.012	−0.009	0.007	−0.006

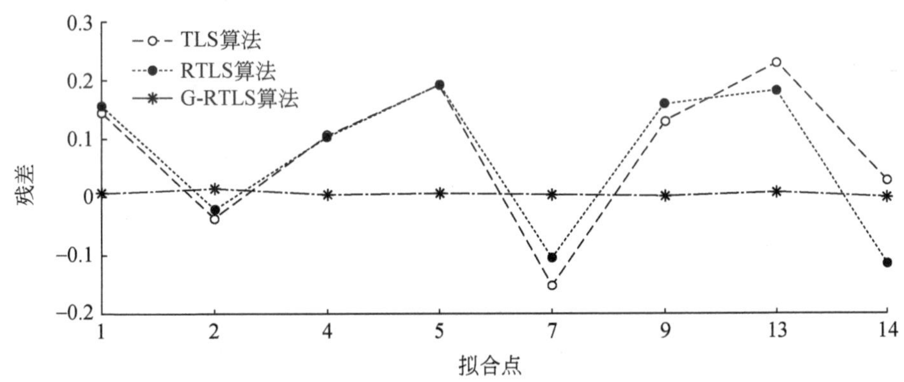

图 5.7 拟合点的残差分布

实验结果表明，应用病态 EIV 模型的分步正则化算法实现高程异常拟合模型的正则化，拟合的内符合精度与外符合精度均优于总体最小二乘算法与基于岭估计的总体最小二乘算法，拟合的残差分布稳定。实验结果同时表明，相比较总体最小二乘算法，应用基于岭估计的总体最小二乘算法在实现高程异常模型的正则化，在此算例中，并没有得到较好的拟合精度，其拟合精度与总体最小二乘算法相当，算例结果同时验证了相关研究得到的结论（Golub et al.，1999）。

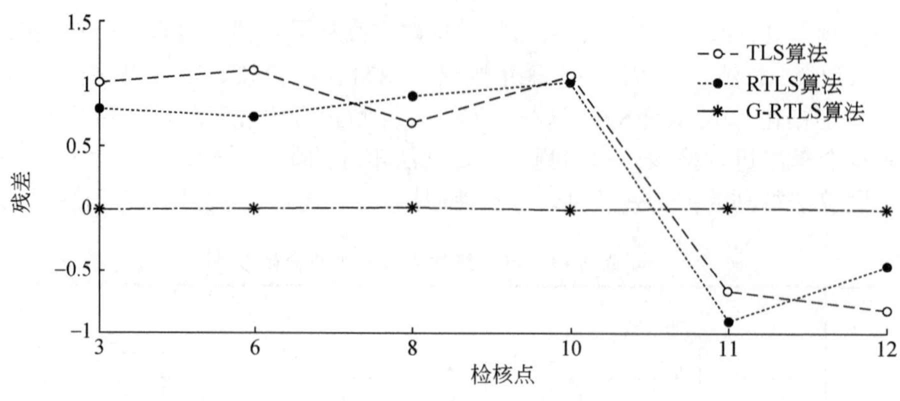

图 5.8　检核点的残差分布

为克服传统基于岭估计的总体最小二乘算法具有的缺陷，应用法矩阵最小特征值对应的特征向量构建正则化矩阵，改进依靠单一参数既要实现模型的正则化，又要具有降正则化的性质。应用拉格朗日极值函数，建立病态 EIV 模型的分步正则化算法。通过实测数据对所建立的算法进行验证，并与总体最小二乘算法和基于岭估计的总体最小二乘算法进行比较，应用病态 EIV 模型的分步正则化算法拟合精度优于其他两种算法。实验结果同时表明，在高程异常拟合中，基于岭估计的总体最小二乘算法与总体最小二乘算法拟合精度相当，本实验对相关的研究结论做出进一步验证。

第6章　附有约束条件EIV模型的参数估计理论

6.1　附有不等式约束的平差模型

6.1.1　模型的表达与几何意义

原有测绘成果与资料的大量积累、以信息技术为代表的测绘理论的发展和成熟、观测对象本身具有的物理性质与空间运动特征，使得提取有效的先验信息对测绘数据进行处理成为可能。Bayes 估计是应用先验信息进行参数估计的有效方法，它的待估参数 $\boldsymbol{x}$ 满足如下公式：

$$E\{(C(\Delta\hat{\boldsymbol{x}})\} = \int_{-\infty}^{+\infty}\int_{-\infty}^{+\infty} C(\Delta\hat{\boldsymbol{x}}) f(\boldsymbol{x},\boldsymbol{l}) \mathrm{d}\boldsymbol{x}\mathrm{d}\boldsymbol{l} = \min \tag{6.1}$$

式中，$f(\boldsymbol{x},\boldsymbol{l})$ 为参数与观测向量的概率密度函数；$\Delta\hat{\boldsymbol{x}}$ 为参数估计的误差。其中，

$$\Delta\hat{\boldsymbol{x}} = \boldsymbol{x} - \hat{\boldsymbol{x}} \tag{6.2}$$

定义 $C(\Delta\hat{\boldsymbol{x}})$ 为参数估计误差 $\Delta\hat{\boldsymbol{x}}$ 的标量值函数，如果它具有以下性质：①当 $\|\Delta\hat{\boldsymbol{x}}_2\| \geqslant \|\Delta\hat{\boldsymbol{x}}_1\|$ 时，$C(\Delta\hat{\boldsymbol{x}}_2) \geqslant C(\Delta\hat{\boldsymbol{x}}_1) \geqslant 0$；②当 $\|\Delta\hat{\boldsymbol{x}}\| = 0$ 时，$C(\Delta\hat{\boldsymbol{x}}) = 0$；③ $C(-\Delta\hat{\boldsymbol{x}}) = C(\Delta\hat{\boldsymbol{x}})$。则称 $C(\Delta\hat{\boldsymbol{x}})$ 为参数估值 $\hat{\boldsymbol{x}}$ 对真值 $\boldsymbol{x}$ 的损失函数，此时，损失函数为关于原点对称的递增函数。Bayes 估计就是以损失函数达到最小为准则的参数估计。由于积分过程比较复杂，对于多维参数的估计问题，Bayes 估计实用性不强，在测绘专业的应用并不广泛。此外，应用 Bayes 估计无法得到观测值与待估参数的显式解。

应用先验信息建立具有约束条件的数据处理模型受到测绘工作者的关注，朱建军和谢建（2011）、宋迎春等（2008）、Zhang 等（2013）对附有约束条件的参数估计模型在测绘数据处理中的应用进行研究。附有等式约束与不等式约束的平差模型是应用先验信息进行参数估计的有效方法。等式约束能够对参数做出准确估计的同时，对解的统计性质也能做出合理的评价。等式约束确立的是待估参数与观测值之间确切的函数关系，但是在测绘数据处理中，通过先验信息往往无法确定这种确切的关系，只能在一定的变化区间内描述参数与观测值之间的关系。例如，对沉降区进行变形监测时，沉降区的监测点高程变化应恒定不大于 0；对露天矿区的边坡进行变形监测时，监测点的移动方向应沿坡体向下；等等。此时，应用不等式约束模型更符合观测对象本身所具有的空间运动信息特征。

本章应用附有不等式约束的最小二乘平差模型，对模型的几何意义进行讨论。比较了基于不等式约束模型的参数估计算法，并对参数解的统计性质展开讨论。借助欧吉坤

（2004）提出的测量平差模型统一表达式，对附有不等式约束的测量平差模型的统一表达做进一步的探讨，重点对附有不等式约束条件的 EIV 模型进行讨论，以沉降区的变形监测为例，阐述应用附有不等式约束的平差模型对监测数据进行处理。

附有不等式约束的间接平差模型可以表示为

$$\begin{cases} \boldsymbol{v} = \boldsymbol{Bx} - \boldsymbol{l} \\ \boldsymbol{Gx} \leqslant \boldsymbol{W} \end{cases} \tag{6.3}$$

式中，$\boldsymbol{G}$ 为 $k \times n$ 维行满秩矩阵，rank（$\boldsymbol{G}$）$=k$；$\boldsymbol{W}$ 为 $k \times 1$ 维常向量。无约束条件时，参数的最小二乘估值为

$$\hat{\boldsymbol{x}} = (\boldsymbol{B}^{\mathrm{T}} \boldsymbol{PB})^{-1} \boldsymbol{B}^{\mathrm{T}} \boldsymbol{Pl} \tag{6.4}$$

参数的协因数矩阵为

$$\boldsymbol{Q}_{\hat{x}} = (\boldsymbol{B}^{\mathrm{T}} \boldsymbol{PB})^{-1} \tag{6.5}$$

与附有约束条件相比，无约束条件的参数最小二乘解会有两种情况：①无约束的参数估值满足约束条件；②无约束的参数估值不满足约束条件。如果从几何空间的角度分析不等式约束 $\boldsymbol{Gx} \leqslant \boldsymbol{W}$ ，则它构成的是一个约束区域，如图 6.1 所示。

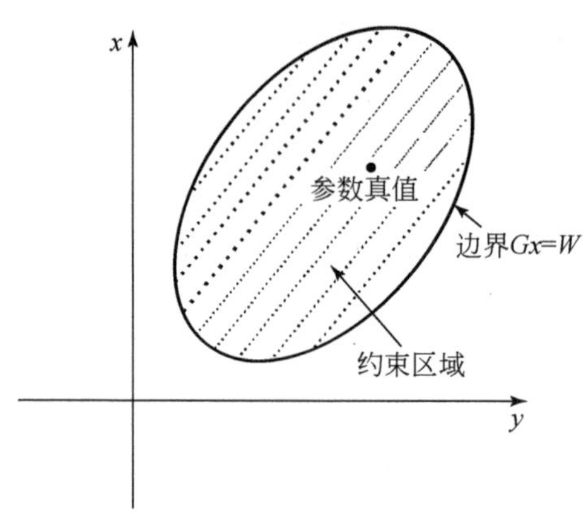

图 6.1 不等式约束的几何意义

当无约束的最小二乘解 $\hat{\boldsymbol{x}}$ 满足约束条件时，则附有不等式约束的参数最小二乘解 $\hat{\boldsymbol{x}}_G = \hat{\boldsymbol{x}}$ ；当参数解不满足约束条件时，参数的估值将由其协因数矩阵 $\boldsymbol{Q}_{\hat{x}}$ 确定的椭圆投影到约束区域的边界上（朱建军等，2011）。当无约束条件时，参数的解落在任意区域的频率为 $f(x)$；当附有不等式约束条件时，落在约束区域外的参数解将由参数的协因数矩阵确定的椭圆投影到约束区域的边界上，因此，落在约束区域外的频率为 0，而落在边界区域上的频率为

$$f_G(\boldsymbol{x}) = \int_{Gx \geqslant W \Rightarrow Gx = W} f(\boldsymbol{x}) \mathrm{d}\boldsymbol{x} \tag{6.6}$$

式中，$\boldsymbol{Gx} \geqslant \boldsymbol{W} \Rightarrow \boldsymbol{Gx} = \boldsymbol{W}$ 表示从约束区域外投影到约束区域的边界，此时

$$\int_{Gx = W} f_G(\boldsymbol{x}) \mathrm{d}\boldsymbol{x} = \int_{Gx \geqslant W} f(\boldsymbol{x}) \mathrm{d}\boldsymbol{x} \tag{6.7}$$

式（6.7）左边表示沿约束区域边界进行积分，右边表示约束区域外的积分。附有不

等式约束的参数最小二乘解的验后分布可以表述为

$$f_P(\boldsymbol{x})=\begin{cases}f(\boldsymbol{x}) & \boldsymbol{Gx}<\boldsymbol{W}\\ f_G(\boldsymbol{x}) & \boldsymbol{Gx}=\boldsymbol{W}\\ 0 & \boldsymbol{Gx}>\boldsymbol{W}\end{cases} \tag{6.8}$$

参数估值的验后期望为

$$\begin{aligned}E(\hat{x})&=\int_{-\infty}^{\infty}\hat{x}f_P(\boldsymbol{x})\mathrm{d}\boldsymbol{x}=\int_{Gx\leqslant W}\hat{x}f(\hat{x})\mathrm{d}\boldsymbol{x}+\int_{Gx=W}\hat{x}f_G(\hat{x})\mathrm{d}\boldsymbol{x}\\&=\boldsymbol{E}(\boldsymbol{x})-\int_{Gx>W}\hat{x}f(\hat{x})\mathrm{d}\boldsymbol{x}+\int_{Gx=W}\hat{x}f_G(\hat{x})\mathrm{d}\boldsymbol{x}\neq\boldsymbol{E}(\boldsymbol{x})\end{aligned} \tag{6.9}$$

其验后方差为

$$\begin{aligned}D(\hat{\boldsymbol{x}}_G)&=\int_{-\infty}^{\infty}[\hat{\boldsymbol{x}}-\mathrm{E}(\boldsymbol{x})]^2f_P(\boldsymbol{x})\mathrm{d}\boldsymbol{x}=\int_{Gx\leqslant W}[\hat{\boldsymbol{x}}-\mathrm{E}(\boldsymbol{x})]^2f(\boldsymbol{x})\mathrm{d}\boldsymbol{x}+\int_{Gx=W}[\hat{\boldsymbol{x}}-\mathrm{E}(\boldsymbol{x})]^2f_G(\boldsymbol{x})\mathrm{d}\boldsymbol{x}\\&=\boldsymbol{D}(\hat{\boldsymbol{x}})-\int_{Gx>W}[\hat{\boldsymbol{x}}-\mathrm{E}(\boldsymbol{x})]^2f(\boldsymbol{x})\mathrm{d}\boldsymbol{x}+\int_{Gx=W}[\hat{\boldsymbol{x}}-\mathrm{E}(\boldsymbol{x})]^2f_G(\boldsymbol{x})\mathrm{d}\boldsymbol{x}\end{aligned} \tag{6.10}$$

式（6.9）和式（6.10）表明，附有不等式约束的最小二乘估计是一种有偏估计，其估值的方差恒小于无约束条件的最小二乘估计。因此，不等式约束条件无论是有效约束还是无效约束，对参数解的精度提高都是有益的。约束条件对参数解的影响与约束值到参数的真值的距离有关，距离越小，对参数解的影响越大。

6.1.2 模型参数的解与其统计性质

针对传统不等式约束模型参数估计算法复杂的问题，朱建军和谢建（2011）基于最优化理论中的罚函数与测量平差理论中无限权和零权的思路，提出一种便于测绘数据处理实际应用的迭代算法。在最小二乘准则下，附有不等式约束的平差模型[式（6.3）]的参数估值可以由式（6.11）得到

$$\begin{cases}\boldsymbol{\Phi}(\boldsymbol{x})=\boldsymbol{v}^{\mathrm{T}}\boldsymbol{P}\boldsymbol{v}=\min\\ \boldsymbol{Gx}\leqslant\boldsymbol{W}\end{cases} \tag{6.11}$$

应用最优化计算中罚函数的思想，将式（6.11）转化为无约束条件下的最优化问题

$$\boldsymbol{\Phi}(\boldsymbol{x})=\boldsymbol{v}^{\mathrm{T}}\boldsymbol{P}\boldsymbol{v}+P(\boldsymbol{x})=\min \tag{6.12}$$

式中，$P(\boldsymbol{x})$ 为罚函数，当无约束条件下的参数最小二乘解满足不等式约束条件，即不等式约束为无效约束时，罚函数的取值为 0；当参数解不满足约束条件，即约束条件为有效约束时，罚函数的取值很大。定义罚函数为

$$P(\boldsymbol{x})=\boldsymbol{v}'^{\mathrm{T}}\boldsymbol{P}'\boldsymbol{v}' \tag{6.13}$$

$$\boldsymbol{v}' = \boldsymbol{G}\hat{\boldsymbol{x}} - \boldsymbol{W} \tag{6.14}$$

当 $\boldsymbol{v}' \leqslant 0$ 时，不等式约束为无效约束；当 $\boldsymbol{v}' \geqslant 0$ 时，不等式约束为有效约束。罚函数的权取值为

$$P_i' = \begin{cases} k & v_i' > 0 \\ 0 & v_i' \leqslant 0 \end{cases} \tag{6.15}$$

将式（6.12）表示为

$$\Phi(\boldsymbol{x}) = \boldsymbol{v}^{\mathrm{T}}\boldsymbol{P}\boldsymbol{v} + \boldsymbol{v}'^{\mathrm{T}}\boldsymbol{P}'\boldsymbol{v}' \tag{6.16}$$

从平差模型的角度，附有不等式约束最小二乘平差模型转化为无约束的最小二乘平差模型。假设约束条件中的常向量 $\boldsymbol{W}=\boldsymbol{l}'$，则罚函数可以看作一组虚拟观测值组成的函数

$$\boldsymbol{v}' = \boldsymbol{G}\hat{\boldsymbol{x}} - \boldsymbol{l}' \tag{6.17}$$

此时，不等式约束平差模型转换为无约束平差模型

$$\begin{cases} \boldsymbol{v} = \boldsymbol{B}\boldsymbol{x} - \boldsymbol{l}, & \boldsymbol{P} \\ \boldsymbol{v}' = \boldsymbol{G}\boldsymbol{x} - \boldsymbol{l}', & \boldsymbol{P}' \end{cases} \tag{6.18}$$

参数的广义最小二乘解为

$$\boldsymbol{x} = (\boldsymbol{B}^{\mathrm{T}}\boldsymbol{P}\boldsymbol{B} + \boldsymbol{G}^{\mathrm{T}}\boldsymbol{P}'\boldsymbol{G})^{-1}(\boldsymbol{B}^{\mathrm{T}}\boldsymbol{P}\boldsymbol{l} + \boldsymbol{G}^{\mathrm{T}}\boldsymbol{P}'\boldsymbol{l}') \tag{6.19}$$

应用罚函数，建立附有不等式约束的最小二乘算法。

1）求解无约束条件下参数的最小二乘解。

2）将参数的解代入虚拟观测方程，当 $\boldsymbol{v}' < 0$ 时，参数的解满足约束条件，即不等式约束为无效约束，令观测值的权 $P'=0$；当 $\boldsymbol{v}' > 0$ 时，参数的解不满足约束条件，即不等式约束为有效约束，令观测值的权 P' 取较大的数值。

3）应用式（6.19）求解参数的广义最小二乘解。

4）重复步骤 2）和 3），直到参数所有的解均能满足约束条件为止。

不等式约束的最小二乘算法还有最小距离法、椭圆约束法、基于 Kuhn-Tucker 条件的拉格朗日函数迭代算法等。需要注意的是这些算法能够获得参数的估值，但是没有关注解的统计性质，无法对解的精度进行评定。应用最优化理论获得参数的解，主要是强调获得解的算法、建立问题的解决方案，但是忽略了参数客观值的计算方法；同时，附有不等式约束的最小二乘算法与传统测量平差的计算方法相差甚远，不易于被测量工作者接受，以致在实际工作中难以应用。宋迎春等（2008）将不等式约束的参数估计问题转化成凸二次规划问题，利用 Kuhn-Tucker 条件把二次规划问题转化成线性互补问题，并给出参数解的一般形式。在等权条件下，将附有不等式约束的最小二乘平差模型转化成二次规划问题，即

$$\begin{cases} \boldsymbol{l}^{\mathrm{T}}\boldsymbol{l} - 2\boldsymbol{l}^{\mathrm{T}}\boldsymbol{B}\boldsymbol{x} + \boldsymbol{x}^{\mathrm{T}}\boldsymbol{B}^{\mathrm{T}}\boldsymbol{B}\boldsymbol{x} = \min \\ \boldsymbol{G}\boldsymbol{x} \leqslant \boldsymbol{W} \end{cases} \tag{6.20}$$

式中，$\boldsymbol{l}^{\mathrm{T}}\boldsymbol{l}$ 为常量；$\boldsymbol{B}^{\mathrm{T}}\boldsymbol{B}$ 为正定矩阵。式（6.20）是一个凸二次规划问题，它的对偶问题为

$$\begin{cases} \boldsymbol{l}^{\mathrm{T}}\boldsymbol{l}-2\boldsymbol{l}^{\mathrm{T}}\boldsymbol{B}\boldsymbol{x}+\boldsymbol{x}^{\mathrm{T}}\boldsymbol{B}^{\mathrm{T}}\boldsymbol{B}\boldsymbol{x}-\boldsymbol{\lambda}^{\mathrm{T}}(\boldsymbol{G}\boldsymbol{x}-\boldsymbol{W})=\max \\ 2\boldsymbol{B}^{\mathrm{T}}\boldsymbol{B}\boldsymbol{x}-2\boldsymbol{B}^{\mathrm{T}}\boldsymbol{l}-\boldsymbol{G}^{\mathrm{T}}\boldsymbol{\lambda}=0 \end{cases} \tag{6.21}$$

式中，$\boldsymbol{\lambda}\geqslant 0$。若参数 $\boldsymbol{x}$ 和$\boldsymbol{\lambda}$为式（6.21）的最优解，则 $\boldsymbol{x}$ 为式（6.20）的最优解。$\boldsymbol{x}$ 和$\boldsymbol{\lambda}$满足式（6.20）和式（6.21），由解的唯一性得

$$\hat{\boldsymbol{x}}=(\boldsymbol{B}^{\mathrm{T}}\boldsymbol{B})^{-1}\boldsymbol{B}^{\mathrm{T}}\boldsymbol{l}+\frac{1}{2}(\boldsymbol{B}^{\mathrm{T}}\boldsymbol{B})^{-1}\boldsymbol{G}^{\mathrm{T}}\boldsymbol{\lambda} \tag{6.22}$$

将式（6.22）代入式（6.21），得

$$-\frac{1}{4}\boldsymbol{\lambda}^{\mathrm{T}}\boldsymbol{G}(\boldsymbol{B}^{\mathrm{T}}\boldsymbol{B})^{-1}\boldsymbol{G}^{\mathrm{T}}\boldsymbol{\lambda}+\boldsymbol{\lambda}^{\mathrm{T}}[\boldsymbol{W}-\boldsymbol{G}(\boldsymbol{B}^{\mathrm{T}}\boldsymbol{B})^{-1}\boldsymbol{B}^{\mathrm{T}}\boldsymbol{l}]+[\boldsymbol{l}^{\mathrm{T}}\boldsymbol{l}-\boldsymbol{l}^{\mathrm{T}}\boldsymbol{B}(\boldsymbol{B}^{\mathrm{T}}\boldsymbol{B})^{-1}\boldsymbol{B}^{\mathrm{T}}\boldsymbol{l}]=\max \tag{6.23}$$

因此，$\boldsymbol{\lambda}$是下列规划问题的最优解：

$$\begin{cases} \frac{1}{2}\boldsymbol{\lambda}^{\mathrm{T}}\boldsymbol{D}\boldsymbol{\lambda}-\boldsymbol{\lambda}^{\mathrm{T}}C=\min \\ \boldsymbol{\lambda}\geqslant 0 \end{cases} \tag{6.24}$$

式中，$\boldsymbol{C}=\boldsymbol{W}-\boldsymbol{G}(\boldsymbol{B}^{\mathrm{T}}\boldsymbol{B})^{-1}\boldsymbol{B}^{\mathrm{T}}\boldsymbol{l}$，$\boldsymbol{D}=\frac{1}{2}\boldsymbol{G}(\boldsymbol{B}^{\mathrm{T}}\boldsymbol{B})^{-1}\boldsymbol{G}^{\mathrm{T}}$。建立满足式（6.24）的 Kuhn-Tucker 条件：

$$\begin{cases} \boldsymbol{\lambda}^{\mathrm{T}}(\boldsymbol{D}\boldsymbol{\lambda}-\boldsymbol{C})=0 \\ \boldsymbol{D}\boldsymbol{\lambda}-\boldsymbol{C}\geqslant 0 \\ \boldsymbol{\lambda}\geqslant 0 \end{cases} \tag{6.25}$$

根据式（6.25）进行迭代计算，获得参数$\boldsymbol{\lambda}$的估值$\hat{\boldsymbol{\lambda}}$，则附有不等式约束的最小二乘模型的参数解为

$$\hat{\boldsymbol{x}}=(\boldsymbol{B}^{\mathrm{T}}\boldsymbol{B})^{-1}\boldsymbol{B}^{\mathrm{T}}\boldsymbol{l}+\frac{1}{2}(\boldsymbol{B}^{\mathrm{T}}\boldsymbol{B})^{-1}\boldsymbol{G}^{\mathrm{T}}\hat{\boldsymbol{\lambda}} \tag{6.26}$$

参数解的期望为

$$E(\hat{\boldsymbol{x}})=\boldsymbol{x}+(\boldsymbol{B}^{T}\boldsymbol{B})^{-1}\boldsymbol{G}^{\mathrm{T}}[\boldsymbol{G}(\boldsymbol{B}^{\mathrm{T}}\boldsymbol{B})^{-1}\boldsymbol{G}^{\mathrm{T}}]^{-1}(\boldsymbol{W}-\boldsymbol{G}\boldsymbol{x})=\boldsymbol{x} \tag{6.27}$$

式（6.27）表明，由式（6.26）得到的参数估值是模型参数的无偏估值。参数解的方差为

$$\boldsymbol{D}(\hat{\boldsymbol{x}})=\{(\boldsymbol{B}^{\mathrm{T}}\boldsymbol{B})^{-1}-(\boldsymbol{B}^{\mathrm{T}}\boldsymbol{B})^{-1}\boldsymbol{G}^{\mathrm{T}}[\boldsymbol{G}(\boldsymbol{B}^{\mathrm{T}}\boldsymbol{B})^{-1}\boldsymbol{G}^{\mathrm{T}}]^{-1}\boldsymbol{G}(\boldsymbol{B}^{\mathrm{T}}\boldsymbol{B})^{-1}\}\sigma_0^2 \tag{6.28}$$

6.2 附有约束条件模型的参数估计算法

6.2.1 平差模型的统一表达

经典平差模型有条件平差、附有参数的条件平差、间接平差、附有限制条件的间接平差，这四种平差模型可以看作附有限制条件的间接平差模型的特例。

$$\begin{cases} \boldsymbol{v}=\boldsymbol{B}\boldsymbol{x}-\boldsymbol{l} \\ \boldsymbol{G}\boldsymbol{x}=\boldsymbol{W} \end{cases} \tag{6.29}$$

附有限制条件的间接平差模型参数的最小二乘解$\hat{\boldsymbol{x}}$为

$$\hat{x} = \hat{x}_0 + N_{bb}^{-1}G^{\mathrm{T}}N_{cc}^{-1}(W - G\hat{x}_0) \tag{6.30}$$

式中，$\hat{x}_0$为无约束条件下参数的最小二乘解；$N_{bb} = B^{\mathrm{T}}Q^{-1}B$；$N_{cc} = G^{\mathrm{T}}N_{bb}^{-1}G$。当附加的约束条件为不等式约束时，根据 6.1 节的讨论，约束条件可以分为有效约束和无效约束两部分：

$$Gx \leqslant W \Rightarrow \begin{cases} G_1x \leqslant W_1 \\ G_2x \leqslant W_2 \end{cases} \Rightarrow \begin{cases} G_1\hat{x} = W_1 \\ G_2\hat{x} \leqslant W_2 \end{cases} \tag{6.31}$$

式中，当参数的最小二乘解$\hat{x}$不满足约束条件$G_1x \leqslant W_1$时，则约束条件为有效约束，其最优解为椭圆球边界同约束区域的切点；当$\hat{x}$满足约束条件$G_2x \leqslant W_2$时，则约束条件为无效约束，参数估值不变。如果将有效约束看作虚拟观测方程，此时，可以将附有不等式约束的最小二乘模型统一到广义测量平差模型中

$$v^{\mathrm{T}}Pv + v'^{\mathrm{T}}P'v' = \min \tag{6.32}$$

因此，可以将不等式约束模型转化为等式约束模型进行讨论。为讨论附有约束条件的 EIV 模型参数估计问题，将式（6.29）进一步拓展：

$$\begin{cases} v = (B + E_B)x - l \\ Gx = W \end{cases} \tag{6.33}$$

式（6.29）可以看作顾及 EIV 的参数估计模型，测量平差模型的概括模型。当不顾及系数矩阵中的误差，即误差矩阵$E_B = 0$时，模型退化为经典平差模型的概括模型。

将式（6.33）作为最小二乘平差模型的概括模型，欧吉坤（2004）根据 Tikhonov 正则化原理，给出了经典平差模型参数估值的统一表达形式：

$$\hat{x} = (C^{\mathrm{T}}P_nC + \alpha P_x)^{-1}C^{\mathrm{T}}P_nl \tag{6.34}$$

根据不同平差模型的参数解，式中的符号被给予不同的取值。以病态模型的广义岭估计为例，符号的具体取值为：C=B、α=1、$P_n = P$、$P_x = G^{\mathrm{T}}PG$。当参数估计模型拓展到 EIV 模型时，作为解的统一表达形式，式（6.34）仍然适用。以基于拉格朗日函数的总体最小二乘算法为例，参数的总体最小二乘初值为

$$\hat{x} = \{B^{\mathrm{T}}[Q + (\hat{x}^{\mathrm{T}}Q_0\hat{x})Q_b]^{-1}B\}^{-1}B^{\mathrm{T}}[Q + (\hat{x}^{\mathrm{T}}Q_0\hat{x})Q_b]^{-1}l \tag{6.35}$$

比较平差模型参数解的统一表达式［式（6.34）］，当式（6.35）中C=B、$P_n = [Q + (\hat{x}^{\mathrm{T}}Q_0\hat{x})Q_b]^{-1}$、其他两项取值均为 0 时，参数的总体最小二乘解可以由其统一表达式表示。从模型与参数的数学表达角度来看，总体最小二乘准则下建立的参数估计算法可以纳入经典平差模型参数估计中，因此，EIV 参数估计模型可以看作是经典模型的拓展。

6.2.2 附有等式约束 EIV 模型算法

应用先验信息建立参数估计模型能够保证参数估值的稳定性，减小参数估计的偏差，Mahboub 和 Sharifi（2013）研究结果表明，附有约束条件的参数估计模型具有正则化的性质。附有等式约束的 EIV 模型为

$$\begin{cases} v = (B + E_B)x - l \\ Gx = W \end{cases} \tag{6.36}$$

其随机模型为

$$\begin{bmatrix} \boldsymbol{v} \\ \boldsymbol{b} \end{bmatrix} \sim \left(\begin{bmatrix} 0 \\ 0 \end{bmatrix}, \sigma_0^2 \boldsymbol{Q}_{\mathrm{II}} \right) \tag{6.37}$$

式中，$\boldsymbol{Q}_{\mathrm{II}}$ 为增广矩阵$[\boldsymbol{B},\boldsymbol{l}]$的协因数矩阵，将其表示为分块矩阵，即

$$\boldsymbol{Q}_{\mathrm{II}} = \begin{bmatrix} \boldsymbol{Q} & \boldsymbol{Q}_{Bl} \\ \boldsymbol{Q}_{lB} & \boldsymbol{Q}_l \end{bmatrix} \tag{6.38}$$

式中，$\boldsymbol{Q}_{Bl}$、$\boldsymbol{Q}_{lB}$ 分别为系数矩阵与观测向量的 $mn\times m$、$m\times mn$ 维协因数矩阵。应用拉格朗日函数建立加权条件下附有约束条件的 EIV 模型目标函数：

$$\boldsymbol{f}(\boldsymbol{v},\boldsymbol{b},\boldsymbol{\lambda},\boldsymbol{x},\boldsymbol{\mu}) = \boldsymbol{v}^{\mathrm{T}}\boldsymbol{P}\boldsymbol{v} + \boldsymbol{b}^{\mathrm{T}}\boldsymbol{P}_B\boldsymbol{b} + 2\boldsymbol{\lambda}^{\mathrm{T}}(\boldsymbol{l} + \boldsymbol{v} - \boldsymbol{B}\boldsymbol{x} - \boldsymbol{E}_B\boldsymbol{x}) + 2\boldsymbol{\mu}^{\mathrm{T}}(\boldsymbol{G}\boldsymbol{x} - \boldsymbol{W}) \tag{6.39}$$

令 $\boldsymbol{e} = \begin{bmatrix} \boldsymbol{v} \\ \boldsymbol{b} \end{bmatrix}$，$\boldsymbol{P}_{\mathrm{II}} = \boldsymbol{Q}_{\mathrm{II}}^{-1}$，将式（6.39）改写为

$$\boldsymbol{f}(\boldsymbol{e},\boldsymbol{\lambda},\boldsymbol{x},\boldsymbol{\mu}) = \boldsymbol{e}^{\mathrm{T}}\boldsymbol{P}_{\mathrm{II}}\boldsymbol{e} + 2\boldsymbol{\lambda}^{\mathrm{T}}(\boldsymbol{l} - \boldsymbol{B}\boldsymbol{x} + \boldsymbol{A}\boldsymbol{e}) + 2\boldsymbol{\mu}^{\mathrm{T}}(\boldsymbol{G}\boldsymbol{x} - \boldsymbol{W}) \tag{6.40}$$

式中，矩阵 $\boldsymbol{A}$ 为$[-\boldsymbol{x}^{\mathrm{T}} \otimes \boldsymbol{I}_m, \boldsymbol{I}_m]$。对式（6.40）中的各个变量求偏导数，并令其等于 0，得到以下方程：

$$\frac{1}{2}\frac{\partial \boldsymbol{f}}{\partial \boldsymbol{x}} = -\boldsymbol{\lambda}^{\mathrm{T}}\boldsymbol{B} + \boldsymbol{\mu}^{\mathrm{T}}\boldsymbol{G} = 0 \tag{6.41}$$

$$\frac{1}{2}\frac{\partial \boldsymbol{f}}{\partial \boldsymbol{e}} = \boldsymbol{e}^{\mathrm{T}}\boldsymbol{P}_{\mathrm{II}} + \boldsymbol{\lambda}^{\mathrm{T}}\boldsymbol{A} = 0 \tag{6.42}$$

$$\frac{1}{2}\frac{\partial \boldsymbol{f}}{\partial \boldsymbol{\lambda}} = \boldsymbol{l} - \boldsymbol{B}\boldsymbol{x} + \boldsymbol{A}\boldsymbol{e} = 0 \tag{6.43}$$

$$\frac{1}{2}\frac{\partial \boldsymbol{f}}{\partial \boldsymbol{\mu}} = \boldsymbol{G}\boldsymbol{x} - \boldsymbol{W} = 0 \tag{6.44}$$

由式（6.42）取转置，得到向量 $\boldsymbol{e}$ 的估值为

$$\hat{\boldsymbol{e}} = -\boldsymbol{Q}_{\mathrm{II}}\boldsymbol{A}^{\mathrm{T}}\boldsymbol{\lambda} \tag{6.45}$$

将式（6.45）代入式（6.43），得到拉格朗日乘数$\boldsymbol{\lambda}$为

$$\hat{\boldsymbol{\lambda}} = (\boldsymbol{A}\boldsymbol{Q}_{\mathrm{II}}\boldsymbol{A}^{\mathrm{T}})^{-1}(\boldsymbol{l}\text{-}\boldsymbol{B}\boldsymbol{x}) \tag{6.46}$$

根据式（6.41）～式（6.46）得到附有等式约束条件的参数平差模型的法方程：

$$\begin{cases} (\boldsymbol{B} + \boldsymbol{E}_B)^{\mathrm{T}}(\boldsymbol{A}\boldsymbol{Q}_{\mathrm{II}}\boldsymbol{A}^{\mathrm{T}})^{-1}(\boldsymbol{l} - \boldsymbol{B}\boldsymbol{x}) + \boldsymbol{G}^{\mathrm{T}}\boldsymbol{\mu} = 0 \\ \boldsymbol{G}\boldsymbol{x} - \boldsymbol{W} = 0 \end{cases} \tag{6.47}$$

模型参数的解可以通过牛顿迭代得到（Fang，2015），6.2.3 节将结合附有不等式约束 EIV 模型阐述模型参数估计的迭代过程。

6.2.3　附有不等式约束 EIV 模型算法

在测绘数据处理中，有些先验信息无法确定附有等式约束模型中变量间确切的关系，只能在一定的变化区间内描述参数与观测值之间的关系。例如，对沉降区进行变形监测时，沉降区的监测点高程变化应恒定不大于 0。此时，应用不等式约束模型求

解的参数估值更符合观测对象本身所具有的空间运动信息特征。附有不等式约束的 EIV 模型为

$$\begin{cases} \boldsymbol{v}=(\boldsymbol{B}+\boldsymbol{E}_B)\boldsymbol{x}-\boldsymbol{l} \\ \boldsymbol{Gx}\leqslant \boldsymbol{W} \end{cases} \tag{6.48}$$

根据等权条件下附有等式约束的 EIV 模型，应用拉格朗日函数建立目标方程 Schaffrin（2006）：

$$\boldsymbol{f}(\boldsymbol{v},\boldsymbol{b},\boldsymbol{\lambda},\boldsymbol{x},\boldsymbol{\mu})=\boldsymbol{v}^{\mathrm{T}}\boldsymbol{v}+\mathrm{vec}(\boldsymbol{E}_B)^{\mathrm{T}}\mathrm{vec}(\boldsymbol{E}_B)+2\boldsymbol{\lambda}^{\mathrm{T}}(\boldsymbol{l}+\boldsymbol{v}-\boldsymbol{Bx}-\boldsymbol{E}_B\boldsymbol{x})-2\boldsymbol{\mu}^{\mathrm{T}}(\boldsymbol{W}-\boldsymbol{Gx}) \tag{6.49}$$

对式（6.49）中的各个变量求偏导数，当偏导数等于 0 时，目标方程出现极小值，并且满足法方程：

$$\begin{bmatrix} \boldsymbol{N} & \boldsymbol{c} & \boldsymbol{G}^{\mathrm{T}} \\ \boldsymbol{c}^{\mathrm{T}} & \boldsymbol{l}^{\mathrm{T}}\boldsymbol{l} & \boldsymbol{W}^{\mathrm{T}} \\ \boldsymbol{G} & \boldsymbol{W} & \hat{\varphi}\boldsymbol{I} \end{bmatrix}\cdot\begin{bmatrix} \hat{\boldsymbol{x}} \\ -1 \\ \bar{\boldsymbol{\mu}} \end{bmatrix}=\begin{bmatrix} \hat{\boldsymbol{x}} \\ -1 \\ \bar{\boldsymbol{\mu}} \end{bmatrix}\hat{\varphi} \tag{6.50}$$

式中，$\boldsymbol{c}=\boldsymbol{B}^{\mathrm{T}}\boldsymbol{l}$；$\boldsymbol{N}=\boldsymbol{B}^{\mathrm{T}}\boldsymbol{B}$；$\bar{\boldsymbol{\mu}}=\hat{\boldsymbol{\mu}}(1+\boldsymbol{x}^{\mathrm{T}}\boldsymbol{x})$；$\hat{\varphi}=\dfrac{(\boldsymbol{l}-\boldsymbol{B}\hat{\boldsymbol{x}})^{\mathrm{T}}(\boldsymbol{l}-\boldsymbol{B}\hat{\boldsymbol{x}})}{1+\hat{\boldsymbol{x}}^{\mathrm{T}}\hat{\boldsymbol{x}}}$。

根据附有等式约束 EIV 模型与其法方程，建立参数估计的迭代算法。

1）求解参数 $\boldsymbol{x}$ 与系数向量 $\bar{\boldsymbol{\mu}}$ 的初值。

$$\begin{bmatrix} \hat{\boldsymbol{x}}^0 \\ \bar{\boldsymbol{\mu}}^0 \end{bmatrix}=\begin{bmatrix} \boldsymbol{N} & \boldsymbol{G}^{\mathrm{T}} \\ \boldsymbol{G} & 0 \end{bmatrix}^{-1}\begin{bmatrix} \boldsymbol{c} \\ \boldsymbol{W} \end{bmatrix} \tag{6.51}$$

2）根据参数与系数向量的初值，计算 $\hat{\boldsymbol{\mu}}$ 与 $\hat{\varphi}$。

$$\begin{cases} \hat{\boldsymbol{\mu}}=\dfrac{\bar{\boldsymbol{\mu}}}{1+\hat{\boldsymbol{x}}^{\mathrm{T}}\hat{\boldsymbol{x}}} \\ \hat{\varphi}=\dfrac{(\boldsymbol{l}-\boldsymbol{B}\hat{\boldsymbol{x}})^{\mathrm{T}}(\boldsymbol{l}-\boldsymbol{B}\hat{\boldsymbol{x}})}{1+\hat{\boldsymbol{x}}^{\mathrm{T}}\hat{\boldsymbol{x}}} \end{cases} \tag{6.52}$$

3）根据 $\hat{\boldsymbol{\mu}}$ 与 $\hat{\varphi}$ 重新计算参数与系数向量的估值。

$$\begin{bmatrix} \hat{\boldsymbol{x}} \\ \bar{\boldsymbol{\mu}} \end{bmatrix}=\begin{bmatrix} \boldsymbol{N} & \boldsymbol{G}^{\mathrm{T}} \\ \boldsymbol{G} & 0 \end{bmatrix}^{-1}\begin{bmatrix} \boldsymbol{c}+\hat{\boldsymbol{x}}\hat{\varphi} \\ \boldsymbol{W} \end{bmatrix} \tag{6.53}$$

4）根据参数与系数向量的估值对 $\hat{\boldsymbol{\mu}}$ 与 $\hat{\varphi}$ 进行改正，并应用其改正值重新计算参数与系数向量；重复步骤 2）和 3），并进行迭代计算，直到参数估值的偏差小于给定的限值。

单位权方差的估值为

$$\hat{\sigma}_0^2=\hat{\varphi}/(n-m+r) \tag{6.54}$$

方差阵的估值为

$$\boldsymbol{D}(\hat{\boldsymbol{x}})=\hat{\sigma}_0^2(\boldsymbol{N}-\hat{\varphi}\boldsymbol{I})^{-1}\boldsymbol{N}(\boldsymbol{N}-\hat{\varphi}\boldsymbol{I})^{-1} \tag{6.55}$$

上述算法适用于等式约束条件下的 EIV 模型参数估计，但在测绘数据处理中，往往无法建立待估参数间的等式方程，只能将其约束条件限制在一定的变化区域内。因此，相比较而言，不等式约束更具有实用价值。根据 6.1.1 节的讨论，不等式约束可以分为

两部分：①当无约束条件下的参数估值满足不等式约束时，不等式约束为无效约束；②当无约束条件下的参数估值不满足不等式约束时，不等式约束为有效约束。此时，将不满足不等式约束的参数解投影至约束区域的边界，即 $\boldsymbol{Gx}=\boldsymbol{W}$。

根据 6.2.2 节讨论的等式约束总体最小二乘算法，不等式约束模型的算法是区别不等式约束中，哪些为有效约束，哪些为无效约束；如果为无效约束则将其剔除，如果为有效约束则将其转换为等式约束，纳入平差模型进行处理。不等式约束模型算法的重点转化为有效约束与无效约束的甄别。

Zhang 等（2013）根据有效性约束的思想，应用穷举法对不等式约束的参数估计算法进行讨论。设不等式约束方程的个数为 k，则任意选取约束方程的组合数 N 为

$$N=\sum\nolimits_{t=1}^{k}C_k^t \tag{6.56}$$

设约束方程中，有效约束组合的个数为 i，令其初值为 0；定义变量 q=1，建立以下迭代算法来选取约束方程中的有效约束。

1）按序从约束方程的所有组合中［式（6.56）］选择约束，假设所选的约束均为有效约束，应用附有等式约束的 EIV 模型求解参数的估值。

2）令 $q=q+1$。将获得的参数估值带入选择的约束方程，当估值满足所有约束方程时，此组约束方程为有效约束，令 $i=i+1$；当估值不满足约束方程时，则此组约束方程为无效约束，i 值不变。

3）当 $q>N$ 时，所有约束已经检验，执行跳至步骤 4)；当 $q\leqslant N$ 时，执行跳至步骤 1。

4）当 i=0 时，则约束方程中所有约束组合均为无效约束，此时，求取无约束条件下的参数总体最小二乘估值作为参数的最优估值；当 i=1 时，则仅有一个约束组合为有效约束，且其参数估值为最优估值；当 $i>1$ 时，则有多组约束条件为有效约束。当约束条件中有多个有效约束时，需要比较各组有效约束条件哪个更有效。

约束的效果除与约束条件偏离参数真值的距离有关外，还与约束区域的大小有关，根据不等式约束的几何意义（图 6.1）：当约束区间无限大时，所有约束均为无效约束；当约束区间无限小时，所有约束均为有效约束。根据作者查阅的资料，目前判别约束条件为更有效约束缺乏理论基础。当出现多个有效约束时，作者以具有最小单位权中误差对应的约束模型参数估值作为最优估值。

在测绘数据处理中，普遍存在测绘数据精度不等的问题。在附有约束条件下，讨论参数的加权估计算法，是讨论约束条件中哪个约束方程更有效的问题。当约束条件为等式约束时，约束方程改正数的大小能够直观反映参数估值与约束方程的偏离程度。按照这一思想，建立加权等式约束的算法。对式（6.49）进行改化，顾及观测向量与系数矩阵中的元素精度不等，假设求取模型参数的初值为 $\hat{\boldsymbol{x}}_0$，建立加权条件下的目标方程：

$$\boldsymbol{f}(\boldsymbol{v},\boldsymbol{b},\boldsymbol{\lambda},\boldsymbol{x},\boldsymbol{\mu})=\boldsymbol{v}^{\mathrm{T}}\boldsymbol{P}\boldsymbol{v}+\boldsymbol{b}^{\mathrm{T}}\boldsymbol{P}_B\boldsymbol{b}+2\boldsymbol{\lambda}^{\mathrm{T}}(\boldsymbol{l}+\boldsymbol{v}-\boldsymbol{B}\boldsymbol{x}-\boldsymbol{E}_B\boldsymbol{x})-2\boldsymbol{\mu}^{\mathrm{T}}(\boldsymbol{W}-\boldsymbol{G}\boldsymbol{x}) \tag{6.57}$$

将约束方程看作虚拟观测方程，根据参数的初值计算约束方程的改正数：

$$\boldsymbol{v}'=\boldsymbol{G}\hat{\boldsymbol{x}}_0-\boldsymbol{W} \tag{6.58}$$

根据式（6.54）计算加权条件下参数的单位权方差的估值$\hat{\sigma}_0^2$。应用式（6.59）对虚拟观测方程的观测值进行定权：

$$P_i' = \frac{\hat{\sigma}_0^2}{(v_i')^2} \tag{6.59}$$

应用拉格朗日函数建立目标方程：

$$\boldsymbol{f}(\boldsymbol{v},\boldsymbol{b},\boldsymbol{\lambda},\boldsymbol{x}) = \boldsymbol{v}^{\mathrm{T}}\boldsymbol{P}\boldsymbol{v} + \boldsymbol{b}^{\mathrm{T}}(\boldsymbol{P}_0 \otimes \boldsymbol{P}_b)\boldsymbol{b} + \boldsymbol{v}'^{\mathrm{T}}\boldsymbol{P}'\boldsymbol{v} + 2\boldsymbol{\lambda}^{\mathrm{T}}[\boldsymbol{l} + \boldsymbol{v} - \boldsymbol{B}\boldsymbol{x} - (\boldsymbol{x}^{\mathrm{T}} \otimes \boldsymbol{I}_m)\boldsymbol{b}] = \min \tag{6.60}$$

在各个变量的初值处（$\hat{\boldsymbol{v}},\hat{\boldsymbol{b}},\hat{\boldsymbol{v}}',\hat{\boldsymbol{\lambda}},\hat{\boldsymbol{x}}$）对其求偏导数：

$$\frac{1}{2}\frac{\partial \boldsymbol{f}}{\partial \boldsymbol{v}} = \hat{\boldsymbol{v}}^{\mathrm{T}}\boldsymbol{P} + \hat{\boldsymbol{\lambda}}^{\mathrm{T}} = 0 \tag{6.61}$$

$$\frac{1}{2}\frac{\partial \boldsymbol{f}}{\partial \boldsymbol{b}} = \hat{\boldsymbol{b}}^{\mathrm{T}}(\boldsymbol{P}_0 \otimes \boldsymbol{P}_b) - \hat{\boldsymbol{\lambda}}^{\mathrm{T}}(\hat{\boldsymbol{x}} \otimes \boldsymbol{I}_m) = 0 \tag{6.62}$$

$$\frac{1}{2}\frac{\partial \boldsymbol{f}}{\partial \boldsymbol{\lambda}} = \boldsymbol{l} + \hat{\boldsymbol{v}} - \boldsymbol{B}\hat{\boldsymbol{x}} - (\hat{\boldsymbol{x}}^{\mathrm{T}} \otimes \boldsymbol{I}_m)\hat{\boldsymbol{b}} = 0 \tag{6.63}$$

$$\frac{1}{2}\frac{\partial \boldsymbol{f}}{\partial \boldsymbol{x}} = -\boldsymbol{\lambda}^{\mathrm{T}}\boldsymbol{B} - \boldsymbol{\lambda}^{\mathrm{T}}\hat{\boldsymbol{E}}_B = 0 \tag{6.64}$$

$$\frac{1}{2}\frac{\partial \boldsymbol{f}}{\partial \boldsymbol{v}'} = \hat{\boldsymbol{v}}'^{\mathrm{T}}\boldsymbol{P}' = 0 \tag{6.65}$$

由式（6.61）～式（6.64）建立参数的总体最小二乘解的迭代算法，在无约束条件下，获得参数的估值。不再罗列其迭代过程。将总体最小二乘的参数解代入不等式约束方程，进行约束条件的有效性检测：当参数的解不满足约束条件时，约束条件为有效约束；当参数的解满足约束条件时，约束条件为无效约束。当不等式约束为有效约束时，由式（6.58）和式（6.65）得到模型参数的解应该满足的附加条件为

$$\boldsymbol{P}'^{\mathrm{T}}\boldsymbol{G}\hat{\boldsymbol{x}} - \boldsymbol{P}'^{\mathrm{T}}\boldsymbol{W} = 0 \tag{6.66}$$

设$\boldsymbol{G}' = \boldsymbol{P}'^{\mathrm{T}}\boldsymbol{G}$，$\boldsymbol{W}' = \boldsymbol{P}'^{\mathrm{T}}\boldsymbol{W}$，此时根据式（6.30）可以直接获得在附有约束条件下的参数估值

$$\hat{\boldsymbol{x}} = \hat{\boldsymbol{x}}_0 + \boldsymbol{N}_{bb}^{-1}\boldsymbol{G}'^{\mathrm{T}}\boldsymbol{N}_{cc}^{-1}(\boldsymbol{W}' - \boldsymbol{G}'\hat{\boldsymbol{x}}_0) \tag{6.67}$$

此时，$\hat{\boldsymbol{x}}_0$为无约束条件下参数的总体最小二乘解。如果应用零权和无限权的思想来处理附加的约束条件，则参数的广义总体最小二乘解的表达形式为

$$\begin{aligned}\hat{\boldsymbol{x}}_{i+1} = \{&\boldsymbol{B}^{\mathrm{T}}[\boldsymbol{Q} + (\hat{\boldsymbol{x}}_i^{\mathrm{T}}\boldsymbol{Q}_0\hat{\boldsymbol{x}}_i)\boldsymbol{Q}_b]^{-1}\boldsymbol{B} - \boldsymbol{\delta}_i\boldsymbol{Q}_0 \\ &+ \boldsymbol{G}^{\mathrm{T}}\boldsymbol{P}'\boldsymbol{G})^{-1}\{\boldsymbol{B}^{\mathrm{T}}[\boldsymbol{Q} + (\hat{\boldsymbol{x}}_i^{\mathrm{T}}\boldsymbol{Q}_0\hat{\boldsymbol{x}}_i)\boldsymbol{Q}_b]^{-1}\boldsymbol{l} + \boldsymbol{G}^{\mathrm{T}}\boldsymbol{P}'\boldsymbol{W}\}\end{aligned} \tag{6.68}$$

应用式（6.68），根据上述讨论的拉格朗日算法可以建立附有约束条件的总体最小二乘算法。

6.2.4　含有重复观测元素的附有不等式约束 EIV 模型算法

在测绘数据处理中，存在 EIV 模型的系数矩阵与观测向量多次出现同一观测值的现象，以时间序列的自回归模型为例：

$$\begin{cases} h_{m+1} = a_1 h_1 + a_2 h_2 + \cdots + a_m h_m \\ h_{m+2} = a_1 h_2 + a_2 h_3 + \cdots + a_m h_{m+1} \\ \vdots \\ h_{m+n} = a_1 h_n + a_2 h_{n+1} + \cdots + a_m h_{m+n-1} \end{cases} \tag{6.69}$$

式中，（$a_1, a_2, \cdots, a_m$）为 m 个模型参数，（$h_1, h_2, \cdots, h_{m+n}$）为 $m+n$ 期观测值。式（6.69）表明，同一观测元素在模型的系数矩阵与观测向量中重复出现。对此类 EIV 模型进行平差时，系数矩阵与观测向量中同一元素应具有相同的改正数。定义时间序列自回归模型的附有不等式约束 EIV 模型：

$$\begin{cases} \boldsymbol{v} = (\boldsymbol{B} + \boldsymbol{E}_B)\boldsymbol{x} - \boldsymbol{l} \\ \boldsymbol{G}\boldsymbol{x} \leqslant \boldsymbol{w} \end{cases} \tag{6.70}$$

设观测值中含有的观测误差为（$v_1, v_2, \cdots, v_{m+n}$），由同一观测元素的改正值组成的向量为

$$\begin{cases} \varDelta_1 = [\varDelta_1] \\ \vdots \\ \varDelta_m = [\varDelta_m^1 \quad \cdots \quad \varDelta_m^m] \\ \varDelta_{m+1} = [\varDelta_{m+1}^1 \quad \cdots \quad \varDelta_{m+1}^n] \\ \vdots \\ \varDelta_{m+n} = [\varDelta_{m+n}] \end{cases},$$

则应用中位函数（med[·]）得到观测元素的改正数为

$$\begin{cases} v_1 = \mathrm{med}\,[\varDelta_1] \\ \vdots \\ v_m = \mathrm{med}\,[\varDelta_m^1 \quad \cdots \quad \varDelta_m^m] \\ v_{m+1} = \mathrm{med}\,[\varDelta_{m+1}^1 \quad \cdots \quad \varDelta_{m+1}^n] \\ \vdots \\ v_{m+n} = \mathrm{med}\,[\varDelta_{m+n}] \end{cases}。$$

将式（6.70）转化为不等式约束的二次规划问题：

$$\begin{aligned} &\min \ \boldsymbol{b}^{\mathrm{T}}\boldsymbol{Q}_1^{-1}\boldsymbol{b} \\ &\mathrm{s.t.} \ \ \boldsymbol{G}\boldsymbol{x} \leqslant \boldsymbol{w} \end{aligned} \tag{6.71}$$

为建立不等式约束的二次规划 KKT 条件，应用拉格朗日函数构建附有不等式约束模型的目标方程：

$$f(\boldsymbol{b}, \boldsymbol{x}, \boldsymbol{\mu}, \boldsymbol{\lambda}) = \boldsymbol{b}^{\mathrm{T}}\boldsymbol{Q}_1^{-1}\boldsymbol{b} + 2\boldsymbol{\mu}^{\mathrm{T}}(\boldsymbol{l} - \boldsymbol{B}\boldsymbol{x} - \boldsymbol{E}_B\boldsymbol{x} + \boldsymbol{v}) + 2\boldsymbol{\lambda}^{\mathrm{T}}(\boldsymbol{G}\boldsymbol{x} - \boldsymbol{w} + \boldsymbol{\eta}) \tag{6.72}$$

式中，$\boldsymbol{\eta}$为非负松弛变量。对目标方程中的各变量求偏导数，并令其等于 0，得到目标方程的法方程为

$$(\boldsymbol{B} + \boldsymbol{E}_B)^{\mathrm{T}}(\boldsymbol{A}\boldsymbol{Q}_1^{-1}\boldsymbol{A}^{\mathrm{T}})^{-1}(\boldsymbol{l} - \boldsymbol{B}\boldsymbol{x}) - \boldsymbol{G}^{\mathrm{T}}\boldsymbol{\lambda} = 0 \tag{6.73}$$

式中，$\boldsymbol{A} = [\hat{\boldsymbol{x}}^{\mathrm{T}} \otimes \boldsymbol{I}_n \ \ \boldsymbol{I}_n]$。满足附有不等式约束 EIV 模型参数最优解的 KKT 条件为

$$\begin{cases}(\boldsymbol{B}+\boldsymbol{E}_B)^{\mathrm{T}}(\boldsymbol{A}\boldsymbol{Q}_1^{-1}\boldsymbol{A}^{\mathrm{T}})^{-1}(\boldsymbol{l}-\boldsymbol{B}\boldsymbol{x})-\boldsymbol{G}^{\mathrm{T}}\boldsymbol{\lambda}=0\\ \boldsymbol{G}_i\boldsymbol{x}-w_i\leqslant 0,\lambda_i(\boldsymbol{G}_i\boldsymbol{x}-w_i)=0,\lambda_i\geqslant 0\ (i=1,\cdots,n-1)\end{cases} \tag{6.74}$$

进一步得

$$(\boldsymbol{B}+\boldsymbol{E}_B)^{\mathrm{T}}(\boldsymbol{A}\boldsymbol{Q}_1^{-1}\boldsymbol{A}^{\mathrm{T}})^{-1}(\boldsymbol{l}-\boldsymbol{B}\boldsymbol{x})-\boldsymbol{G}^{\mathrm{T}}\boldsymbol{\lambda}+\sum_{i=1}^{n-1}\frac{\partial\left[\lambda_i(\boldsymbol{G}_i\boldsymbol{x}-w_i)\right]}{\partial x}=0 \tag{6.75}$$

据此，应用中位函数，建立含有重复观测元素的附有不等式约束 EIV 模型参数估计迭代算法。

1）计算模型参数初值 $\hat{\boldsymbol{x}}=(\boldsymbol{B}^{\mathrm{T}}\boldsymbol{Q}_1^{-1}\boldsymbol{B})^{-1}(\boldsymbol{B}^{\mathrm{T}}\boldsymbol{Q}_1^{-1}\boldsymbol{l})$，令拉格朗日向量 $\boldsymbol{\lambda}$ 的初值 $\hat{\lambda}=0$。

2）由约束方程 $\boldsymbol{b}^{\mathrm{T}}\boldsymbol{Q}_1^{-1}\boldsymbol{b}$ 求解其 Hessian 矩阵 $\boldsymbol{H}$ 与梯度向量 $\boldsymbol{g}$。

3）根据参数估值 $\hat{\boldsymbol{x}}$ 与式(6.75)判别约束条件是否为有效约束，计算向量 $\boldsymbol{\lambda}$：若 $\lambda_i\geqslant 0$ 则为有效约束，保留计算值；若 $\lambda_i<0$ 则为无效约束，取 $\lambda_i=0$，剔除相应约束方程。

4）根据判别后的约束方程，计算参数 $\boldsymbol{x}$ 与 $\boldsymbol{\lambda}$ 估值的改正数：

$\begin{bmatrix}d\boldsymbol{x}\\ d\lambda\end{bmatrix}=-\begin{bmatrix}\boldsymbol{H}+\hat{\lambda}\boldsymbol{H}_t & \boldsymbol{G}^{\mathrm{T}}\\ \boldsymbol{G} & 0\end{bmatrix}^{-1}\begin{bmatrix}\boldsymbol{g}+\boldsymbol{G}^{\mathrm{T}}\hat{\lambda}\\ \boldsymbol{G}\hat{\boldsymbol{x}}-\boldsymbol{w}\end{bmatrix}$（式中，$\boldsymbol{H}_t$ 为约束方程的 Hessian 矩阵），并改正参数估值。

5）根据模型参数估值计算误差向量 $\boldsymbol{b}$ 的估值 $\hat{\boldsymbol{b}}=\boldsymbol{Q}_1^{-1}\boldsymbol{A}^{\mathrm{T}}(\boldsymbol{A}\boldsymbol{Q}_1^{-1}\boldsymbol{A}^{\mathrm{T}})^{-1}(\boldsymbol{l}-\boldsymbol{B}\hat{\boldsymbol{x}})$，并根据 4.2.3 节建立的中位数法计算观测元素的改正值，并改正观测向量与系数矩阵中相应观测元素。

6）重复步骤 2）～5），迭代求解模型参数估值直至收敛。

6.2.5 附有不等式约束 EIV 模型分步正则化算法

附有约束条件的参数估计模型能顾及先验信息，Mahboub 和 Sharifi（2013）、王乐洋和于冬冬（2014）研究中指出，附有约束条件的模型具有正则化的性质。本节讨论不等式约束模型具有的正则化性质，并在此基础上建立病态模型的正则化算法。如 5.2.2 节所述，基于数值逼近理论的病态 EIV 模型正则化算法，无法顾及模型的随机性质，获得的参数估值不具有统计意义。为克服基于岭估计的正则化算法存在的缺陷，在对现有算法进行拓展的基础上，分步实现模型的正则化：①通过构造约束矩阵改善模型的病态性，获得稳定的参数初值，以弥补现有 EIV 模型正则化算法单一通过正则化参数实现模型正则化存在的不足。②以参数的最小二乘正则化解作为初值，建立附有不等式约束的总体最小二乘参数估计模型，以避免总体最小二乘算法具有的降正则化性质导致参数估计发散。通过实例对已有算法与所建立的算法进行比较。

病态 EIV 模型参数估计的总体最小二乘理论研究思路趋同于最小二乘理论，虽然研究思路清晰，但是缺陷也很显见。根据 5.1.4 节对总体最小二乘算法的讨论，现有参数估计算法缺乏顾及其具有的降正则化性质。本书作者应用约束矩阵改善 EIV 模型系数矩阵的病态性，根据获得的参数初值构建值域区间，并建立不等式约束模型，以避免总体最小二乘算法具有的降正则化性质导致参数估计发散。建立的算法能够顾及模型的随机性质，克服应用单一参数实现病态 EIV 模型正则化算法存在的缺陷，具有稳定的收敛效果。

经典平差模型的岭估计被拓展到总体最小二乘准则建立的参数估计模型，其约束准则为

$$\boldsymbol{v}^{\mathrm{T}}\boldsymbol{P}\boldsymbol{v}+\boldsymbol{b}^{\mathrm{T}}\boldsymbol{P}_{B}\boldsymbol{b}+\boldsymbol{a}(\boldsymbol{x}^{\mathrm{T}}\boldsymbol{x})=\min \tag{6.76}$$

根据加权总体最小二乘准则建立的 EIV 模型参数估计算法（Schaffrin and Wieser，2008），对式（6.76）做进一步的拓展，加权模型的极值函数为

$$\boldsymbol{f}(\boldsymbol{v},\boldsymbol{b},\boldsymbol{\lambda},\boldsymbol{x})=\boldsymbol{v}^{\mathrm{T}}\boldsymbol{P}\boldsymbol{v}+\boldsymbol{b}^{\mathrm{T}}\boldsymbol{P}_{B}\boldsymbol{b}+\boldsymbol{a}(\boldsymbol{x}^{\mathrm{T}}\boldsymbol{x})+2\boldsymbol{\lambda}^{\mathrm{T}}[\boldsymbol{l}+\boldsymbol{v}-\boldsymbol{B}\boldsymbol{x}-(\boldsymbol{x}^{\mathrm{T}}\otimes\boldsymbol{I})\boldsymbol{b}] \tag{6.77}$$

对极值函数中的各个变量求偏导数，得

$$\frac{\partial f}{\partial \boldsymbol{x}}=\boldsymbol{a}\boldsymbol{x}^{\mathrm{T}}-\boldsymbol{\lambda}^{\mathrm{T}}\boldsymbol{B}-\boldsymbol{\lambda}^{\mathrm{T}}\boldsymbol{E}_{B}=0 \tag{6.78}$$

$$\frac{\partial f}{\partial \boldsymbol{\lambda}}=\boldsymbol{l}+\boldsymbol{v}-\boldsymbol{B}\boldsymbol{x}-(\boldsymbol{x}^{\mathrm{T}}\otimes\boldsymbol{I})\boldsymbol{b}=0 \tag{6.79}$$

$$\frac{\partial f}{\partial \boldsymbol{b}}=\boldsymbol{b}^{\mathrm{T}}\boldsymbol{P}_{B}-\boldsymbol{\lambda}^{\mathrm{T}}(\boldsymbol{x}^{\mathrm{T}}\otimes\boldsymbol{I})=0 \tag{6.80}$$

$$\frac{\partial f}{\partial \boldsymbol{v}}=\boldsymbol{v}^{\mathrm{T}}\boldsymbol{P}+\boldsymbol{\lambda}^{\mathrm{T}}=0 \tag{6.81}$$

由式（6.80）和式（6.81）取转置，代入式（6.79），得

$$\hat{\boldsymbol{\lambda}}=[\boldsymbol{P}^{-1}+(\boldsymbol{x}^{\mathrm{T}}\otimes\boldsymbol{I})\boldsymbol{P}_{B}^{-1}(\boldsymbol{x}\otimes\boldsymbol{I})]^{-1}(\boldsymbol{l}-\boldsymbol{B}\boldsymbol{x}) \tag{6.82}$$

由式（6.78）得到

$$\hat{\boldsymbol{x}}=(\boldsymbol{B}+\boldsymbol{E}_{B})^{\mathrm{T}}\boldsymbol{\lambda}/\boldsymbol{a} \tag{6.83}$$

结合式（6.82）和式（6.83）可以进行迭代计算获得参数估值，不再赘述其迭代过程。EIV 模型参数估值的精度取决于是否能够得到准确的系数矩阵误差估值，系数矩阵误差是关于正则化参数的函数，其求解精度受正则化参数的影响。同时，正则化参数还要降低系数矩阵的条件数，以克服模型的病态性。正则化参数是否能够担当这样的双重任务，6.3 节将结合算例进行探讨。

测量平差中不适定模型可以用 Tikhonov 正则化函数进行概括，岭估计、广义岭估计等是 Tikhonov 函数的简化形式。对包括 EIV 模型的不适定模型进一步拓展：

$$\boldsymbol{v}^{\mathrm{T}}\boldsymbol{P}\boldsymbol{v}+\boldsymbol{b}^{\mathrm{T}}\boldsymbol{P}_{B}\boldsymbol{b}+\boldsymbol{a}\Omega(\boldsymbol{x})=\min \tag{6.84}$$

式中，$\Omega(\boldsymbol{x})$ 为稳定泛函，当其取值为 $\boldsymbol{x}^{\mathrm{T}}\boldsymbol{x}$ 时，Tikhonov 正则化函数退化为岭估计函数。根据 5.3.1 节对基于岭估计的病态 EIV 模型参数估计算法的分析，正则化参数被赋予既要正则化，又要降正则化的双重任务。为对现有算法进行改善，首先应用约束矩阵求解模型参数的初值；然后根据参数初值构建值域区间，建立不等式约束模型求解病态 EIV 模型参数的估值，避免迭代过程中总体最小二乘算法具有的降正则化性质导致参数估值发散。

在常用的岭估计模型中，正则化参数是对病态模型法方程的所有特征值进行修正，而对较大特征值的修正并不会有效降低估计的方差，反而会增加更多的偏差。林东方等（2016）应用法矩阵的较小特征值对应的特征向量构造约束矩阵，改善岭估计存在的缺陷。对法矩阵进行特征值分解，得

$$\boldsymbol{B}^{\mathrm{T}}\boldsymbol{P}\boldsymbol{B}=\boldsymbol{G}\boldsymbol{\Lambda}\boldsymbol{G}^{\mathrm{T}} \tag{6.85}$$

式中，$\boldsymbol{G}$ 为方阵；$\boldsymbol{\Lambda}$为由特征值构成的对角矩阵。选取小特征值对应的特征向量构造约束矩阵

$$\boldsymbol{L}=\sum_{i=k}^{n}\boldsymbol{G}_i\boldsymbol{G}_i^{\mathrm{T}} \tag{6.86}$$

式中，$\boldsymbol{G}_i$ 为方阵 $\boldsymbol{G}$ 的 i 列向量，且第 i 个特征值对应的特征向量。得到的参数估值为

$$\hat{\boldsymbol{x}}=(\boldsymbol{B}^{\mathrm{T}}\boldsymbol{P}\boldsymbol{B}+\alpha\sum_{i=k}^{n}\boldsymbol{G}_i\boldsymbol{G}_i^{\mathrm{T}})^{-1}\boldsymbol{B}^{\mathrm{T}}\boldsymbol{P}\boldsymbol{l} \tag{6.87}$$

将式（6.87）拓展为 EIV 模型时，系数矩阵为$(\boldsymbol{B}+\boldsymbol{E}_{\boldsymbol{B}})$，通过式（6.87）获得的是病态 EIV 模型的最小二乘参数估值。5.3.1 节指出，总体最小二乘算法是一个降正则化的过程，因此，即使有可靠的参数初值，在总体最小二乘求解过程中，法矩阵可能被降正则化，模型仍然会出现病态，导致参数估值发散。为避免上述情况的出现，应用 EIV 模型正则化的最小二乘参数估值，建立附有约束区间的不等式约束模型

$$\begin{cases}\boldsymbol{v}=(\boldsymbol{B}+\boldsymbol{E}_B)\boldsymbol{x}-\boldsymbol{l}\\ \boldsymbol{G}\boldsymbol{x}\leqslant\boldsymbol{W}\end{cases} \tag{6.88}$$

应用有效约束与无效约束的思想，根据穷举法（Zhang et al.，2013）建立不等式约束算法。设约束方程的个数为 k，则约束方程的组合数（N）为

$$N=\sum_{t=1}^{k}C_k^t \tag{6.89}$$

定义约束方程中有效约束的个数为 i，$i=0$；定义变量 q，$q=0$，约束方程组中有效约束的选取流程如下。

1）根据式（6.89），依次从约束组合中选择约束，并且假设所选取的约束方程都为有效约束；将不等式方程转换为等式方程，应用附有等式约束的总体最小二乘算法获得参数估值。

2）令 $q=q+1$。将参数估值带入约束方程，当估值满足所选取的约束方程组时，判定此组约束为有效约束，令 $i=i+1$；反之，则判定此组约束为无效约束，i 值保持不变。

3）当 $q\leqslant N$ 时，跳至步骤 1）重新执行；当 $q>N$ 时，执行结束。

当 i =0 时，所有约束组合都为无效约束，EIV 模型参数的最优估值为无约束条件下总体最小二乘估值；当 $i=1$ 时，有一个约束组合为有效约束，此约束条件下的参数估值为最优估值；当 $i>1$ 时，有多组约束组合为有效约束，此时，需要比较哪组约束条件更有效。

应用已有研究 （Mahboub and Sharifi，2013）的数据对病态 EIV 模型的传统正则化算法与所建立的算法进行讨论。模型的系数矩阵 $\boldsymbol{B}$ 与观测向量 $\boldsymbol{l}$ 分别为

$$
\boldsymbol{B}=\begin{bmatrix} -3.979989 & -8.0000005 & -11.999999 \\ 2.02000056 & 3.99999994 & 5.9999998 \\ 2.97999957 & 5.9999998 & 9.0000009 \\ -1.000043 & -2.0000004 & -3.00000005 \end{bmatrix},\quad \boldsymbol{l}=\begin{bmatrix} -111.959991 \\ 56.0399968 \\ 83.9600001 \\ -27.9999922 \end{bmatrix}。
$$

系数矩阵的条件数约为 1.8×10^7，呈病态性。系数矩阵与观测向量的协因数矩阵 $\boldsymbol{Q}_B$、$\boldsymbol{Q}_l$ 分别为（Mahboub and Sharifi，2013）$\boldsymbol{Q}_0=\text{Diag}([1,10,10])$，$\boldsymbol{Q}_b=\text{Diag}([0.05,0.05,0.05,0.005])$，$\boldsymbol{Q}_B=\boldsymbol{Q}_0\otimes\boldsymbol{Q}_b$，$\boldsymbol{Q}_l=0.001\text{Diag}([10,60,100,800])$。

应用最小二乘正则化（RLS）算法、岭估计的总体最小二乘正则化（RTLS1）算法与附有不等式约束的 EIV 模型分步正则化（RTLS2）算法求解模型参数。算例中，参数估值的约束区间取为 $[x_i-2\sigma\ x_i+2\sigma]$（中误差 σ 取值为参数 RLS 估值对应的中误差），则参数估值的约束区间分别为[−0.0202 0.0202]，[−0.0183 0.0183]，[−0.0129 0.0129]，据此建立的不等式约束为

$$
\begin{bmatrix} -1 & 0 & 0 \\ 1 & 0 & 0 \\ 0 & -1 & 0 \\ 0 & 1 & 0 \\ 0 & 0 & -1 \\ 0 & 0 & 1 \end{bmatrix}\begin{bmatrix} x_1 \\ x_2 \\ x_3 \end{bmatrix}\leqslant\begin{bmatrix} 0.0202 \\ 0.0202 \\ 0.0183 \\ 0.0183 \\ 0.0129 \\ 0.0129 \end{bmatrix}。
$$

经过 100 次迭代计算，参数的求解结果见表 6.1。

表 6.1　不同算法求解的参数估值

参数	RLS	RTLS1	RTLS2	真值
$\hat{x}_1$	1.992 5797	−0.007 719	1.996 488 3	2
$\hat{x}_2$	4.001 119 8	−0.001 551	3.999 276 1	4
$\hat{x}_3$	6.00 167 9	−0.002 328	6.000 475 9	6

算例结果表明，应用传统岭估计的总体最小二乘算法在本算例中没有获得准确的参数估值，参数估值发散；附有不等式约束 EIV 模型分步正则化算法获得参数估值的中误差为 0.003 617，岭估计的总体最小二乘正则化算法获得参数估值的中误差为 0.007 69，附有不等式约束 EIV 模型分步正则化算法获得参数估值精度优于 RLS 参数估计精度。

在某些情况下，相比较参数的最小二乘正则化解，数值逼近理论的总体最小二乘正则化解在精度上并没有优势。因此，测绘数据的实际特征需要算法能够顾及模型的随机性质，这虽然引起了研究人员的关注，但是往往忽略总体最小二乘算法存在的降正则化性质，使得算法既要具有正则化性质，也要具有降正则化的性质；在这种情况下，即使参数有稳定的初值，也可能在迭代求解过程中发散。应用不等式约束具有的正则化性质，有效避免总体最小二乘算法导致病态模型参数估计发散的问题。关于附有约束条件的参数估计模型具有正则化性质的论述，虽然在多篇文献中提及，但是缺乏揭示这一性质机理的研究成果，需要进一步研究。

6.3 附有约束条件模型在测绘数据处理中的应用

6.3.1 地表沉降监测中的应用

地表沉降主要是在自然和人为因素的作用下，地下松散土层及岩层受到压缩而导致地面高程逐渐降低的现象。地表沉降可能会发展为一种严重的地质灾害，对道路、房屋建筑、地下管线等造成破坏，并可能引发次生地质灾害。应用观测技术对地表进行监测是预测地表沉降发生，避免引发重大地质灾害的有效方法。雷达干涉测量技术、卫星导航定位技术、三维激光扫描技术等被应用于沉降监测的同时，结合观测数据，研究人员应用数学模型对形变进行推估。地表沉降满足一定的形变特征，在对形变监测数据进行处理时，附有有效的先验信息可以使用，根据先验信息建立附有不等式约束的参数估计模型能够提高模型参数解的精度与推估精度。

对某矿区的工作面采动引起的地表沉降进行监测，观测区域共布设监测点 56 个，监测点均布设于农田和田埂中，土质较为松软，容易发生变形，并且易被人为破坏。监测点的平面位置如图 6.2 所示，已知点位于 S1 号监测点东偏北约 36°、距离约为 815m，

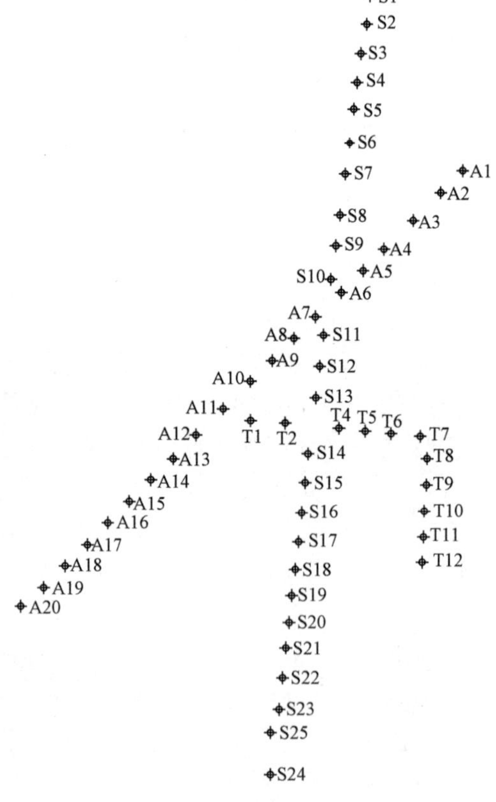

图 6.2 监测点平面位置

已知点高程为 28.1063m，对监测点定期进行三等闭合水准测量，获得监测点的高程，分析工作面采动引起的地表沉降变形。第一期高程观测成果见表 6.2。根据地表沉降的固有特征，以后每期监测，监测点的高程值应不大于前一期的成果。

表 6.2 监测点第一期观测高程 单位：m

点号	h	点号	h	点号	h	点号	h	点号	h
A1	27.2209	A13	27.1294	T6	27.2255	S6	27.2192	S18	27.0764
A2	27.2092	A14	27.0887	T7	27.1828	S7	27.3247	S19	26.9573
A3	27.2026	A15	27.1127	T8	27.3736	S8	27.2937	S20	26.9606
A4	27.2309	A16	27.0563	T9	27.2648	S9	27.2648	S21	26.7786
A5	27.2322	A17	26.8818	T10	27.103	S10	27.2863	S22	26.7771
A6	27.1921	A18	26.8566	T11	27.147	S11	27.4527	S23	26.957
A7	27.0753	A19	26.8551	T12	27.1177	S12	27.5461	S24	26.8184
A8	27.1305	A20	27.2587	S1	27.2971	S13	27.441	S25	26.7901
A9	27.1328	T1	27.2266	S2	27.226	S14	27.3558		
A10	27.1373	T2	27.1728	S3	27.2366	S15	27.1778		
A11	27.1326	T4	27.1974	S4	27.2245	S16	27.2612		
A12	27.1131	T5	27.2178	S5	27.0326	S17	27.0787		

以后每期观测数据分别在无约束条件与附加约束条件下进行间接平差。相对于第一期的高程观测值，无约束条件下，列举第二至第七期的高程观测值的变化趋势，如图 6.3～图 6.8 所示。

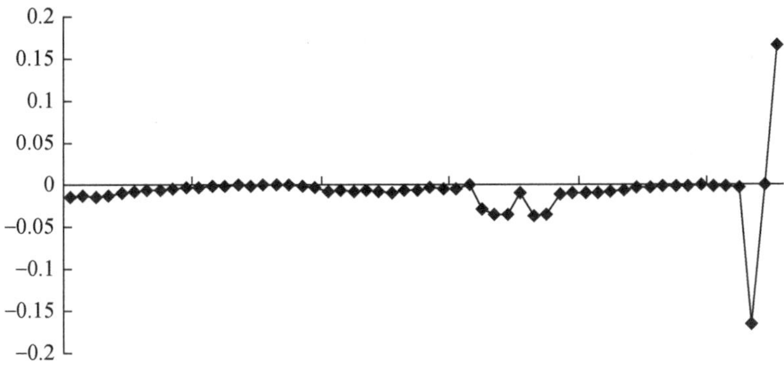

图 6.3 第二期观测的高程变化趋势

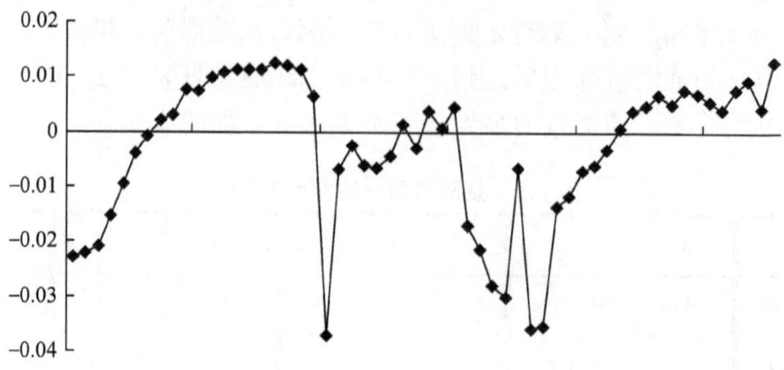

图 6.4　第三期观测的高程变化趋势

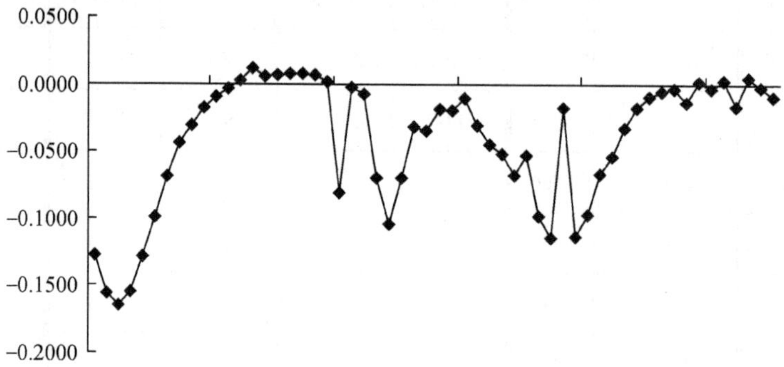

图 6.5　第四期观测的高程变化趋势

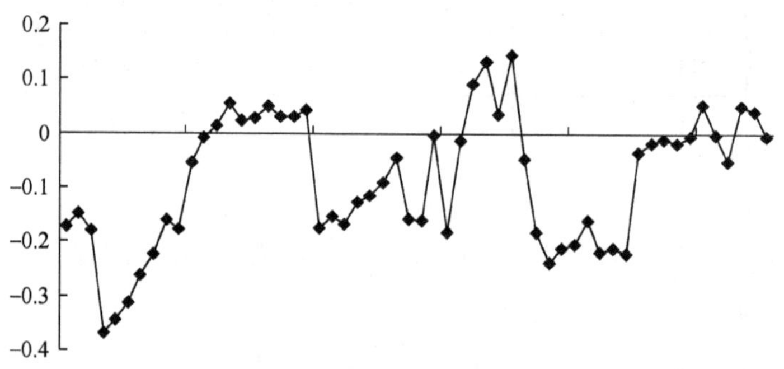

图 6.6　第五期观测的高程变化趋势

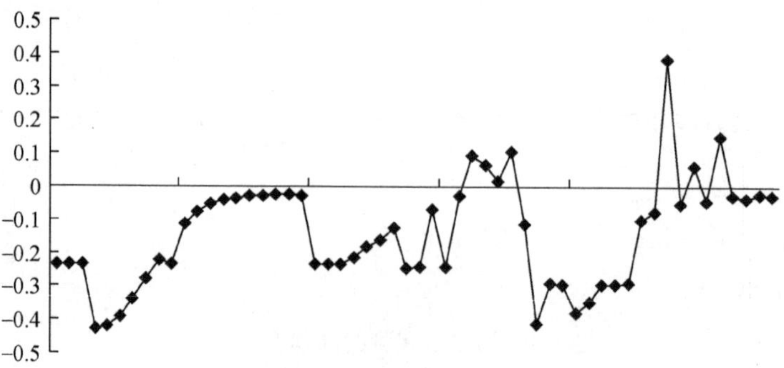

图 6.7　第六期观测的高程变化趋势

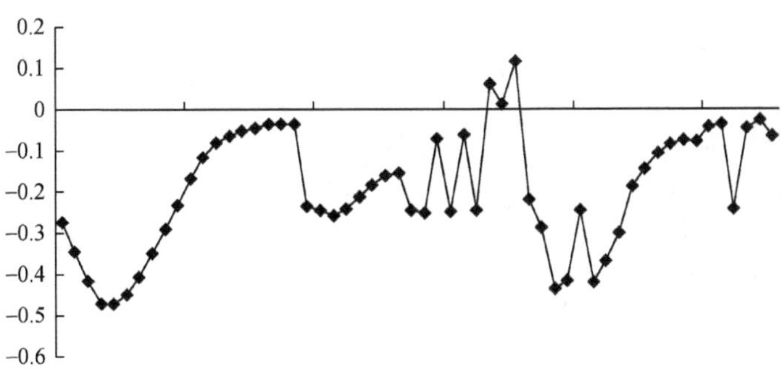

图 6.8　第七期观测的高程变化趋势

监测点的高程变化趋势表明，在不同期的观测值中，部分监测点的高程观测值大于第一期，使得监测点的变化趋势表现出“虚高”。观测值中混入的误差可能是导致与沉降区地表变形规律相违背的观测结果出现的原因，观测结果同时表明，部分监测点可能受到人为破坏。此时，应用传统最小二乘准则下的平差模型获得的观测结果与客观规律相违背。为使观测结果更好地反映地表变形的实际情况，对平差模型附加约束条件：

$$\boldsymbol{G}\boldsymbol{x} \leqslant \boldsymbol{W} \tag{6.90}$$

式中，$\boldsymbol{G}$ 为 57 行 57 列单位矩阵；$\boldsymbol{x}$ 为监测点待定高程值组成的列向量；$\boldsymbol{W}$ 为监测点第一期高程观测值组成的列向量。应用 6.1 节讨论的零权与无限权理论及约束条件下最小二乘解的迭代算法，求解监测点待定高程值在约束条件下的最小二乘解，第二至第七期观测获得的监测点高程相对于第一期观测值的变化趋势如图 6.9～图 6.14。

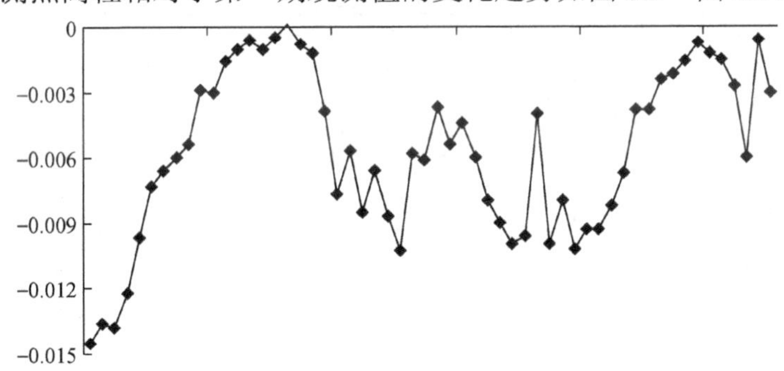

图 6.9　附加约束后第二期观测的高程变化趋势

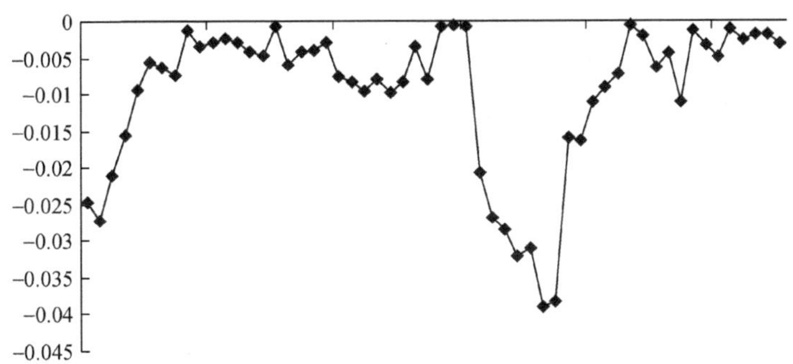

图 6.10　附加约束后第三期观测的高程变化趋势

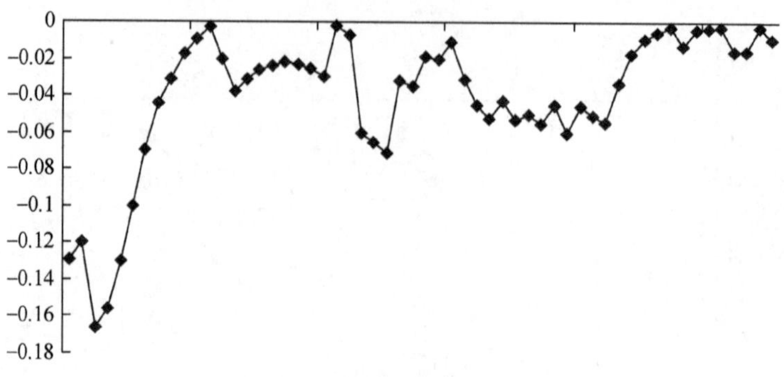

图 6.11 附加约束后第四期观测的高程变化趋

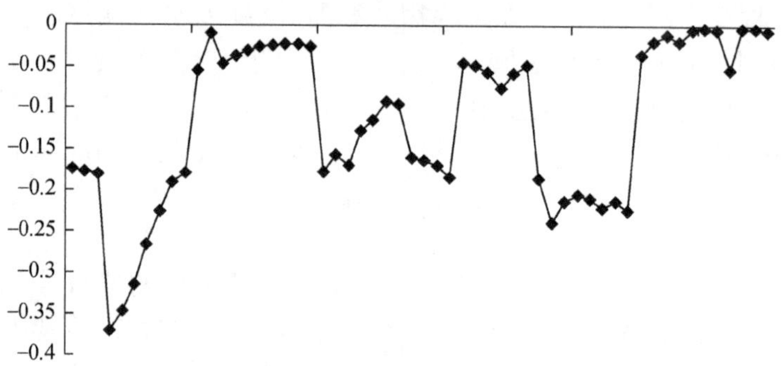

图 6.12 附加约束后第五期观测的高程变化趋势

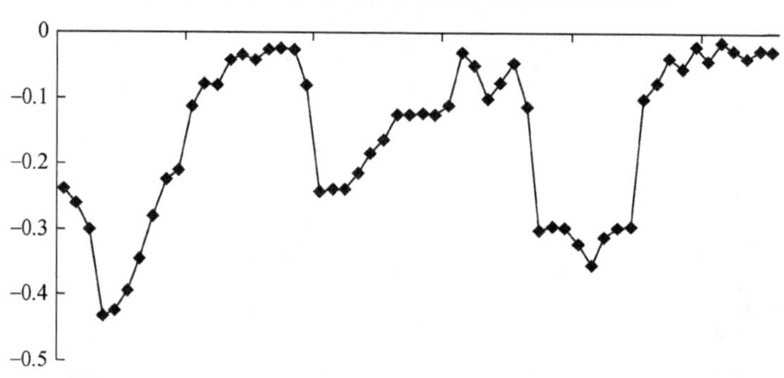

图 6.13 附加约束后第六期观测的高程变化趋势

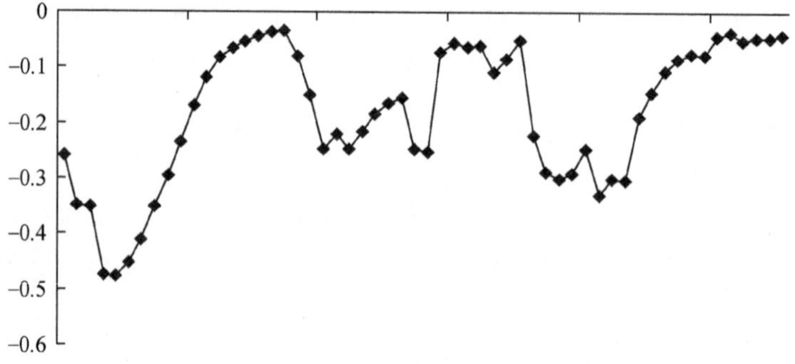

图 6.14 附加约束后第七期观测的高程变化趋势

附加约束条件的最小二乘算法求解结果表明，监测点的高程变化更符合沉降区地表沉降的客观规律，列举的第二至第七期的监测点高程值均小于设定的第一期高程观测值。需要注意的是，在应用附有约束条件的最小二乘模型进行参数平差时，结果更加贴近附加的约束条件，但同时也会使实际观测值发生一定的扭曲。

地表沉降是随时间演变的地质演化过程，应用时间序列的回归模型能够描述其演化特征，AR 模型是一种广泛应用的时间序列模型，其表达式为

$$\begin{cases} h_{m+1} = a_1 h_1 + a_2 h_2 + \cdots + a_m h_m \\ h_{m+2} = a_1 h_2 + a_2 h_3 + \cdots + a_m h_{m+1} \\ \qquad \vdots \\ h_{m+n} = a_1 h_n + a_2 h_{n+1} + \cdots + a_m h_{m+n-1} \end{cases} \tag{6.91}$$

式中，$(a_1, a_2, \cdots, a_m)$ 为 m 个模型参数， $(h_1, h_2, \cdots, h_{m+n})$ 为 m+n 期观测值。AR 模型表明，同一观测元素在模型中多次出现。设观测值中含有的观测误差为 $(v_1, v_2, \cdots, v_{m+n})$，将式（6.91）表示成 EIV 模型：

$$\begin{cases} \boldsymbol{v} = (\boldsymbol{B} + \boldsymbol{E}_B \boldsymbol{x}) - \boldsymbol{l} \\ \boldsymbol{v} \sim (0,\ \sigma_0^2 \boldsymbol{Q}_l) \end{cases} \tag{6.92}$$

根据地表沉降的一般性规律，同一观测点后期观测得到的高程值应小于前期观测得到的高程值。结合时间序列的自回归模型，建立不等式约束方程：

$$\begin{pmatrix} h_2 - h_1 & h_3 - h_2 & \cdots & h_{m+1} - h_m \\ h_3 - h_2 & h_4 - h_3 & \cdots & h_{m+2} - h_{m+1} \\ \vdots & \vdots & \vdots & \vdots \\ h_n - h_{n-1} & h_{n+1} - h_n & \cdots & h_{m+n-1} - h_{m+n-2} \end{pmatrix} \begin{pmatrix} a_1 \\ a_2 \\ \vdots \\ a_m \end{pmatrix} < \begin{pmatrix} 0 \\ 0 \\ \vdots \\ 0 \end{pmatrix} \tag{6.93}$$

与式（6.92）组成附有不等式约束的 EIV 函数模型为

$$\begin{cases} \boldsymbol{v} = (\boldsymbol{B} + \boldsymbol{E}_B)\boldsymbol{x} - \boldsymbol{l} \\ \boldsymbol{G}\boldsymbol{x} < \boldsymbol{w} \end{cases} \tag{6.94}$$

分别用模拟数据与实测数据讨论含有重复观测元素的附有不等式约束 EIV 模型算法（6.2.4 节）在测绘数据处理的应用。模型参数模拟值分别为 a_1=−0.3、a_2=−0.5、a_3=0.8，模拟数据见表 6.3（姚宜斌等，2017）。

表 6.3 算例应用的模拟数据

序号	模拟值	序号	模拟值	序号	模拟值
1	15.9189	6	−18.0692	11	1.1775
2	14.7974	7	−10.5677	12	−10.7078
3	23.2462	8	2.7923	13	−13.8582
4	7.3572	9	14.6792	14	−6.0010
5	−10.8052	10	13.1268	15	5.4601

续表

序号	模拟值	序号	模拟值	序号	模拟值
16	9.6419	21	−2.8574	26	−6.3572
17	9.1258	22	4.8899	27	−5.7925
18	−1.9343	23	7.6215	28	−1.3012
19	−6.5519	24	5.0390	29	2.1084
20	−9.4017	25	0.6078	30	5.8308

在无约束条件下，应用 LS 算法、SVD 算法、姚宜斌等（2017）建立的 TLS-V 算法和作者建立的 TLS-M 算法得到的参数估值与单位权中误差σ_0见表 6.4。

表 6.4　4 种算法得到的参数估值与其精度

参数及精度	不同算法得到的结果			
	LS	SVD	TLS-V	TLS-M
a_1	−0.3246	−0.2725	−0.3068	−0.2903
a_2	−0.4667	−0.5461	−0.5084	−0.5077
a_3	0.7709	0.8363	0.8043	0.813 6
σ_0	1.4160	1.4455	0.9042	0.9203

算例结果表明，TLS-M 算法得到的精度低于 TLS-V 算法，高于 LS 算法、SVD 算法，但与 TLS-V 算法相比，TLS-M 算法无须改写原 AR 模型，便于程序化设计。

采用某地区滑坡体形变监测中某一监测点观测数据，该监测点共有 28 期形变监测数据，其高程变化值见表 6.5。

表 6.5 监测点形变观测数据　　单位：mm

周期	高差	周期	高差	周期	高差	周期	高差
1	-1.5	8	-3.3	15	-3.6	22	-4.6
2	9.6	9	-4.1	16	-2.9	23	-2.3
3	-2.4	10	-5.3	17	-10.4	24	-3.1
4	-1	11	-1.2	18	-14.3	25	-2.3
5	-5.6	12	-4.4	19	-3.1	26	-3.9
6	-1.5	13	-1.6	20	-9.4	27	-2.6
7	-8.5	14	2	21	-0.6	28	-2.7

监测结果表明，受观测误差等因素的影响，监测周期 2、14 观测到的高程变化值大于 0，不符合于滑坡体的形变垂直于坡度线向下，高程变化值应小于 0 的固有属性。在附有约束条件下，分别应用 LS 算法、ICLS 算法及建立的 ICTLS-M 时间序列算法对监测数据进行处理，约束条件为监测点前一期观测值应大于后一期观测值，即监测点高程变化值小于 0。模型参数为 3 个，即（a_1、a_2、a_3），应用前 20 期监测数据拟合模型参数。应用后 8 期监测数据计算均方根误差（root mean squared error, RMSE），并进行精度检核。三种算法求解的模型参数估值与检核精度见表 6.6。

表 6.6 三种算法求解的模型参数估值与检核精度

参数及精度	算法		
	LS	ICLS	ICTLS-M
a_1	0.0277	0.3234	0.2218
a_2	0.3714	0.4131	0.3747
a_3	0.4470	0.2401	0.4147
RMSE	0.8235	0.7773	0.7173

结果表明，建立的附有不等式约束条件的参数估计模型推估精度优于现有算法。应用地表沉降固有属性建立具有约束条件的模型能够克服观测误差等因素对地表沉降信息的扭曲，客观反映监测对象的变形特征。

6.3.2 导线网平差中的应用

导线测量是建立井下平面测绘基准的主要作业手段，其成果精度直接影响井上、井下测绘基准保持统一。在井上、井下方位基准保持统一的同时，使得井下距离基准得到有效保障，根据加测陀螺边的井下导线网间接平差模型［式（2.27)］，应用经过投影变形改正的距离观测值对平差参数附加约束条件。

在某矿井布设井下闭合导线，水平角观测仪器的测角精度为 2″，加测陀螺边，陀螺经纬仪的定向精度优于 7″，激光测距仪的测距精度为 2mm+2ppm×D。导线的观测路线如图 6.15 所示。

控制点 A 的已知平面坐标为（x_A=4 378 668.084m, y_A=620 621.190m），控制点 B 的已知平面坐标为（x_B=4 378 681.795m, y_B=620 656.639m），观测路线为 B→1→2→3→4→5→6→7→8→9→10→11→12→13→14→15→16→17→18→19→20→21→22→23→24→25→26→27→28→29→30→31→B。分别在导线边 1→B、6→7、17→18、18→19、23→24 加测陀螺边。将由激光测距仪获得的平面距离 D 进行改正：

$$S = D + \Delta D_M + \Delta D_G \tag{6.95}$$

式中，ΔD_M 为平面距离改化到投影水准面的改正；ΔD_G 为投影变形引起的距离改正［ΔD_M 、ΔD_G 的具体形式请参阅相关文献（孔祥元等，2005)］。经过改正后点间的水平

距离 S、角度观测值β、由加测的陀螺边观测值得到的坐标方位角α见表 6.7。

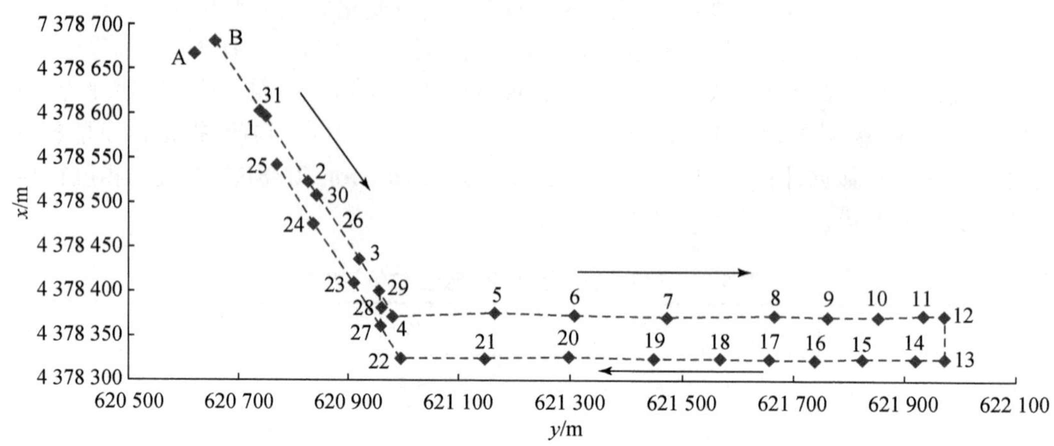

图 6.15 某矿井井下导线控制网

表 6.7 井下导线网观测数据

角度观测值				距离观测值（m）				陀螺边方位角	
$\beta_{B,1}$	243°54′01″	$\beta_{17,18}$	177°43′04″	$S_{B,1}$	123.613	$S_{17,18}$	90.108	$\alpha_{1,B}$	312°52′19″
$\beta_{1,2}$	180°46′42″	$\beta_{18,19}$	180°17′00″	$S_{1,2}$	108.528	$S_{18,19}$	118.786	$\alpha_{6,7}$	90°37′57″
$\beta_{2,3}$	179°39′26″	$\beta_{19,20}$	180°12′42″	$S_{2,3}$	126.223	$S_{19,20}$	152.156	$\alpha_{17,18}$	270°16′30″
$\beta_{3,4}$	181°53′57″	$\beta_{20,21}$	179°45′10″	$S_{3,4}$	90.496	$S_{20,21}$	149.114	$\alpha_{18,19}$	270°00′32″
$\beta_{4,5}$	133°41′34″	$\beta_{21,22}$	179°47′12″	$S_{4,5}$	182.597	$S_{21,22}$	150.998	$\alpha_{23,24}$	312°25′12″
$\beta_{5,6}$	181°24′48″	$\beta_{22,23}$	224°15′58″	$S_{5,6}$	142.536	$S_{22,23}$	122.563		
$\beta_{6,7}$	180°19′02″	$\beta_{23,24}$	178°23′28″	$S_{6,7}$	166.384	$S_{23,24}$	98.938		
$\beta_{7,8}$	179°02′33″	$\beta_{24,25}$	180°58′50″	$S_{7,8}$	194.354	$S_{24,25}$	95.043		
$\beta_{8,9}$	180°58′10″	$\beta_{25,26}$	0	$S_{8,9}$	93.149	$S_{25,26}$	95.043		
$\beta_{9,10}$	179°27′16″	$\beta_{26,27}$	179°23′50″	$S_{9,10}$	93.149	$S_{26,27}$	169.213		
$\beta_{10,11}$	179°01′57″	$\beta_{27,28}$	48°42′56″	$S_{10,11}$	79.176	$S_{27,28}$	19.238		
$\beta_{11,12}$	181°04′14″	$\beta_{28,29}$	166°58′57″	$S_{11,12}$	38.232	$S_{28,29}$	20.202		
$\beta_{12,13}$	271°26′17″	$\beta_{29,30}$	144°50′42″	$S_{12,13}$	48.684	$S_{29,30}$	156.074		
$\beta_{13,14}$	268°29′52″	$\beta_{30,31}$	179°01′00″	$S_{13,14}$	51.920	$S_{30,31}$	141.580		
$\beta_{14,15}$	179°13′24″	$\beta_{31,B}$	181°36′34″	$S_{14,15}$	95.052	$S_{31,B}$	112.856		
$\beta_{15,16}$	179°38′04″	$\beta_{B,31}$	115°00′08″	$S_{15,16}$	86.414				
$\beta_{16,17}$	183°00′34″			$S_{16,17}$	78.750				

为在满足相关测量规范［如《公路勘测规范》（JTG C10—2007）］要求的导线横向精度的同时，保证在平差后控制点间的距离变形较小，附加约束条件：

$$\sqrt{(x_{i+1}-x_i)^2+(y_{i+1}-y_i)^2}-S\leqslant S/4000 \tag{6.96}$$

将式（6.96）线性化，以待定点坐标改正数为变量的误差方程为

$$\underbrace{\begin{pmatrix}\dfrac{x_{i+1}^0-x_i^0}{S_0} & \dfrac{y_{i+1}^0-y_i^0}{S_0} & -\dfrac{x_{i+1}^0-x_i^0}{S_0} & -\dfrac{y_{i+1}^0-y_i^0}{S_0}\end{pmatrix}}_{G}\underbrace{\begin{pmatrix}\hat{x}_{i+1}\\ \hat{y}_{i+1}\\ \hat{x}_i\\ \hat{y}_i\end{pmatrix}}_{x}-\underbrace{(S+S/4000-S_0)}_{W}\leqslant 0 \tag{6.97}$$

式中，（x^0 y^0）平面坐标的初值；S_0为距离观测值的初值。将式（6.97）表示为

$$\boldsymbol{Gx}\leqslant \boldsymbol{W} \tag{6.98}$$

结合加测陀螺边的导线网间接平差模型，附有不等式约束的井下导线网 EIV 模型为

$$\begin{cases}\boldsymbol{v}=(\boldsymbol{B}+\boldsymbol{E}_B)\boldsymbol{x}-\boldsymbol{l}\\ \boldsymbol{Gx}\leqslant \boldsymbol{W}\end{cases} \tag{6.99}$$

在无约束条件下，应用总体最小二乘算法求解待定点的平面坐标。平差模型中，取角度观测值的权为单位权，边长的权取值为

$$P_{\mathrm{s}}=\frac{\sigma_\beta^2\overline{S}}{\sigma_{\mathrm{s}}^2 S_i} \tag{6.100}$$

式中，σ_β^2为测角方差；σ_{s}^2为测边方差；$\overline{S}$为边长观测值的平均值。陀螺定向边观测值的权为

$$P_\alpha=\frac{\sigma_\beta^2}{\sigma_\alpha^2} \tag{6.101}$$

式中，σ_α^2为陀螺观测的方差。应用基于拉格朗日函数的总体最小二乘算法，经过三次迭代计算，求得待定点的平面坐标见表 6.8。

表 6.8　待定点坐标的总体最小二乘解　　单位：m

点号	x	y	点号	x	Y	点号	x	y
1	4 378 597.707	620 747.237	12	4 378 373.866	621 971.129	23	4 378 410.058	620 908.356
2	4 378 522.761	620 825.761	13	4 378 325.203	621 969.726	24	4 378 476.808	620 835.320
3	4 378 436.213	620 917.615	14	4 378 325.305	621 917.821	25	4 378 542.094	620 766.253
4	4 378 371.962	620 981.370	15	4 378 324.245	621 822.751	26	4 378 476.787	620 835.325
5	4 378 375.486	621 163.941	16	4 378 322.728	621 736.373	27	4 378 361.864	620 959.503
6	4 378 374.695	621 306.454	17	4 378 325.469	621 657.664	28	4 378 381.083	620 960.018
7	4 378 372.883	621 472.833	18	4 378 325.029	621 567.565	29	4 378 400.864	620 955.959
8	4 378 373.977	621 667.177	19	4 378 325.051	621 448.765	30	4 378 507.984	620 842.432
9	4 378 372.954	621 760.555	20	4 378 325.630	621 296.628	31	4 378 603.360	620 737.814
10	4 378 372.769	621 853.705	21	4 378 325.536	621 147.492			
11	4 378 374.005	621 932.899	22	4 378 324.889	620 996.501			

导线全长相对闭合差：

$$f=\frac{\sqrt{f_x^2+f_y^2}}{\sum S_i} \tag{6.102}$$

式中，f_x、f_y分别为纵坐标与横坐标方向的坐标增量闭合差。表 6.8 求得的导线全长相对闭合差$f\approx 1/25\ 700$。根据待定点的平面坐标反算得到点间的平面距离见表 6.9。

表 6.9　由待定点坐标反算得到的平面距离　　单位：m

边号	边长	边号	边长	边号	边长	边号	边长
B-1	123.607	8-9	93.384	16-17	78.757	24-25	95.039
1-2	108.549	9-10	93.151	17-18	90.100	25-26	95.058
2-3	126.205	10-11	79.203	18-19	118.800	26-27	169.196
3-4	90.515	11-12	38.230	19-20	152.138	27-28	19.226
4-5	182.605	12-13	48.683	20-21	149.136	28-29	20.193
5-6	142.515	13-14	51.904	21-22	150.992	29-30	156.087
6-7	166.389	14-15	95.076	22-23	122.570	30-31	141.568
7-8	194.347	15-16	86.392	23-24	98.943	31-B	112.853

根据式（6.96）计算相对变形值，给定限值为 1/4000，经计算，共有五条导线边的相对变形值超限，其中$\Delta S_{11,10}\approx 1/2287$、$\Delta S_{14,13}\approx 1/3304$、$\Delta S_{16,15}\approx 1/3894$、$\Delta S_{28,27}\approx 1/1666$、$\Delta S_{29,28}\approx 1/2318$。计算结果表明，井下导线网平差的结果虽然能够满足测量规范中相对闭合差的要求，但是不能够满足给定的长度变形的要求。根据式（6.99），应用不等式约束总体最小二乘算法求解待定点的平面坐标见表 6.10。

表 6.10　附有不等式约束模型求解的待定点坐标　　单位：m

点号	x/m	y	点号	x	y	点号	x	y
1	4 378 597.679	620 747.235	12	4 378 373.862	621 971.117	23	4 378 410.076	620 908.370
2	4 378 522.772	620 825.752	13	4 378 325.206	621 969.727	24	4 378 476.801	620 835.310
3	4 378 436.190	620 917.593	14	4 378 325.299	621 917.812	25	4 378 542.097	620 766.250
4	4 378 371.980	620 981.364	15	4 378 324.243	621 822.756	26	4 378 476.792	620 835.329
5	4 378 375.494	621 163.929	16	4 378 322.726	621 736.357	27	4 378 361.849	620 959.478
6	4 378 374.698	621 306.464	17	4 378 325.486	621 657.645	28	4 378 381.083	620 960.001
7	4 378 372.874	621 472.846	18	4 378 325.029	621 567.537	29	4 378 400.874	620 955.965
8	4 378 373.971	621 667.191	19	4 378 325.058	621 448.754	30	4 378 507.977	620 842.447
9	4 378 372.926	621 760.574	20	4 378 325.631	621 296.595	31	4 378 603.354	620 737.802
10	4 378 372.772	621 853.727	21	4 378 325.522	621 147.482			
11	4 378 374.004	621 932.894	22	4 378 324.898	620 996.495			

根据待定点坐标反算其平面距离，应用待定点间距离的观测值与坐标反算值计算其

距离相对变形值，各条导线边的相对变形值见表 6.11。计算结果表明，其相对变形值小于给予的限值。同时，导线全长相对闭合差 $f \approx 1/18\ 700$ 满足规范中的精度要求。

表 6.11　长度相对变形值

边号	变形值	边号	变形值	边号	变形值	边号	变形值
B-1	1/10 461	8-9	1/93 466	16-17	1/7 252	24-25	1/42 820
1-2	1/9 850	9-10	1/24 130	17-18	1/68 599	25-26	1/5 302
2-3	1/36 664	10-11	1/74 994	18-19	1/45 001	26-27	1/7 231
3-4	1/54 132	11-12	1/4 261	19-20	1/44 746	27-28	1/5 943
4-5	1/66 172	12-13	1/6 048	20-21	1/140 483	28-29	1/6 760
5-6	1/350 536	13-14	1/10 450	21-22	1/15 793	29-30	1/27 848
6-7	1/210 62	14-15	1/9 286	22-23	1/36 097	30-31	1/17 775
7-8	1/370 45	15-16	1/37 635	23-24	1/11 612	31-32	1/18 744

上述算例讨论的是处于同一基准面的井下导线网平差中的长度变形问题。在矿区测量作业过程中，井上、井下高程的差异，使得数据归算的基准面不同，导致井上与井下出现不同的长度变形，高精度的长度基准难以维持。此时，可以定义区域性椭球对距离观测量进行归算。

6.3.3　光束法区域网平差中的应用

光束法区域网平差是有地面控制条件下，线阵卫星遥感影像几何定位的重要方法，其基本思想是应用地面控制点坐标与其对应像点观测值等数据，同时求解传感器的外方位元素和地面控制点的三维坐标。它是在共线方程的基础上，建立参数平差的误差方程，其数学模型可以表示为（余岸竹等，2016）

$$\begin{cases} \boldsymbol{v} = \boldsymbol{C}\Delta + \boldsymbol{K}_G\Delta_G + \boldsymbol{K}_T\Delta_T - \boldsymbol{l} \\ \boldsymbol{v}_d = \boldsymbol{I}\Delta - \boldsymbol{l}_d \\ \boldsymbol{v}_G = \boldsymbol{I}\Delta_G - \boldsymbol{l}_G \end{cases} \tag{6.103}$$

式中，Δ 为外方位元素的改正数；$\boldsymbol{C}$ 为外方位元素的系数矩阵；Δ_G 为控制点的坐标改正数；Δ_T 为连接点的坐标改正数；$\boldsymbol{K}_G$ 与 $\boldsymbol{K}_T$ 分别为坐标改正数的系数矩阵；$\boldsymbol{l}$ 为观测向量；$\boldsymbol{l}_d$、$\boldsymbol{l}_G$ 分别为虚拟观测向量。设观测向量 $\boldsymbol{l}$、$\boldsymbol{l}_d$、$\boldsymbol{l}_G$ 对应的权矩阵分别为 $\boldsymbol{P}_l$、$\boldsymbol{P}_d$、$\boldsymbol{P}_G$。附有虚拟观测方程的 EIV 模型为

$$\begin{cases} \boldsymbol{v} = (\boldsymbol{B} + \boldsymbol{E}_B)\boldsymbol{x} - \boldsymbol{l} \\ \boldsymbol{v}_1 = \boldsymbol{G}\boldsymbol{x} - \boldsymbol{W} \end{cases} \tag{6.104}$$

式中，$\boldsymbol{x} = [\Delta^{\mathrm{T}}\ \Delta_G^{\mathrm{T}}\ \Delta_T^{\mathrm{T}}]^{\mathrm{T}}$；$\boldsymbol{B} = [\boldsymbol{C}\ \boldsymbol{K}_G\ \boldsymbol{K}_T]$；$\boldsymbol{G} = \begin{bmatrix} \boldsymbol{I} & 0 & 0 \\ 0 & \boldsymbol{I} & 0 \end{bmatrix}$；$\boldsymbol{v}_1 = [\boldsymbol{v}_d^{\mathrm{T}}\ \boldsymbol{v}_G^{\mathrm{T}}]^{\mathrm{T}}$；$\boldsymbol{W} = [\boldsymbol{l}_d^{\mathrm{T}}\ \boldsymbol{l}_G^{\mathrm{T}}]^{\mathrm{T}}$。

应用拉格朗日函数建立参数估计算法，不含有观测误差的系数矩阵、观测向量、参数真值分别为

$$\boldsymbol{B}^0=\begin{bmatrix}2 & -5 & 1 & 1 & -9.5\\ -2 & 4 & 1 & -1.05 & 8.5\\ -2 & 1 & 1 & -1 & 2.4\\ -1 & 2.5 & 4 & -0.5 & 7\\ -1 & 3.2 & 4 & -0.5 & 8.4\\ 1 & 1 & -3 & 0.4 & 0.49\\ 3 & 7 & -3 & 1.5 & 12.7\\ 5 & -1 & -2 & 2.5 & -3\\ 4 & 2 & -2 & 2.01 & 3\\ 4 & 3 & -2 & 2 & 5\end{bmatrix},\quad \boldsymbol{l}^0=\begin{bmatrix}-10.5\\ 10.45\\ 1.4\\ 12\\ 14.1\\ -0.11\\ 21.2\\ 1.5\\ 9.01\\ 12\end{bmatrix},\quad \boldsymbol{x}=\begin{bmatrix}1\\ 1\\ 1\\ 1\\ 1\end{bmatrix}。$$

将系数矩阵与观测向量中加入 0.1 个单位的中误差，得到的系数矩阵与观测向量分别为

$$\boldsymbol{B}=\begin{bmatrix}1.8812 & -5.1186 & 1.0129 & 1.0806 & -9.5331\\ -2.2202 & 3.8944 & 1.0656 & -1.0268 & 8.4156\\ -1.9014 & 1.1472 & 0.8832 & -1.099 & 2.4498\\ -1.0519 & 2.5056 & 3.9539 & -0.366 & 7.1488\\ -0.9673 & 3.0783 & 3.9738 & -0.471 & 8.3454\\ 1.0234 & 0.9959 & -3.1213 & 0.5479 & 0.4053\\ 3.0021 & 6.8872 & -3.1319 & 1.6138 & 12.675\\ 4.8996 & -1.1349 & -1.9069 & 2.4316 & -2.9337\\ 3.9053 & 1.9739 & -1.9989 & 1.8808 & 2.9146\\ 3.9626 & 3.0953 & -2.0645 & 1.9927 & 4.8799\end{bmatrix},\quad \boldsymbol{l}=\begin{bmatrix}-10.512\\ 10.443\\ 1.4485\\ 11.94\\ 14.085\\ -0.1535\\ 21.192\\ 1.6535\\ 8.9494\\ 11.865\end{bmatrix}。$$

法矩阵 $\boldsymbol{B}^{\mathrm{T}}\boldsymbol{B}$ 的条件数为 2.08×10^4，呈病态性。余岸竹等（2016）分别应用基于最小二乘的虚拟观测（least squares based virtual observation，LSVO）算法、基于总体最小二乘的虚拟观测（total least squares based virtual observation，TLSVO）算法，以及根据先验信息确定随机模型的总体最小二乘（PTLS）算法、病态 EIV 模型的总体最小二乘正则化（RTLS）算法求解模型参数。求解的参数估值，参数估值与真值的偏差（估值与真值的平方和）见表 6.12。

表 6.12　参数估值与其真值的偏差

算法	参数估值					偏差
LS	1.3944	0.1123	0.7791	0.2628	1.4414	1.3088
LSVO	1.2901	0.277	0.8155	0.47	1.364	1.0268
TLSVO	1.1568	0.4027	0.7773	0.6029	1.2981	0.8231
PTLS	1.2331	0.3542	0.8294	0.5749	1.3252	0.8871
RTLS	1.1562	0.4029	0.7765	0.6026	1.2979	0.8231

从上述算例的结果可以得到相关结论：①应用总体最小二乘算法得到参数估值的精度显著高于最小二乘算法；②附加虚拟观测方程得到的参数估值精度高于无附加观测方程得到的参数估值，TLSVO 算法得到的参数估值精度与正则化的 TLS 算法精度相当，这同时验证了 6.2.5 节的已有结论：附有约束条件的 EIV 模型参数估计具有正则化的性质。

第 7 章　EIV 模型参数估计理论研究展望

伴随信息社会的发展，地理空间数据成为支撑其发展的基础数据。近年来，在国家实施并推动信息化对地观测技术发展的战略背景下，高精度地理空间数据的获取变得更加稳定。为获取精确、可靠的地理空间信息，满足社会发展需求，地理空间数据处理理论受到研究人员的关注。平差理论是测绘数据处理的基本理论，它与一般数据处理理论存在共性问题，同时，受数据获取与作业环境等因素的影响，也存在显著的个性问题：多源观测数据融合等因素导致同一模型中观测数据的精度存在量级差异，随机模型定义涉及不同类型、不同精度观测值的融合；参数估计满足最优、无偏、一致性原则的同时，需要对参数估值的精度进行准确评定；观测数据中易混入粗差，模型参数的稳健估计问题；顾及先验信息的附有约束条件模型与不适定模型的参数估计等问题；特别是以正态分布为前提假设的参数估计理论，在坐标转换、遥感影像/雷达干涉影像几何定位等测绘数据处理模型中，观测数据呈现有限样本或小样本特征。

平差理论以观测值、待估参数构建的函数模型与描述观测误差分布的随机模型为基础，根据一定的约束准则求解模型参数并进行精度评定。同时，为解决测绘数据处理中存在的观测误差不服从正态分布，参数估计模型秩亏、病态等问题，平差理论被不断完善。经典平差理论获得参数最优无偏估值的前提是假设模型的观测向量中仅含有误差，但是在大地测量反演、坐标仿射/相似转换、精密单点定位等参数估计模型中，其系数矩阵与观测向量中的元素由观测元素组成，两者均含有观测误差，此时仅顾及观测向量含有观测误差的经典平差理论不再具有最优无偏的性质。

更加严密的 EIV 模型能够同时顾及系数矩阵与观测向量中的元素含有观测误差对参数估计的影响，成为研究人员关注的焦点。值得关注的是，伴随观测技术的发展，多源观测数据融合成为获取空间信息的常态。在测绘数据处理模型中，当系数矩阵与观测向量中的观测元素由不同观测类型或者不同精度量级的观测值组成时，为建立严密平差模型，需要同时顾及系数矩阵与观测向量中的观测误差，此时，模型具有显著的异方差性质。现有研究缺乏顾及 EIV 模型具有的异方差性质对参数估计的影响。相关研究表明：

1）应用方差分量估计讨论 EIV 模型的异方差问题无法顾及模型的非线性性质，且通过相对权比常数定义方差缺乏理论依据。

2）如果 EIV 模型抗差估计算法不顾及模型的异方差性质，应用等价权函数进行抗差估计时，确定等价权函数的阈值仍然采用传统方法，等价权函数可能会失效。

3）EIV 模型参数估计算法对系数矩阵中含有的观测误差进行改正，当模型病态时，观测误差改正可能会对模型的病态性产生扰动。这种扰动导致即使具有可靠的参数初值，参数的最终估值也可能在迭代过程中发散。这种因素对 EIV 模型参数估计的影响尚没有引起关注。

4）虽然有研究指出约束条件方程具有正则化的性质，但是其正则化的机理缺乏研究。是否能够应用附有约束条件的平差模型统一不适定 EIV 模型的正则化理论需要进一步开展研究。

5）应用线性化算法对非线性 EIV 模型参数估值与精度指标估值的偏差进行改正，没有顾及舍入误差的影响，实质是其估计结果仍然有偏。

EIV 模型参数估计理论仍然需要做进一步研究，作者建议开展的研究包括以下三个方面。

（1）具有异方差的 EIV 模型参数估计理论与其误差传播理论

测量平差模型的系数矩阵与观测向量中的元素可能由不同精度量级或不同类型的观测值组成。以测绘数据处理中广泛存在的坐标转换为例，如果模型观测向量中的元素通过 GNSS 等信息化对地观测技术得到，系数矩阵中的元素由地面光学观测设备得到，两者可能相差 1～2 个精度量级；高程异常拟合模型的观测向量中的元素由高程异常值（或其近似值）组成，系数矩阵中的观测元素由点坐标或其函数组成，两者属于不同类型观测值。不同精度量级或不同观测类型的观测值组成的数学模型呈现显著的异方差特征，这类特征在现有 EIV 模型平差理论研究中缺乏关注。

需要研究的具体问题有：具有异方差的 EIV 模型参数估计理论，模型具有的异方差性质对随机模型偏差、稳健估计、模型不适定性等干扰参数估计可靠性因素的影响，完善非线性 EIV 模型参数估计与精度指标估计理论；对具有不同类型观测值的 EIV 模型进行研究，为多源观测数据融合等因素产生的 EIV 模型平差理论奠定基础；模型的异方差性质引起的随机模型偏差对 EIV 模型参数估计的影响，研究具有异方差的 EIV 随机模型估计理论，建立具有异方差的 EIV 模型参数估计理论与误差传播理论。

（2）具有异方差的 EIV 模型稳健估计理论

稳健估计理论是平差理论的主要组成部分，受到研究人员的关注。在应用经典平差模型的稳健估计理论讨论非线性 EIV 模型的稳健估计时，研究人员更倾向应用基于 M 估计的等价权函数建立 EIV 模型抗差估计算法，而对于基于数理统计的粗差探测理论的研究成果则较为鲜见。需要指出的是，基于 M 估计的抗差估计理论侧重于解决观测空间的抗差问题，其前提是样本数据污染率保持在较小的范围之内，且模型的结构空间良好。

在时间序列回归模型等测量平差模型中，同一观测值在模型的系数矩阵与观测向量中多次重复出现，这导致在相同数目观测值受粗差污染的条件下，同时顾及系数矩阵与观测向量中误差的 EIV 模型观测值的粗差污染率与传统模型有较大差异，现有研究缺乏顾及这类因素对参数估计的影响。此外，虽然对地观测技术的发展使得观测数据的获取更加便捷，但是受作业平台与作业环境等因素的影响，解算模型参数的公共点观测样本数量有限。特别是在外方位元素解算、有理函数参数解算等摄影测量工作中，公共点观测值的获取受到一定限制，观测值数量呈现小样本性状。

需要研究的具体问题有：具有异方差的 EIV 模型稳健估计理论，分析模型具有的异方差性质对基于等价权函数的抗差估计的影响；非线性模型线性化对观测值中随机误差与粗差的扰动，模型的异方差性质引起随机模型偏差与误差转移、分布的关系，以及对 EIV 模型稳健估计的影响；模型偏差对稳健估计的影响，随机模型统计特征未知的 EIV 模型参数估计问题，小样本条件下，具有高崩溃污染率的 EIV 模型稳健估计理论。

（3）基于附有约束条件平差模型的不适定 EIV 模型正则化理论

在测绘数据处理中，研究人员将不适定模型划分为秩亏模型与病态模型。一般情况下，秩亏模型是指观测数据不足或者模型参数相关导致系数矩阵的秩小于模型参数的个数，使得模型参数的解不唯一；病态模型是指平差模型的法矩阵条件数很大，使得观测值的微小变动引起模型参数的解不稳定。将不适定模型划分为两种不同类型的模型，可以针对性研究模型的性质与参数估计方法，但是这同时带来不适定模型的划分、识别等问题。秩亏模型的正则化可以通过添加约束条件方程补充观测数不足或者参数相关引起的法矩阵秩亏，其正则化的途径是应用约束条件方程改善法矩阵结构；病态模型正则化的主要思路是应用 Tikhonov 函数或者基于奇异值分解等构建参数估计算法，其实则也是通过改善法矩阵的结构，使得参数估值稳定；秩亏模型正则化与病态模型正则化存在一定的内在联系。

需要研究的具体问题有：EIV 模型参数估计算法对系数矩阵误差改正引起的模型不适定性扰动，揭示 EIV 模型参数估计算法具有的降正则化性质；根据先验信息构建约束条件方程的方法，约束条件方程具有的正则化性质与其正则化机理，建立同时顾及参数估计算法具有的降正则化性质与约束条件方程具有的正则化性质对不适定 EIV 模型参数估计影响的解析关系；以附有约束条件的 EIV 模型为基础，揭示秩亏模型正则化与病态模型正则化的内在联系，应用附有约束条件的平差模型建立不适定 EIV 模型正则化理论。

参考文献

陈希孺, 王松桂. 1987. 近代回归分析-原理方法及应用[M]. 合肥: 安徽教育出版社.

崔希璋, 於宗俦, 陶本藻, 等. 2005. 广义测量平差[M]. 武汉: 武汉大学出版社.

陈玮娴, 陈义, 袁庆, 等. 2010. 加权总体最小二乘在三维激光标靶拟合中的应用[J]. 大地测量与地球动力学, 30(5): 90-96.

陈义, 陆珏. 2012. 以三维坐标转换为例解算稳健总体最小二乘方法[J]. 测绘学报, 41(5): 715-722.

陈义, 沈云中, 刘大杰. 2004. 适用于大旋转角的三维基准转换的一种简便模型[J]. 武汉大学学报(信息科学版), 29(12): 1101-1105.

程云鹏. 2000. 矩阵论[M]. 西安: 西北工业大学出版社.

冯光财, 朱建军, 陈正阳, 等. 2007. 基于有效约束的附不等式约束平差的一种新算法[J]. 测绘学报, 36(2): 119-123.

郭建峰. 2002. 测量平差系统病态性的诊断与处理[D]. 郑州: 中国人民解放军信息工程大学硕士学位论文.

高井祥, 张华海, 余学祥. 1999. 矿区 GPS 网坐标转换的抗差模型[J]. 中国矿业大学学报, 28(2): 99-103.

葛旭明, 伍吉仓. 2012. 病态总体最小二乘问题的广义正则化[J]. 测绘学报, 41(3): 372-377.

葛旭明, 伍吉仓. 2013. 误差限的病态总体最小二乘解算[J]. 测绘学报, 42(2): 196-202.

龚循强, 李志林. 2014. 稳健加权总体最小二乘法[J]. 测绘学报, 43(9): 888-894.

顾勇为, 归庆明, 赵俊. 2016. 病态加权总体最小二乘靶向病灶的正则化方法[J]. 大地测量与地球动力学, 36(3): 253-256.

胡川, 陈义. 2014. 非线性整体最小平差迭代算法[J]. 测绘学报, 43(7): 668-674.

孔祥元, 郭际明, 刘宗泉. 2005. 大地测量学基础[M]. 武汉: 武汉大学出版社.

林东方, 朱建军, 宋迎春, 等. 2016. 正则化的奇异值分解参数构造法[J]. 测绘学报, 45(8): 883-886.

刘经南, 曾文宪, 徐培亮. 2013. 整体最小二乘估计的研究进展[J]. 武汉大学学报(信息科学版), 38(5): 505-512.

鲁铁定, 周世健. 2010. 总体最小二乘法的迭代解法[J]. 武汉大学学报(信息科学版), 35(11): 1351-1354.

鲁铁定, 宁津生. 2011. 总体最小二乘平差理论及其应用[M]. 北京: 中国科学技术出版社.

鲁铁定, 陶本藻, 周世健. 2008. 基于整体最小二乘法的线性回归建模和解法[J]. 武汉大学学报(信息科学版), 33(5): 504-507.

鲁铁定, 周世健, 张立亭, 等. 2009. 基于整体最小二乘的地面激光扫描标靶球定位方法[J]. 大地测量与地球动力学, 29(4): 102-105.

吕志平, 魏子卿, 李军, 等. 2013. CGCS2000 高精度坐标转换格网模型的建立[J]. 测绘学报, 42(6): 791-797.

欧吉坤. 1999. 粗差的拟准检定法(QUAD 法)[J]. 测绘学报, 23(1): 15-20.

欧吉坤. 2004. 测量平差中不适定问题解的统一表达与选权拟合法[J]. 测绘学报, 33(4): 283-288.

孙海燕, 黄华兵, 王喜娜. 2012. 多维平差问题粗差的局部分析法[J]. 测绘学报, 41(1): 54-58.

宋迎春, 左廷英, 朱建军. 2008. 带有线性不等式约束平差模型的算法研究[J]. 测绘学报, 37(4): 433-437.

宋迎春, 谢雪梅, 陈晓林. 2015. 不确定性平差模型的平差准则与解算方法[J]. 测绘学报, 44(2): 135-141.

施一民. 2003. 现代大地控制测量[M]. 北京: 测绘出版社.

沈云中, 陶本藻. 2012. 实用测绘数据处理方法[M]. 北京: 测绘出版社.

沈云中, 胡雷鸣, 李博峰. 2006. Bursa 模型用于局部区域坐标变换的病态问题及其解法[J]. 测绘学报, 35(2): 95-98.

陶叶青, 高井祥, 姚一飞. 2016. 基于中位数的抗差总体最小二乘估计[J]. 测绘学报, 45(3): 297-301.

王彬, 李建成, 高井祥, 等. 2015. 抗差加权整体最小二乘模型的牛顿-高斯算法[J]. 测绘学报, 44(6): 602-608.

武汉大学测绘学院测量平差学科组. 2003. 误差理论与测量平差基础[M]. 武汉: 武汉大学出版社.

王松桂. 1987. 线性模型的理论及其应用[M]. 合肥: 安徽教育出版社.

王乐洋, 许才军. 2011. 附有相对权比的总体最小二乘平差[J]. 武汉大学学报(信息科学版), 36(8): 887-890.

王乐洋, 于冬冬. 2014. 病态总体最小二乘问题的虚拟观测解法[J]. 测绘学报, 43(6): 575-581.

王乐洋, 赵英文, 陈晓勇, 等. 2016. 多元总体最小二乘问题的牛顿解法[J]. 测绘学报, 45(4): 411-417.

王苗苗, 李博峰. 2016. 无缝线性回归与预测模型[J]. 测绘学报, 45(12): 1396-1405.

许才军. 1992. 随机模型误差函数模型选择的影响[J]. 武汉测绘科技大学学报, 17(3): 36-41.

谢鸣宇, 姚宜斌. 2008. 三维空间与二维空间七参数转换参数求解新方法[J]. 大地测量与地球动力学, 28(2): 104-109.

余岸竹, 姜挺, 郭文月, 等. 2016. 总体最小二乘用于线阵卫星遥感影像光束法平差解算[J]. 测绘学报, 45(4): 442-449, 457.

杨玲, 沈云中, 楼立志. 2011. 基于中位参数初值的等价权抗差估计方法[J]. 测绘学报, 40(1): 28-32.

杨元喜, 刘念. 2002. 拟合推估两步极小解法[J]. 测绘学报, 31(3): 192-195.

姚宜斌, 熊朝晖, 张豹, 等. 2017. 顾及设计矩阵误差的 AR 模型新解法[J]. 测绘学报, 46(11): 1795-1801.

袁振超, 沈云中, 周泽波. 2009. 病态总体最小二乘模型的正则化算法[J]. 大地测量与地球动力学, 29(2): 131-134.

於宗俦, 李明峰. 1996. 多维粗差的同时定位与定值[J]. 武汉大学学报(信息科学版), 21(4): 323-329.

赵俊, 归庆明. 2016. 部分变量误差模型的整体抗差最小二乘估计[J]. 测绘学报, 45(5): 552-559.

朱建军, 谢建. 2011. 附不等式约束平差的一种简单迭代算法[J]. 测绘学报, 40(2): 209-212.

朱建军, 谢建, 陈宇波. 2011. 不等式约束对平差结果的影响分析[J]. 测绘学报, 40(4): 411-415.

周江文. 1989. 经典误差理论与抗差估计[J]. 测绘学报, 18(2): 115-120.

周江文, 黄幼才, 杨元喜, 等. 1997. 抗差最小二乘法[M]. 武汉: 华中理工大学出版社.

张祖勋, 张剑清. 2006. 数字摄影测量学[M]. 武汉: 武汉大学出版社.

Adcock R J. 1877. Note on the method of least squares[J]. Analyst, 4: 183-184.

Akyilmaz O. 2007. Total least squares solution of coordinate transformation[J]. Survey Review, 39(303): 68-80.

Amir B, Aharon B T. 2006. On the solution of the Tikhonov regularization of the total least squares problem[J]. SIAM Journal on Optimization, 17(1): 98-118.

Amiri-Simkooei A R. 2013. Application of least squares variance component estimation to errors-in-variables models[J]. Journal of Geodesy, 87(10): 935-944.

Fierro R D, Golub G H, Hansen P C, et al. 1997. Regularization by truncated total least squares[J]. SIAM Journal on Scientific and Statistical Computing, 18(1): 1223-1241.

Fang X. 2015. Weighted total least-squares with constraints: a universal formula for geodetic symmetrical transformations[J]. Journal of Geodesy, 89(5): 459-469.

Golub G H, Van Loan C F. 1980. An analysis of the total least squares problem[J]. SIAM Journal on Numerical Analysis Number, Anal, 17: 883-893.

Golub G H, Hansen P C, O, Leary D P. 1999. Tikhonov regularization and total least squares[J]. SIAM Journal on Matrix Analysis and Applications, 21(1): 185-194.

Hampel F R. 1971. A general qualitative definition of robustness[J]. The Annals of Mathematical Statistics, 42(6): 1887-1896.

Huber P J. 1964. Robust estimation of a location parameter[J]. The Annals of Mathematical Statistics, 35(1): 73-101.

Lu J, Chen Y, Li B F, et al. 2014. Robust total least squares with reweighting iteration for three-dimensional similarity transformation[J]. Survey Review, 46(334): 28-36.

Mahboub V. 2012. On weighted total least-squares for geodetic transformation[J]. Journal of Geodesy, 86(5): 359-367.

Mahboub V, Sharifi M A. 2013. On weighted total least-squares with linear and quadratic constraints[J]. Journal of Geodesy, 87(3): 279-286.

Mahboub V, Amiri-Simkooei A R, Sharifi M A. 2013. Iteratively reweighted total least squares: a robust estimation in error-in-variables models[J]. Survey Review, 45(329): 92-99.

Neitzel F. 2010. Generalization of total least-squares on example of unweighted and weighted 2D similarity transformation[J]. Journal of Geodesy, 84(12): 751-762.

Pearson K. 1901. On lines and planes of closest fit to systems of points in space[J]. Philosophical Magazine and Journal of Science, 2: 559-572.

Rousseuw P. 1984. Least median of squares regression[J]. Journal of the American Statistical Association, 79(14): 871-880.

Schaffrin B. 2006. A note on constrained total least squares estimation[J]. Linear Algebra and its Applications, 417: 245-258.

Schaffrin B, Felus Y A. 2008. On the multivariate total least-squares approach to empirical coordinate transformations: three algorithms[J]. Journal of Geodesy, 82(6): 373-383.

Schaffrin B, Felus Y A. 2009. An algorithmic approach to the total least-squares problem with linear and quadratic constraints[J]. Studia Geophysica et Geodaetica, 53(1): 1-16.

Schaffrin B, Snow K. 2010. Total least-squares regularization of Tykhonov type and an ancient racetrack in corinth[J]. Linear Algebra and its Applications, 432(8): 2061-2076.

Schaffrin B, Uzun S. 2011. Errors-in-variables for mobile mapping algorithms in the presence of outliers[J]. Archives of Photogrammetry, Cartography and Remote Sensing, (22): 377-387.

Schaffrin B, Wieser A. 2008. On weighted total least-squares adjustment for linear regression[J]. Journal of Geodesy, 82(7): 415-421.

Schaffrin B, Lee I, Choi Y, et al. 2006. Total least squares(TLS) for geodetic straight-line and plane adjustment[J]. Bollettino Di Geodesia E Scienze Affini, 65(3): 141-168.

Shen Y Z, Li B F, Chen Y. 2011. An iterative solution of weighted total least-squares adjustment[J]. Journal of Geodesy, 85(4): 229-238.

Tikhonov A N, Arsenin V Y. 1977. Solutions of Ill-posed Problems[M]. New York: Wiley.

Teunissen P J G, Amiri-Simkooei A R. 2008. Least-squares variance component estimation[J]. Journal of Geodesy, 82(2): 65-82.

Tong Z, Xibin Z, Shiying Z. 2011. Testing for outliers in time series using wavelets[J]. Journal of Systems Science and Complexity, 16(4): 453-465.

Tao Y Q, Gao J X, Yao Y F. 2014. TLS algorithm for GPS height fitting based on robust estimation[J]. Survey Review, 46(336): 184-188.

Tao Y Q, Mao G X, Zhou X Z. 2018. Solution for GNSS height anomaly fitting of mining area based on robust TLS[J]. Acta Geodaetica et Geophysica, 53(2): 295-307.

Van Huffel S, Vandewalle J. 1988. Analysis and solution of the nongeneric total least squares problem[J]. SIAM Journal on Matrix Analysis and Applications, 9(3): 360-372.

Van Huffel S, Vandewalle J. 1989. Algebraic connection between the least squares and total least squares problems[J]. Numerical Math, 55: 431-449.

Van Huffel S, Vandewalle J. 1991. The Total Least Squares Problem: Computational Aspects and Analysis[M]. Philadelphia: SLAM.

Wang B, Li J C, Liu C. 2016. A robust weighted total least squares algorithm and its geodetic applications[J]. Studia Geophysica et Geodaetica, 60(2): 177-194.

Xu P L. 2016. The effect of errors-in-variables on variance component estimation[J]. Journal of Geodesy, 90(8): 681-701.

Xu P L, Liu J N, Shi C. 2012. Total least squares adjustment in partial errors-in-variables models: algorithm and statistical analysis[J]. Journal of Geodesy, 86(8): 661-675.

Xu P L, Liu J N, Zheng W X, et al. 2014. Effects of errors-in-variables on weighted least squares estimation[J]. Journal of Geodesy, 88(7): 705-716.

Yang Y. 1999. Robust Estimation of Geodetic Datum Transformation[J]. Journal of Geodesy, 73: 268-274.

Zhang S L, Tong X H, Zhang K L, et al. 2013. A solution to EIV model with inequality constraints and its geodetic applications[J]. Journal of Geodesy, 87(1): 23-28.